高等医药院校基础医学实验教材

供本、专科医学类相关专业学生使用

# 生物化学与分子生物学实验与学习指导


主　编　姚裕群　兰　可　黄　丽

副主编　甘建华　张筱晨　李　斌　谭　颖

编　者（排名不分先后）

莫　莉　杨剑萍　胡江如　黎武略

谢正轶　韦丽华　任传伟　李园园

颜　池　吕敏捷　罗　宇　张锋雷

覃　莉　王　晋　周　丹　温敏霞

電子工業出版社

Publishing House of Electronics Industry

北京 · BEIJING

**图书在版编目（CIP）数据**

生物化学与分子生物学实验与学习指导/姚裕群，兰可，黄丽主编. —北京：电子工业出版社，2022.8

高等医药院校基础医学实验教材

ISBN 978-7-121-44110-3

Ⅰ. ①生…　Ⅱ. ①姚…　②兰…　③黄…　Ⅲ. ①生物化学-实验-高等学校-教学参考资料 ②分子生物学-实验-高等学校-教学参考资料　Ⅳ. ①Q5-33 ②Q7-33

中国版本图书馆CIP数据核字（2022）第145776号

责任编辑：崔宝莹
印　　刷：北京虎彩文化传播有限公司
装　　订：北京虎彩文化传播有限公司
出版发行：电子工业出版社
北京市海淀区万寿路173信箱　　邮编：100036
开　　本：787×1092　1/16　　印张：24　　字数：462千字
版　　次：2022年8月第1版
印　　次：2024年8月第3次印刷
定　　价：49.00元

凡所购买电子工业出版社图书有缺损问题，请向购买书店调换。若书店售缺，请与本社发行部联系，联系及邮购电话：（010）88254888，88258888。

质量投诉请发邮件至zlts@phei.com.cn，盗版侵权举报请发邮件到dbqq@phei.com.cn。

本书咨询联系方式：QQ 250115680。

# 前言

生命科学既是历史悠久的学科，也是朝气蓬勃、迅猛发展的学科。随着生命科学的长足发展与进步，生物化学与分子生物学实验技术渐渐进入临床医学的各个领域，并发挥着重要的作用。医学生通过对生物化学实验课的学习，不仅可以深入理解所学的基础理论知识，还可以培养学生实际动手操作能力及分析、解决问题的能力，养成实事求是的科研态度，为将来从事医学临床及科研工作打下坚实的基础。因此，为了适应近年来生物化学与分子生物学实验技术的发展以及结合本校实验室条件、仪器装备现状，我们在以往的实验教材的基础上，编写了这本《生物化学与分子生物学实验与学习指导》。

书中内容包括实验和学习指导两个部分。实验部分包括绪论、生物化学与分子生物学实验的基本操作、常用的生物化学检验技术、分子生物学实验技术及综合实验项目，综合实验项目包括蛋白分离检测篇、酶动力学篇、物质代谢篇、基因克隆表达篇及自主设计篇。学习指导部分设置了学习目标、内容提要及大量习题，以帮助学生更好地学习生物化学的理论课程，并且在学习目标的设置上，除了知识目标和能力目标，还增加了思政目标，以崇尚科学、强化文化自信、增强职业荣誉感、激发学生爱国热情和民族自豪感。此外，本书末还列举了一些临床常规生物化学检验项目各项指标的参考范围，以便学生查阅。本书可作为高等医药院校本科各专业生物化学与分子生物学配套教材，也可供高职高专各医学类相关专业学生使用。

需要特别说明的是，书内的专业词汇因在教材中已给出其相关英文全称，因此在该书稿内只体现其英文缩写。有些化学试剂存在中文名称和化学式共存的情况，目的是让学生巩固所学知识，不必完全拘泥于一种格式。由于有些实验材料是实验室常规材料，因此该书各实验中的实验材料并不一定与实验方法中出现的材料一一对应。

全书由广西科技大学基础医学部生物化学与分子生物学教研室主持编写，由基础医学部及第二临床医学院的相关教师参与编写，在编写过程中还得到了各编者所在单位领导及电子工业出版社的大力支持，在此表示衷心感谢。

由于编者水平有限、时间仓促，错漏在所难免，诚挚欢迎使用本书的教师、实验技术人员及广大学生多提宝贵意见。

姚裕群

2022 年 5 月

# 目 录

## 上篇 实 验

# 下篇 学习指导

# 上篇

# 实　　验

# 第一章 绪论

## 一、实验须知

### （一）生物化学与分子生物学实验的目的

（1）使学生通过实验懂得设计实验的基本思路，掌握各个实验的基本原理，学会严密地组织自己的实验，合理地安排实验步骤和实验时间。

（2）使学生通过实验学会熟练地使用各种生物化学与分子生物学实验仪器，包括各种天平、分光光度计、离心机、各种电泳装置和摇床等。

（3）使学生通过实验学会准确翔实地记录实验现象和数据，提高实验报告的写作能力，培养严谨细致的科学作风。

（4）使学生通过实验加深对生物化学理论知识的理解。

（5）使学生通过实验学会科学地分析问题，具备初步解决问题的能力，撰写并养成实事求是的工作作风。

（6）使学生通过实验掌握生物化学的各种基本实验方法和实验技术，为今后参加科研、撰写毕业论文和工作打下坚实的基础。

### （二）实验室规则及常识

（1）严格遵守实验课纪律，不得无故迟到或早退。不赤脚、不穿拖鞋进入实验室，必须穿白大衣才能进入实验室。

（2）严禁高声说话，严禁拿器械及动物开玩笑或虐待动物，严禁在实验室内吸烟、饮水、吃零食及用餐。

（3）使用仪器时，严格按操作规程使用，凡不熟悉操作方法的仪器不得随意动用，对贵重的精密仪器必须先熟知使用方法，才能开始使用；仪器发生故障时，应立即关闭电源并报告老师，不得擅自拆修。

（4）为避免试剂的相互污染，取用试剂时必须“随开随盖”“盖随瓶走”，用后立即盖好放回原处，切忌“张冠李戴”。

（5）注意水、电、试剂的使用安全。使用易燃、易爆物品时应远离火源。用试管加热时，管口不准对人。严防强酸、强碱及有毒物质吸入口内或溅到别人身上。任何时候不得将强酸、强碱、高温、有毒物质抛洒在实验台上。

（6）废纸及其他固体废物严禁倒入水槽，应倒入垃圾桶内。废弃液体若为强酸、强碱溶液，必须事先用水稀释，方可倒入水槽内，并放水冲走。

（7）爱护公物，节约水、电、试剂，遵守损坏仪器的报告、登记、赔偿制度。

（8）实验完毕，个人应将相关试剂、仪器器材摆放整齐，用过的玻璃器皿洗净放好，整理实验台台面，做好清洁，方可离开实验室。值日生则要认真负责整个实验室的清洁和整理，保持实验室整洁。断水、断电，关好门窗，并严格执行值日生登记制度，经老师同意后方可离开。

### （三）生化实验课的要求

（1）实验课前要做好充分的预习，预习的内容包括实验目的、原理、内容、操作规程及要点、注意事项等，写出预实验报告。

（2）实验前认真听取老师的讲解，严格按操作规程或实验指导老师的要求进行操作，仔细观察实验现象。实验过程中自己不能解决或决定的问题，切勿盲目处理，应及时请教指导老师。要求独立完成的实验要学会独立操作；与同学合作完成的实验要做好分工、配合、协调工作。在实验过程中不做与实验无关的事情，也不要妨碍他人做实验。

（3）实验数据和现象应随时记录在实验本上。记录实验结果要实事求是，仔细分析，做出客观结论。若实验失败，必须认真查找原因，而不要任意涂改实验结果。实验完毕，认真书写实验报告，按时上交。

## 二、实验记录及实验报告的书写

### （一）实验记录

实验课前应认真预习、将标题、实验目的和原理、实验内容、方法和步骤、记录、数据处理及结果分析等简单扼要地写在记录本或实验报告本上。

实验中所观察到的现象和测量的数据应及时、准确、真实地记录。原始记录应准确、简练、详细、条理清楚、字迹端正。不得用铅笔记录，只能用钢笔和圆珠笔，不要擦抹和修改，但可以划去重写。

在实验条件下观察到的现象，应准确详尽地记录实验现象的所有细节而不是照抄实验书上所列应观察到的实验结果。记录实验结果时，应做到正确记录，切忌夹杂主观因素，切忌拼凑实验数据、结果。如报告一个特殊实验中生成一种黄色沉淀是不够的，要写明在什么条件下（比如加热到什么温度、保温多长时间）、什么时候（快速还是缓慢）、生成多少、什么形状（胶状还是絮状或是颗粒状）、什么颜色（亮黄色、橘黄色或是其他颜色）的沉淀。

对于不正常的现象和数据更应如实记录，并分析、查找原因。在科学研究中仔细观察，特别注意未预期的实验现象是十分重要的，这些观察常常会引起意外的发现，而且为了避免重复工作也需要准确地书写实验报告。使用精密仪器时还应记录仪器的型号及编号。

在定量实验中观测的数据，如称量物的重量，滴定管的读数，分光光度计的读数等，都应设计一定的表格准确记下正确的读数，并根据仪器的精确度准确记录有效数字。实验记录上的每一个数字，都会反映每一次的测量结果，所以，重复观测时即使数据完全相同也应如实记录下来。

如果发现记录的结果有疑问、遗漏、丢失等，都必须重做实验。实验中要记录的各种数据，都应事先在记录本上设计好各种记录格式和表格，以免实验中由于忙乱而遗漏测量和记录，造成不可挽回的损失。将不可靠的结果当作正确的结果记录，在实际工作中可能造成难以估计的损失。所以，在学习期间就应一丝不苟，努力培养严谨的科学作风。

### （二）实验报告

获得了准确的实验结果不等于实验结束。实验室工作的目的是用一种简明易懂的方式向人传播实验结果和所引出的概念。而传播实验结果和所引出的概念的最好的方法就是书写实验报告。同时，书写实验报告也是对学生将来撰写科研论文的一种极好的练习。

书写实验报告可以用实验报告纸，但最好用练习本。为避免遗失，实验课全部结束后应把所有实验报告装订成册以便保存。

实验结束后，应及时整理和总结实验结果，写出实验报告。

书写实验报告的注意事项包括以下内容：

1. 标题　课程和实验名称、实验者姓名、实验日期等都应写在实验报告上。

2. 实验目的和原理　简明扼要地写出实验目的、原理，涉及化学反应的最好用化学方程式表示。

3. 实验内容　列举本次实验的主要内容。

4. 方法和步骤　列出简单明了的操作步骤，以便自己将来或他人能够重复，尽量用流程图或表格表示。

5. 记录　实验记录应及时、准确详尽、真实、清楚。

6. 数据处理及结果分析　根据实验要求整理、归纳数据后进行计算得出结果，包括根据实验数据及计算结果做出的各种图表（如曲线图、对照表等）及从图表中得出的结果。

7. 讨论　讨论部分不是对结果的重复，而是对实验结果、实验方法和实验异常结果的分析和探讨，以及对实验设计的认识、体会及建议。

8. 结论　结论要简明扼要，以说明本次实验所获得的结果。

9. 画图　在许多实验中，都有一个量，如浓度、pH 或温度，它们在系统地变化着，要测量的是此量对另一量的影响。已知量叫自变量，未知量叫应变量。画图时，习惯把自变量画在横轴上而把应变量画在纵轴上。下面列一些作图的提示：

（1）为了清楚起见，调整标度使斜度约为 45°。

（2）每一幅图都应有简洁的标题：清楚地标明两个轴的名称及计量单位。

（3）两轴均要标清刻度标记，选用合适的单位以使轴上的数字不要太大。且最好用简单数字标明轴上的标度（如使用 10mmol/L 就比 0.01mol/L 和 10 000μ mol/L 要好）。

（4）尽可能使各点间距离相等，不要使各点挤在一起或距离太大。

（5）根据不同的实验用光滑连续的曲线或直线连接各点。

（6）若同一张图上有两条以上的曲线，应用不同的符号分别标明相应的测定点。

（杨剑萍）

# 第二章
# 生物化学与分子生物学实验的基本操作

## 第一节 玻璃仪器的规格和使用

生物化学与分子生物学实验中使用的各种玻璃计量仪器都有固定的规格和一定的技术标准，在出厂前都须经国家计量机关检定认可，印上检定标记，并且根据计量的允许误差范围，标有“一等”或“二等”（或“Ⅰ”“Ⅱ”）等字样。

玻璃计量仪器计量的检定条件是以20℃为标准，以毫升为计量单位。

### 一、刻度吸管

刻度吸管是生物化学与分子生物学实验中使用最广泛的吸量管，其准确度较高，使用灵活方便。常用的容量规格有0.1ml、0.2ml、0.5ml、1.0ml、2.0ml、5.0ml和10.0ml等数种。

使用刻度吸管应根据需要正确选用不同容量规格的吸管，否则会使误差扩大，影响实验结果。一般应选用取液量最接近的吸量管，如吸取0.1ml的液体用1.0ml的吸管会使误差增大，需要1ml的溶液而用0.5ml的吸管吸取两次也会使误差增大。

刻度吸管有完全流出式和不完全流出式两种。完全流出式包括吸管尖不能自然流出的液体，使用时要把最后不能流出的液体吹出，通常在管壁上标有“吹”的字样。不完全流出式不包括吸管尖最后不能自然流出的液体，使用时不能吹，而是将吸管尖靠在容器壁上稍微停留一下，直到液体不再继续流出为止。

使用刻度吸管时，用右手持吸管，将刻度面对自己，把吸管尖插入液面下约1cm为宜。用左手持吸球，先把球内空气压出，再把吸球的尖端对准吸管上口，慢慢松开左手指，将液体吸至所需量的刻度线以上1~2cm处，在移开吸球的同时快速用右手食指按住吸管上口，将吸管尖移离液面，垂直并轻轻旋转吸管，将多余的液体放出至液面的弯月面与标线相切时为止，再将吸管垂直移至准备好的容器内，使吸管尖与容器内壁接触，让液体自然流出。

## 二、移液器

移液器常用于吸取 1ml 以内的微量液体。具有使用方便、取液迅速、不易破损、能吸取多种样品等优点。适用于连续取样和试液分装，目前被广泛应用于临床生物化学检验中。移液器规格可根据需要选择，生物化学与分子生物学实验常选用 10μl、200μl、1000μl 的微量移液器。

微量可调加液管在正式使用前，要连续按动多次，使管内空气同工作环境空气进行交换，保持管内空气负压恒定。使用时将塑料吸液嘴套在加液管头上，轻轻转动，以保持密封。垂直地握住加液管，将按钮按到第 1 停止点，并将吸液嘴浸入液面下 2~3mm，缓慢地放松按钮，使之复位，1~2s 后从液体中取出。再将加液管移至准备好的容器内，缓慢地将按钮按到第 1 停止点，等待 1~2s 后再将按钮完全按下，排出液体。不同的试液应更换塑料吸液嘴。

## 三、量筒

量筒在准确度要求不高的情况下，用来量取相对大量的液体。不需要加热促进溶解的定性试剂可直接在量筒中配制。量筒的规格有 10ml、25ml、50ml、100ml、250ml、500ml、1000ml 等多种。

## 四、容量瓶

容量瓶是一种较准确的容量仪器，带有磨口瓶塞，上部是细小呈圆柱形的颈部刻有环形的刻度，下部是膨大呈壶腹状的瓶身。使用前应检查容量瓶的瓶塞是否漏水，瓶塞应系在瓶颈上，不得任意更换。用容量瓶配制溶液时，固体物质必须先在小烧杯中溶解或加热溶解，冷却至室温后才能转移到容量瓶中，然后加溶剂稀释至标线。当溶剂加到快要接近标线时应停顿 30s 左右，待瓶颈上部液体流下后，再小心逐滴加入，直至溶液的弯月面最低点与标线相切为止。容量瓶绝不能加热或烘干。容量瓶的规格有 10ml、25ml、50ml、100ml、250ml、500ml、1000ml 等多种。

# 第二节 电热恒温水浴箱的使用

电热恒温水浴箱在生化实验中常用于间接加热。其温度调节范围自室温起至 65℃，灵敏度一般为 ±0.5℃。使用方法如下：

（1）使用前加水至适当位置，水位不得低于电热管，以免电热管被烧坏。绝不允许先通电后加水。

（2）接通电源，打开电源开关，调节温度控制旋钮至适当位置，红灯亮表示电热管通电开始加热。

（3）当温度计的指数上升到离所需温度2~3℃时，逆时针转动调温旋钮至红灯熄灭，再略微调节温度旋钮即可达到预定的恒定温度。

（4）旋钮度盘上的数字不表示水浴箱内的温度，但可记录度盘上的旋钮位置与水箱温度计指示的温度关系。这样就可以较迅速地调到想要控制的温度。

# 第三节　溶液的混匀与过滤

## 一、溶液的混匀

在生物化学与分子生物学实验中，每加入一种试剂后必须充分混匀，才能使反应充分进行。混匀的方法通常有以下几种：

1. 振摇式　适用于试管内少量液体的混匀。

2. 弹动式　一手持试管，另一手手指轻拨试管底部，使管内液体做旋转流动。适用于试管内液体较多不易做振摇时。

3. 倒转式　适用于具塞试管内有较多液体时以及容量瓶内液体的混匀。

4. 旋转式　右手握住容器上端，利用手腕的旋转使容器做圆周运动。适用于锥形瓶、大试管内溶液的混匀。

5. 搅拌式　适用于烧杯内液体的混匀。

## 二、溶液的过滤

常用的溶液过滤的方法有以下几种：

1. 普通漏斗过滤　此法最为简便和常用。过滤时先将滤纸对折叠成四层，放在漏斗中，滤纸的上缘应略低于漏斗边缘并与漏斗壁完全吻合，不留缝隙。向漏斗内加液时，要用玻璃棒引导，不能过快倒入，液面不能超过滤纸的上缘。

2. 布氏漏斗过滤　此法可加速过滤，并使沉淀抽吸得较干燥。但不宜过滤胶体沉淀和颗粒太小的沉淀，因为胶体沉淀易穿透滤纸，颗粒太小的沉淀易在滤纸上形成一层密实的沉淀，溶液不易透过。过滤时用循环水真空泵使吸滤瓶内减压，由于瓶内与布氏漏斗液面上形成压力差，因而加快了过滤速度。

## 第四节 实验样品的制备

在生物化学与分子生物学实验中，无论是分析组织中各种物质含量或是探究组织中物质代谢过程，都需要利用特定生物样品。由于实验的特殊要求，往往需要将获得的样品先做适当处理。掌握实验样品的正确处理与制备方法是做好生物化学与分子生物学实验的先决条件。

### 一、血液样品

#### （一）全血

实验用的全血是指抗凝全血。取清洁干燥的试管或其他容器，收集人或动物的新鲜血液，立即与适量的抗凝剂充分混合。取得的全血如不立即使用，应放置于冰箱中储存。

常用的抗凝剂有柠檬酸盐、草酸盐、氟化钠、肝素等，可根据实验要求而定。通常先将抗凝剂配成水溶液，按所取血量需要加到试管或其他合适的容器中，横放，在100℃以下烘干（肝素不宜超过30℃），则抗凝剂在管壁上形成一层薄膜，使用时较为方便，效果也好。

#### （二）血浆

抗凝全血经离心机离心后，血细胞下沉，上清液即为血浆。用血浆分析时必须严格防止溶血，故在采血时所用的取血容器包括注射器、针头与试管等物品必须干燥、清洁。取出的血液也不能剧烈振摇，最好使用一次性注射器与试管，可防止医院内感染和有利于废物的处理。

#### （三）血清

收集不加抗凝剂的血液，在室温下自行凝固，通常经3h后血块收缩析出血清。为促使血清分离，可离心分离，这样可缩短时间，并取得较多的血清。制备血清也要防止溶血，一方面器具要干燥，另一方面，血块收缩后，及早分离出血清，因为放置过久，血块中的血细胞可能溶血。

### （四）无蛋白血滤液

许多生物化学分析需避免蛋白质的干扰，常用蛋白质沉淀剂将其中的蛋白质去除，制成无蛋白血滤液，再进行分析。如尿酸、肌酸等物质的测定。常用的蛋白质沉淀剂有：钨酸、三氯醋酸、硫酸锌及高氯酸等，可根据不同的需要加以选择。

## 二、尿液样本

对尿液样本进行分析一般定性实验只需收集一次尿液，但定量实验应收集 24h 尿液混合后取样。24h 尿液收集的方法通常在早晨一定时间排出残余尿弃去，以后每次尿都收集于清洁有盖容器中，到第 2 天早晨同一时间收集最后一次尿即为 24h 尿。

为防止尿液变质，须加入不影响实验的防腐剂，防腐剂应在收集第一次尿的同时加入。常用的防腐剂有甲苯、盐酸等。

尿液样本收集后应立即分析，如不能及时分析，应将留取的尿液放置于 4℃冰箱中保存。

## 三、组织样本

离体不久的组织，在适宜的温度及 pH 等条件下，可以进行一定程度的新陈代谢。因此，在生物化学与分子生物学实验中，常利用离体组织研究各种物质代谢的途径与酶系的作用，也可以从组织中提取各种代谢物或酶进行研究。

1. 组织匀浆　新鲜组织称取重量后剪碎，加入适当的匀浆制备液，用高速电动匀浆器或用玻璃匀浆器打碎组织制成组织匀浆。常用的匀浆制备液有生理盐水、缓冲液、Krebs-Ringer 溶液及 0.25mol/L 蔗糖溶液等，可根据实验的不同要求，加以选择。

2. 组织浸出液　将上法制成的组织匀浆离心，其上清液即为组织浸出液。

（黄　丽　谢正轶　罗　宇　颜　池）

# 第三章

# 常用的生物化学检验技术

## 第一节 分光光度法

分光光度法是通过测定被测物质在特定波长处或一定波长范围内光的吸收度，对该物质进行定性和定量分析的方法。它具有灵敏度高、操作简便、快速等优点，是生物化学与分子生物学实验中最常用的实验方法。许多物质的测定都采用分光光度法。

### 一、原理

光的本质是一种电磁波，具有不同的波长。肉眼可见的光称为可见光，波长在400~760nm，波长 <400nm 的光称为紫外光，波长 >760nm 的光称为红外光。可见光区的光因波长不同而呈现不同的颜色，这些不同颜色的光称为单色光。单色光并非单一波长的光，而是一定波长范围内的光。可见光区的单色光按波长顺序排列为：红、橙、黄、绿、青、蓝、紫。

许多物质的溶液具有颜色，有色溶液所呈现的颜色是由于溶液中的物质对光的选择性吸收所致。不同的物质由于其分子结构不同，对不同波长光的吸收能力也不同，因此具有其特有的吸收光谱。即使是相同的物质由于其含量不同，对光的吸收程度也不同。利用物质所特有的吸收光谱来鉴别物质或利用物质对一定波长光的吸收程度来测定物质含量的方法，称为分光光度法。所使用的仪器称为分光光度计。

在分光光度计中，将不同波长的光连续地照射到一定浓度的样品溶液时，便可得到与其他不同波长相对应的吸收强度。如以波长（$\lambda$）为横坐标，吸收强度（$A$）为纵坐标，就可绘出该物质的吸收光谱曲线。利用该曲线进行物质定性、定量的分析方法，称为分光光度法，也称为吸收光谱法。用紫外光源测定无色物质的方法，称为紫外分光光度法；用可见光光源测定有色物质的方法，称为可见光光度法。它们与比色法一样，都以朗伯－比尔（Lambert–Beer）定律为基础。上述的紫外光区与可见光区是常用的。

但分光光度法的应用光区包括紫外光区、可见光区、红外光区。

朗伯－比尔定律是分光光度法的基本原理。当一束单色光通过一均匀的溶液时，一部分被吸收，一部分透过，设入射光的强度为 $I_0$，透射光的强度为 $I$，则 $\frac{I}{I_0}$ 为透光度，用 $T$ 表示。

当溶液的液层厚度不变时，溶液的浓度越大，对光的吸收程度越大，则透光度越小。即：$-\lg T=K\times C$（式中 $K$ 为吸光系数，$C$ 为浓度）。

当溶液浓度不变时，溶液的液层厚度越大，对光的吸收程度越大，则透光度越小。即：$-\lg T=K\times L$（$L$ 为液层厚度）。

将以上两式合并可用下式表示：

$$-\lg T=K\times C\times L$$

研究表明：溶液对光的吸收程度即吸光度（$A$），又称消光度（$E$）或光密度（$OD$），与透光度（$T$）呈负对数关系，即：

$$A=-\lg T$$

故：

$$A=KCL$$

上式为朗伯－比尔定律，其意义为：当一束单色光通过一均匀溶液时，溶液对单色光的吸收程度与溶液浓度和液层厚度的乘积呈正比。

朗伯－比尔定律常被用于测定有色溶液中物质的含量，其方法是配制已知浓度的标准液（S），将待测液（T）与标准液以同样的方法显色，然后放在厚度相同的比色皿中进行比色，测定其吸光度，得 $A_S$ 和 $A_T$，根据朗伯－比尔定律：

$$A_S=K_SC_SL_S \qquad A_T=K_TC_TL_T$$

两式相除得：

$$\frac{A_S}{A_T}=\frac{K_SC_SL_S}{K_TC_TL_T}$$

由于是同一类物质其 $K$ 值相同，又由于比色皿的厚度相等，所以 $K_S=K_T$，$L_S=L_T$ 则：

$$\frac{A_S}{A_T}=\frac{C_S}{C_T}$$

$$C_T=\frac{A_T}{A_S}\times C_S$$

此即朗伯－比尔定律的应用公式。

## 二、应用

利用分光光度法对物质进行定量测定主要有以下几种方法：

### （一）标准管法

将待测溶液与已知浓度的标准溶液在相同条件下分别测定 $A$ 值，然后按下式求得待测溶液中物质的含量。

$$C_T = \frac{A_T}{A_S} \times C_S$$

### （二）标准曲线法

先配制一系列浓度由小到大的标准溶液，分别测定出它们的 $A$ 值，以 $A$ 值为横坐标，浓度为纵坐标，做标准曲线。在测定待测溶液时，操作条件应与制作标准曲线时相同，以待测溶液的 $A$ 值从标准曲线上查出该样品的相应浓度。

### （三）吸收系数法

当某物质溶液的浓度为 1mol/L，厚度为 1cm 时，溶液对某波长的吸光度称为该物质的摩尔吸光系数，以 $\varepsilon$ 表示。$\varepsilon$ 值可通过实验测得，也可由手册中查出。

已知某物质 $\varepsilon$ 值，只要测出其 $A$ 值，再根据下式便可求得样品的浓度。

$$C = \frac{A}{\varepsilon}$$

## 三、分光光度计

分光光度计的种类较多，其结构基本相似，以 V-1100D 分光光度计为例说明分光光度计的原理和结构以及使用和保养等。

### V-1100D 分光光度计

### （一）仪器原理

分光光度法分析的原理是利用物质对不同波长光的选择吸收现象来进行物质的定性和定量分析，通过对吸收光谱的分析，判断物质的结构及化学组成。

本仪器是根据相对测量原理工作的，即选定某一溶剂（蒸馏水、空气或试样）作为参比溶液，并设定它的可见光透射比（又称透光度，用 $T$ 表示）为 100%，而被测试样的透光度是相对于该参比溶液而得到的。$T$ 的变化和被测物质的浓度有一定的函数关系，在一定的范围内，它符合朗伯 - 比尔定律。

$$T=I/I_0$$

$$A=KCL=-\lg（I/I_0）$$

其中：$T$：可见光透射比

$A$：吸光度

$C$：溶液浓度

$K$：溶液的吸光系数

$L$：液层在光路中的长度

$I$：光透过被测试样后照射到光电转换器上的强度

$I_0$：光透过参比测试样后照射到光电转换器上的强度

V-1100D 可见分光光度计就是根据这一原理，结合现代精密光学和最新微电子等高新技术研制开发的具有国内领先水平的新一代可见分光光度计。

## （二）仪器介绍

1. 仪器主要外观　仪器主要外观部件如图 3-1 和图 3-2 所示。

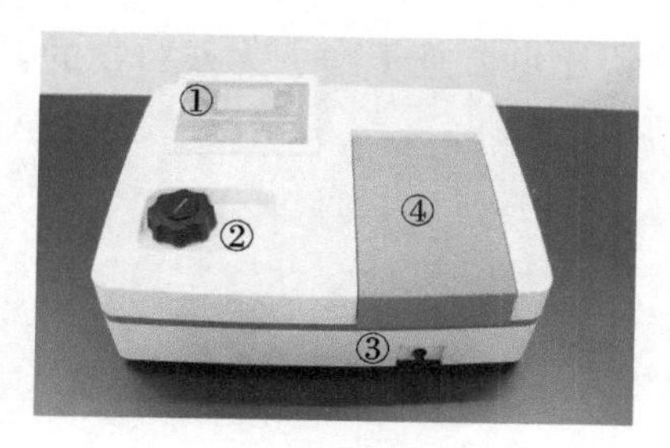


**图 3-1　仪器正面观**

①操作面板; ②波长旋钮; ③拉杆; ④样品室盖

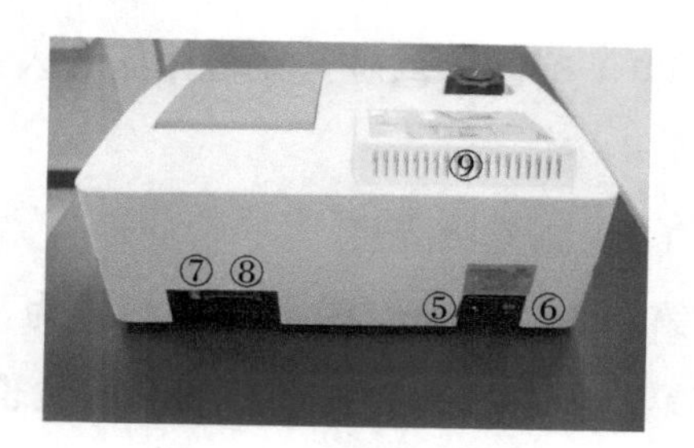


**图 3-2　仪器背面观**

⑤电源插座; ⑥电源开关; ⑦USB 接口; ⑧打印接口; ⑨散热孔罩

2. 操作面板按键描述

（1）MODE 测量模式切换。

（2）ENTER 确认 / 打印。

（3）0 T 数字减 / 校准 0 T。

（4）100%T 数字加 / 校准 100%T。

## （三）操作方法

1. 基本操作

（1）测量模式选择，按 MODE 键可切换测量模式。

（2）设置波长，转动波长旋钮可设置测试波长，波长值可从显示器实时读取。

（3）修改参数，仪器会提示输入浓度或 $k$、$b$ 值时，按上、下键改变输入值，按 ENTER 键确认并保存该输入值。

（4）校准零位，按向下键可校准零位。

注意：仪器具有记忆功能，仪器校准过一次零位后，即使改变波长，甚至关机也不会丢失，重新开机预热后可直接测量样品。如果希望得到更加准确的测量结果，可在完成预热校准一次零位后再测量。

（5）校准100%T，将放有“参比”的样品槽置于光路中，按向上键可校准100%T。

（6）测量样品，将样品置于光路中，在显示屏上读取结果。

（7）打印测量结果，在各测量界面下，按ENTER键打印测量结果。

2. 测量前的准备

（1）开机自检：确认仪器光路中无阻挡物，关上样品室盖，打开仪器电源开始自检。

（2）预热：仪器自检完成后进入预热状态，若要精确测量，预热时间需在30min以上。

（3）确认比色皿：在将样品移入比色皿前先确认比色皿是干净、无残留物的。

3. 测量

（1）测量吸光度

第一步：按MODE键选定模式为“A”模式；

第二步：旋转波长旋钮到测试波长；

第三步：将放有“参比”的样品槽置于光路中，按向上键校准100%T；

第四步：将放有“样品”的样品槽置于光路中，读取吸光度值；

第五步：按ENTER键打印测量结果；

第六步：重复第四步、第五步测量其余样品。

（2）测量透过率

第一步：按MODE键选定模式为“T”模式；

第二步：旋转波长旋钮到测试波长；

第三步：将放有“参比”的样品槽置于光路中，按向上键校准100%T；

第四步：将放有“样品”的样品槽置于光路中，读取透过率值；

第五步：按ENTER键打印测量结果；

第六步：重复第四步、第五步测量其余样品。

（3）已知标准样品浓度测量浓度

第一步：在“A”模式或“T”模式下，旋转波长旋钮到测试波长；

第二步：将放有“参比”的样品槽置于光路中，按向上键校准100%T；

第三步：将放有“标准样品”的样品槽置于光路中，按MODE键选定模式为“C”模式；

第四步：按上、下键改变标准样品浓度（1—1999），按ENTER键确认后进入测量界面；

第五步：将放有“样品”的样品槽置于光路中，读取浓度值；

第六步：按 ENTER 键打印测量结果；

第七步：重复第五步、第六步测量其余样品。

（4）已知标准曲线测量浓度

第一步：按 MODE 键选定模式为“F”模式；

第二步：旋转波长旋钮到测试波长；

第三步：按上、下键改变 K（1—1999），B（-1999—1999）值，按 ENTER 键确认后进入测量界面；

第四步：将放有“参比”的样品槽置于光路中，按向上键校准 100%T；

第五步：将放有“样品”的样品槽置于光路中，读取浓度值；

第六步：按 ENTER 键打印测量结果；

第七步：重复第五步、第六步测量其余样品。

### （四）仪器维护与保养

1. 样品室检查　在测试完成后，请及时将溶液从样品室中取出，否则时间一长，液体挥发会导致镜片发霉，对易挥发和具有腐蚀性的液体，尤其要注意。如果样品室中有遗漏的溶液，请及时擦拭干净，否则会引起样品室内的部件腐蚀和螺钉生锈。

2. 仪器的表面清洁　仪器的外壳表面经过了喷漆工艺的处理，如果不小心将溶液遗洒在外壳上请立即用湿毛巾擦拭干净，杜绝使用有机溶液擦拭。如果长时间不用时，请注意及时清理仪器表面的灰尘。

3. 比色皿清洗　在每次测量结束或溶液更换后，需要及时清洗比色皿，否则比色皿壁上的残留溶液会引起测量误差。

# 第二节　电泳法

带电粒子在电场中向着电性相反的电极移动的现象称为电泳。利用电泳对物质进行分离的方法称为电泳法。

## 一、原理

设一带电粒子在电场中所受的力为 $F$，$F$ 的大小取决于粒子所带的电荷 $Q$ 和电场强度 $X$，即：$F=QX$

又按 Stokes 定律，一球形的粒子运动时所受到的阻力 $F'$ 与粒子的运动速度 $V$、粒子的半径 $r$、介质的黏度$\eta$的关系为：

$$F' = \pi 6r \eta V$$

当电泳达到平衡时，带电粒子在电场做匀速运动，则：

$$F=F'$$

即：

$$QX=6\pi r \eta V$$

移项得：

$$\frac{V}{X} = \frac{Q}{6\pi r\eta}$$

$V/X$ 表示单位电场强度时粒子运动的速度，称为迁移率，以 $\mu$ 表示，即：

$$\mu = \frac{V}{X} = \frac{Q}{6\pi r\eta}$$

由$\mu = \frac{V}{X} = \frac{Q}{6\pi r\eta}$可见粒子的迁移率在一定条件下取决于粒子所带的电荷及形状的大小，带电荷多而颗粒小的迁移率快，反之则迁移率慢。

在实验中，电泳速度为单位时间 $t$（s）内移动的距离 $d$（cm），即：

$$V = \frac{d}{t}$$

电场强度 $X$ 为单位距离 $l$（cm）内的电势差（伏），即当距离为 1cm、电势差为 $E$ 时，则：

$$V = \frac{E}{l}$$

以 $V=d/t$，$X=E/l$ 代入$\mu = \frac{V}{X} = \frac{Q}{6\pi r\eta}$即得：

$$\mu = \frac{V}{X} = \frac{d/t}{E/l} = \frac{dl}{Et}$$

所以迁移率的单位为 $cm^2/s \cdot V$。

如 A 物质在电场中移动的距离：

$$d_A = \mu_A \frac{E_t}{l}$$

B 物质在电场中移动的距离：

$$d_B = \mu_B \frac{E_t}{l}$$

两物质移动距离的差：

$$\Delta d = d_A - d_B = (\mu_A - \mu_B)\frac{E_t}{l}$$

由 $\Delta d = d_A - d_B = (\mu_A - \mu_B)\frac{E_t}{l}$说明 A 物质和 B 物质能否分离取决于两者的迁移率，如相同则不能分离，如不同则能分离。电泳技术能对各种物质进行分离就是利用各物质迁移率的差别。不同的物质由于其所带电荷的性质、多少及分子大小、形状的不同，从而具有不同的迁移率，经过一定时间的电泳后可达到将其分离的目的。

## 二、影响电泳的因素

### （一）样品

电泳速度与被分离物的带电荷量成正比，与分子大小成反比。球形的分子电泳速度比纤维状的快。

### （二）溶液的 pH

溶液的 pH 决定了电泳物质的带电状态及带电量。为了保持溶液在整个电泳过程中有较稳定的 pH，常用一定 pH 的缓冲液，如分离血清蛋白常用 pH 8.6 的巴比妥缓冲液。

### （三）缓冲液的离子强度

离子强度（$I$）是指溶液中各种离子的摩尔浓度（$c_i$）与其电荷数（$z_i$）平方乘积总和的 1/2。即：

$$I=1/2\ \Sigma\ (c_i z_i)^2$$

如：0.154mol/L 的氯化钠溶液的离子强度：

$$I=1/2\ \Sigma\ (0.154 \times 1^2+0.154 \times 1^2)=0.154$$

电泳时要求离子强度在 0.05~0.10。离子强度过低，缓冲液的缓冲容量小，不易维持 pH 的恒定；离子强度过高，则样品所带的分电流降低，使电泳速度减慢。

### （四）电场强度

电场强度与电泳速度成正比。电场强度以每厘米的电势差计算，也称电势梯度。以醋酸纤维素薄膜为例，其长度为 8cm，两端的电势差为 120V，则电场强度为 120/8=15V/cm。电场强度越高，电泳速度越快；但电压越高，产热量增加可使蛋白质变性而不能分离。所以高压电泳时（电场强度 >50V/cm）常需要用冷却装置。

### （五）电渗

在电场中液体对固体的相对移动，称为电渗。在水溶液中，电泳所用的支持物表面的化学基团可解离而带电，如滤纸表面的羟基解离使介质表面带负电荷；水是极性分子，因此与滤纸表面接触的水溶液带正电荷，在电场作用下，则向负极移动（图 3-3）。电泳和电渗往往是同时发生的，带电粒子的移动距离受电渗影响。若电泳的方向与电渗的方向相反，则电泳的实际距离等于两者距离之差；若两者的方向相同，则电泳的实际距离为两者距离之和。

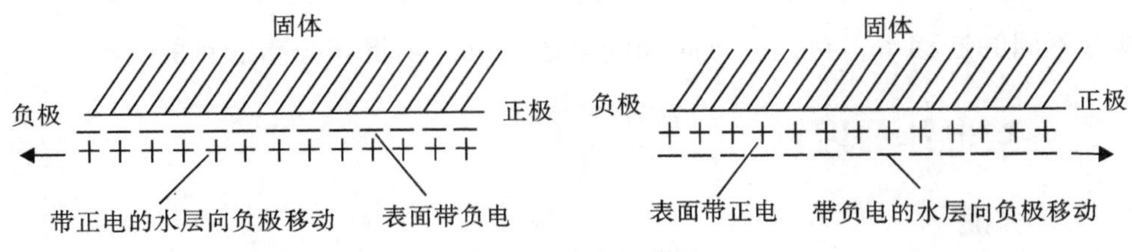


图 3-3　电泳示意图

## 三、区带电泳的分类

利用支持物作为载体，被分离物质经电泳后形成区带，称为区带电泳。

### （一）按支持物的物理性状不同分类

1. 滤纸及其他纤维膜电泳　如醋酸纤维素薄膜、玻璃纤维电泳等。

2. 粉末电泳　如纤维素粉、淀粉、硅胶电泳等。

3. 凝胶电泳　如琼脂、琼脂糖、聚丙烯酰胺凝胶电泳等。

### （二）按支持物的装置形式不同分类

1. 水平式电泳　支持物水平放置，是最常用的电泳方式。

2. 垂直板式电泳　比较少用，如聚丙烯酰胺凝胶垂直板式电泳。

3. 垂直柱式电泳　如聚丙烯酰胺凝胶盘状电泳。

4. 连续流动电泳　它是利用溶液的虹吸作用和电场的引力来分离样品。将支持物垂直竖立，两边各放一电极，溶液和样品自顶部流下，与电泳方向垂直。样品一方面受电场作用向所带电荷相反的电极方向移动，另一方面在缓冲液的推动下垂直向下移动，两种因素的共同作用使样品分离。

### （三）按 pH 的连续性分类

1. 连续 pH 电泳　指在电泳的全过程 pH 保持不变，如常用的纸电泳、醋酸纤维素薄膜电泳等。

2. 不连续 pH 电泳　指缓冲液和电泳支持物间有不同的 pH，如聚丙烯酰胺凝胶电泳、等电聚焦电泳等。

## 四、电泳技术的应用

电泳技术主要用于分离各种有机物如氨基酸、多肽、蛋白质、酶、脂类、核苷酸、核酸等，所以电泳技术是医学中重要的研究技术。

# 第三节　层析法

## 一、概念

层析法是根据混合物中各组分的理化性质（溶解度、吸附力、分子极性、分子形状和大小等）的不同，通过一定的支持物（层析柱或层析板）将各组分分离分析的方法。由于其主要是根据物质的物理性质不同将各种物质进行分离，故该方法是一种广泛应用的物理化学分离分析技术，也是生物化学最常用的分离技术之一。

层析法分析测定的对象是混合物，一般是将样品放在一定的支持物上，使各组分以不同的程度分布在两个相中，其中在层析中固定不动的称为固定相，在层析中不断流过固定相的液体或气体称为流动相，被层析的混合物中各组分随着流动相的移动被层析分离，即通过层析将混合物中各组分一一分开，做定性定量分析。层析法具有高效能、高度选择性、高度灵敏性和操作简便等特点，尤其适合样品含量少，杂质含量多的复杂生物样品的分析。

## 二、分类

### （一）按两相所处的状态分类

流动相为液态的称为液相层析，流动相为气态的称为气相层析。固定相也有两种状态，一种是以固体吸附剂作为固定相，另一种是以吸附在固体上的液体作为固定相，故可分为如下几类：

（1）液相层析
- 液－固层析
- 液－液层析

（2）气相层析
- 气－固层析
- 气－液层析

### （二）按层析的原理分类

1. 吸附层析　固定相是固体吸附剂。利用固体吸附剂表面对不同组分的吸附能力的差异达到分离的目的。

2. 分配层析　固定相为液体。利用不同组分在固定相和流动相之间的分配系数（即溶解度）不同使物质分离。

3. 离子交换层析　固定相为离子交换剂。利用各组分对离子交换剂的亲和力不同而进行分离。

4. 凝胶层析　固定相为凝胶。利用各组分在凝胶上受阻滞的程度不同而进行分离。

### （三）按操作方式不同分类

1. 柱层析　将固定相装于柱内，使样品沿一个方向移动，以达到分离的目的。

2. 纸层析　以滤纸作为载体，点样后用流动相展开，以达到分离的目的。

3. 薄层层析　将粒度适当的吸附剂均匀地涂成薄层，点样后用流动相展开，以达到分离的目的。

# 第四节　离心分离法

利用旋转运动的离心力以及物质的沉降系数或浮力密度的差别将悬浮液中的微粒从溶液中进行分离、浓缩和提纯的一种方法，称为离心分离法。

## 一、原理

悬浮液静止不动时，由于重力场的作用，悬浮液中比液体重的微粒逐渐沉降，粒子越重下沉越快；反之，密度比液体小的微粒就向上浮。微粒在重力场中下沉或上浮的速度与颗粒的密度、大小和形状有关，而且还与重力场的强度、液体的黏度有关。另外微粒还有扩散运动。

红细胞等直径在数微米的颗粒可以利用重力来观察其沉降速度，如血沉。但对更小的微粒如病毒、蛋白质分子等则不能利用重力来观察它们的沉降速度。因为其颗粒越小，沉降速度越慢，而且扩散现象也越严重，所以需要加大重力场，即利用离心的方法产生离心力来克服扩散现象。

### （一）离心力

当离心机转子以一定的角速度$\omega$旋转，颗粒的旋转半径为$r$时，任何颗粒均受到一个向外的离心力，即

$$F=\omega^2r$$

$\omega$为角速度，以弧度/秒表示，$r$为旋转半径，指离心管的中心线到旋转轴中心的距离，以cm计量。

离心力（$F$）通常以地心引力的倍数表示，称为相对离心力（RCF）。RCF是指离心场中作用于颗粒的离心力相当于地心引力的倍数，单位是重力加速度（g）（980cm/s$^2$），

即

$$RCF=\frac{\omega^2 r}{g}$$

由于

$$\omega=\frac{2\pi rpm}{60}$$

带入$RCF=\frac{\omega^2 r}{g}$得

$$RCF=\frac{4\pi^2(rpm)^2 r}{360g}=1.118\times10^{-5}\times(rpm)^2\times r$$

式中的 rpm 为离心机每分钟转数，由上式可以看出相对离心力与转速平方和旋转半径的乘积成正比。

### （二）沉降速度

沉降速度（$V$）是指在离心力作用下，单位时间内颗粒沉降的距离。一个球形颗粒的沉降速度不仅取决于离心力的大小，也取决于颗粒的密度和半径以及悬浮介质的黏度。

$$V=\frac{d^2}{18}\left(\frac{\sigma-\rho}{\eta}\right)\omega^2 r$$

$d$ 为颗粒直径，$\sigma$为颗粒密度，$\rho$为介质密度，$\eta$为溶液的黏度。

### （三）沉降系数

沉降系数是指单位离心力作用下颗粒的沉降速度，用 $S$ 表示，$1S=1\times10^{-13}$s。

$$S=\frac{V}{\omega^2 r}=\frac{d^2}{18}\left(\frac{\sigma-\rho}{\eta}\right)$$

从上式可以看出：在离心场中如果颗粒的密度大于介质的密度（$\sigma>\rho$），则 $S>0$，颗粒发生沉降；$\sigma=\rho$时，$S=0$，颗粒沉降到某一位置达到平衡；$\sigma<\rho$时，$S<0$，颗粒发生漂浮。

由于沉降系数与颗粒的分子大小成正比，故常用 $S$ 来描述生物大分子的分子大小。

## 二、分类

根据离心机的转速的不同，可将其分为低速离心机（转速 <6000rpm）、高速离心机（转速 <25 000rpm）和超速离心机（转速 >30 000rpm）。

根据离心机的用途不同，可将其分为分析离心机和制备离心机。

## 三、离心机的使用

生物化学与分子生物学实验中常用的是普通离心机（1000~4000rpm）用于分离血清、沉淀蛋白质等。使用方法及注意事项如下。

（1）使用前在无负荷的情况下，开动离心机（3000rpm），检查离心机转动是否平稳；

检查套管内是否有橡皮软垫。

（2）检查合格后，将盛有离心液的离心管放入离心套管内，位置要对称，重量要用天平平衡，如不平衡，可在离心管和套管的间隙内加水来调节重量使之达到平衡。

（3）离心管中的液体不能装得太满（占 2/3），以免溢出。

（4）盖上离心机盖子，接通电源，缓慢逐步加速到所需速度。不能一下子将速度调到最大，以免引起强烈的震动而损坏电机或使离心管破碎。

（5）离心完毕，将转速缓慢逐步扭回起点，任其自动停稳后，方可打开盖子取出离心管，切勿用手助停。

（6）在离心过程中如发现声音不正常，机身不稳，应立即切断电源，待检查排除故障后方能使用。

（姚裕群　杨剑萍　黄　丽）

# 第四章 分子生物学实验技术

## 第一节 DNA 操作技术

### 一、核酸电泳

核酸是一类带负电荷的生物大分子，在电场作用下由负极向正极移动，因此可用电泳的方法进行分离、纯化和鉴定。核酸的电泳迁移率取决于核酸分子的大小和构型。根据凝胶介质的不同将核酸电泳分为琼脂糖凝胶电泳和聚丙烯酰胺凝胶电泳。

#### （一）琼脂糖凝胶电泳

琼脂糖凝胶电泳的方式是水平电泳，分辨 DNA 片段为 0.2~50kb，只要配置合适浓度的琼脂糖凝胶，都可以通过电泳的方法区分该范围内的 DNA 分子。

#### （二）聚丙烯酰胺凝胶电泳

聚丙烯酰胺凝胶电泳的方式是垂直电泳，分辨 DNA 片段的范围仅限于几百个碱基对的序列，但分辨能力比琼脂糖凝胶电泳高，相差一个碱基的 DNA 片段都能区分出来。

### 二、DNA 的酶切和连接

#### （一）DNA 的酶切

在 DNA 重组实验中，为使 DNA 具有可操作性，常采用限制性内切核酸酶对 DNA 进行切割，产生具有特定末端的片段。限制性酶切反应一般根据生产厂家提供的方法进行，选用合适的酶切缓冲液，反应体积一般为 20~30μl，酶浓度一般为每微克 DNA 用酶 1U，在 37℃放置 2h（质粒）或过夜（总 DNA），在 70℃水浴 10min 终止反应。酶切的结果通过琼脂糖凝胶电泳进行分析。

#### （二）DNA 的连接

T4DNA 连接酶可以催化连接双链 DNA 的 5– 磷酸基和相邻核苷酸的 3– 羟基。既可以连接黏性末端，也可以连接平头末端。连接反应体积一般为10~20μl，载体与外源的DNA分子数比为1∶3至1∶6，反应体系中的DNA在100~200ng。反应体系包括适量的载体、外源片段，1/10体积的10倍连接缓冲液，0.1~1U的T4DNA连接酶，以双蒸无菌水补足反应体积。反应条件可根据不同的连接反应选择在室温下放置3h、4℃过夜或15℃下放置14~18h。

## 三、核酸分子杂交

带有特定的互补核苷酸序列的不同来源的单链DNA或RNA分子，在合适的条件下混合时，其同源区域会退火形成局部双链结构，该过程称为杂交。核酸分子杂交可以鉴定特定核酸分子的大小、多少，研究物种之间的亲缘关系，确定特定基因的位置。该过程包括电泳分离核酸、核酸印迹和杂交3个步骤。一般流程是：①凝胶电泳分离核酸样品；②利用毛细管作用将核酸样品转移到滤膜上，即核酸印迹；③标记的探针与滤膜上的核酸杂交，收集和检测杂交信号。核酸分子杂交的类型有：Southern杂交、Northern杂交、原位杂交、基因芯片等。

## 四、PCR技术

PCR技术即聚合酶链式反应，该技术在体外模拟DNA复制过程中，几个小时之内就可以将极微量的目的DNA片段扩增几十万倍，使目的DNA片段大量富集。PCR技术的基本原理：在模板DNA、引物和4种脱氧核糖核苷三磷酸（dNTP）存在的条件下，在DNA聚合酶的催化下，以单链DNA为模板，借助引物和模板退火形成的一小段双链DNA来启动特定序列的合成，在适宜的条件下，DNA聚合酶将脱氧核苷酸加到引物3′-OH末端，并以此为起始点，沿模板5′→3′方向延伸，合成一条新的DNA互补链。PCR技术的特异性取决于引物和模板DNA结合的特异性。反应分3个步骤：①变性：加热断裂DNA双螺旋的氢键，DNA双链解离形成单链。②退火：当温度突然降低时，由于模板分子结构较引物要复杂得多，而且反应体系中引物DNA的量大大多于模板DNA，使引物和其互补的模板在局部形成杂交链，而模板DNA双链之间互补的机会较少。③延伸：在DNA聚合酶和4种dNTP底物及$Mg^{2+}$存在的条件下，以引物为起始点，聚合酶催化5′→3′的DNA链延伸反应。以上3步为一个循环，每一循环的产物可以作为下一个循环的模板，几小时之后，介于两个引物之间的特异性DNA片段得到了大量复制，数量可达2×（$10^6$~$10^7$）拷贝。

# 第二节　蛋白质基本操作技术

## 一、蛋白质的分离纯化

一般根据蛋白质的大小、形状、表面疏水基团的含量、所带电荷及分离纯化的目的不同，选择合适的分离方法。

### （一）柱层析法

柱层析法有分子筛、离子交换层析、亲和层析。分子筛法的原理是利用蛋白质分子质量和分子形状的差异实现分离。离子交换层析法是根据蛋白质所带电荷的不同进行分离纯化。亲和层析法利用蛋白质对配体的特异亲和力进行分离纯化。

### （二）电泳法

电泳法分离蛋白质的原理：蛋白质是兼性离子，根据环境的 pH 不同，蛋白质要么带正电荷，要么带负电荷，要么不带电荷，在相同的 pH 条件下，蛋白质分子质量和所带电荷不同，在外电场的作用下，不在等电点状态的蛋白质分子向着与其电性相反的电极移动。蛋白质电泳法主要有非变性聚丙烯酰胺凝胶电泳、SDS- 聚丙烯酰胺凝胶电泳、等电聚焦电泳。在非变性聚丙烯酰胺凝胶电泳中，蛋白质的迁移率取决于它所带净电荷及分子大小和形状等因素。SDS- 聚丙烯酰胺凝胶电泳是根据蛋白质亚基分子质量的不同分离蛋白质的方法。等电聚焦电泳是根据蛋白质的等电点不同将其分开的一种电泳技术。

## 二、蛋白质的鉴定技术

### （一）基于免疫学的方法

基于免疫学的蛋白质鉴定方法有蛋白质印迹、原位分析、酶联免疫吸附分析等。蛋白质印迹是根据抗原抗体的特异性结合检测复杂样品中某种蛋白质的方法。原位分析是根据抗原与抗体特异性结合的原理，通过化学反应使抗体的标记物显色来确定组织细胞内的抗原，对其进行定位、定性及定量的研究。酶联免疫吸附分析的原理：先将抗原吸附在固相载体上，加待测抗体，再加相应酶标记抗体，生成抗原－待测抗体－酶标记抗体的复合物，进一步与该酶的底物反应生成有色产物。由于待测抗体的量与有色产物生成量成正比，所以借助分光光度计测吸光度就可以计算出抗体的量。

### （二）测序法

确定蛋白质一级结构的测序方法主要有 Edman 降解法和质谱法。

## 第三节 大分子相互作用的研究技术

### 一、DNA- 蛋白质相互作用分析

研究 DNA- 蛋白质相互作用的经典方法包括凝胶电泳迁移率变动分析、DNA 酶足迹法、酵母单杂交、染色质免疫沉淀技术等。

凝胶电泳迁移率变动分析的原理：如果某蛋白与特定的 DNA 片段结合，在非变性凝胶电泳时，这种复合物比无蛋白质结合的“自由核酸探针”在凝胶中泳动的速度慢，即表现为相对滞后，据此就可以确定某蛋白和特定的 DNA 片段是否结合。

DNA 酶足迹法是一种用来测定 DNA- 蛋白质专一性结合的方法，用于检测与特定蛋白质结合的 DNA 序列的部位，可展示蛋白质分子与特定 DNA 片段之间的结合区域，其原理为：DNA 和蛋白质结合以后便不会被 DNAase 分解，在测序时便出现空白区，即蛋白质结合区，从而了解与蛋白质结合部位的核苷酸对数目，在用酶移出与蛋白质结合的 DNA 后，又可测出被结合处 DNA 的序列。

酵母单杂交是根据转录因子与 DNA 顺式作用元件结合调控报道基因表达的理论，克隆与靶元件特异结合的转录因子基因的有效方法。其原理是：许多真核生物的转录因子由物理和功能上独立的 DNA 结合区（BD）和转录激活区（AD）组成，因此可构建各种基因与 AD 的融合表达载体，在酵母中表达为融合蛋白，根据报道基因的表达情况，便能筛选出与靶元件有特异结合区域的蛋白。主要包括四个步骤：①筛选含有报告基因的酵母单细胞株；②构建表达文库；③重组质粒转化至酵母细胞；④阳性克隆菌株的筛选。

染色质免疫沉淀技术的原理：首先固定活细胞或组织，使细胞内相互靠近的蛋白质与蛋白质、蛋白质与核酸之间产生共价键，然后将染色质随机切割为一定长度范围内的小片段，并利用特异的抗体识别沉淀该 DNA- 蛋白质复合物，特异性地富集目的蛋白结合的 DNA 片段，通过对目的片段的纯化与 PCR 检测，获得蛋白质与 DNA 相互作用的信息。

## 二、蛋白质－蛋白质相互作用分析

研究蛋白质－蛋白质相互作用的方法有蛋白质免疫共沉淀、酵母双杂交等。

蛋白质免疫共沉淀的原理：当细胞在非变性条件下被裂解时，完整细胞内存在的许多蛋白质－蛋白质的相互作用被保存下来，如果用蛋白质A的抗体免疫沉淀A，那么与A在体内结合的蛋白质B也能沉淀下来。离心分离的蛋白质复合物经SDS-聚丙烯酰胺凝胶电泳，蛋白质复合物的各组分得以分开，最终采用蛋白质B的抗体进行Western印迹就可以确定蛋白质A与B之间是否存在结合关系。

典型的真核生物转录因子，如GAL4、GCN4等都含有两个不同的结构域：DNA结合结构域和转录激活结构域。前者可识别DNA上的特异序列，并使转录激活结构域定位于所调节的基因的上游，转录激活结构域可与转录复合体的其他成分发生作用，启动它所调节的基因的转录。两个结构域可在其连接区的适当部位打开，并具有各自的功能，且不同的两个结构域可重建以发挥转录激活作用。典型的酵母双杂交系统是将感兴趣的蛋白质与DNA结合结构域融合，称为“诱饵”，同时构建含有激活结构域的cDNA表达文库，称为“猎物”，将两种载体都转化到酵母中，利用功能互补和显色反应鉴定报告基因是否激活，筛选阳性克隆，最后经测序和分析确定与诱饵结合的蛋白质。

（姚裕群　黄　丽）

# 第五章
# 综合实验项目

## 蛋白质分离检测篇

### 实验一 血清总蛋白测定（双缩脲法）

#### 实验目的

1. 掌握 双缩脲法测定血清总蛋白的原理及基本操作。
2. 熟悉 血清总蛋白测定在临床上的意义。

#### 实验原理

在碱性条件下蛋白质分子中的肽键（—CO—NH—）能与$Cu^{2+}$作用形成紫红色络合物。这种反应与双缩脲（$H_2N$—OC—NH—CO—$NH_2$）在碱性溶液中与$Cu^{2+}$作用产生紫红色物质的反应相似，所以称为双缩脲反应。完成反应后溶液颜色的深浅与溶液中蛋白质的含量成正比，可用分光光度法对样品中蛋白质的含量进行定量分析。

凡是含有两个以上肽键结构的肽类化合物均有此反应，因此双缩脲反应被广泛用于临床上对生物样品中肽及蛋白质的定性、定量分析。

#### 实验器材

恒温水浴箱、分光光度计、移液器、移液器吸头、试管、试管架等。

#### 实验试剂

1. 6mol/L NaOH溶液 称取NaOH（优级纯）240g，溶解于新鲜蒸馏水中并加蒸馏水至 1000ml。置聚乙烯瓶内盖紧并室温保存。

2. 双缩脲试剂　精确称取结晶硫酸铜（$CuSO_4 \cdot 5H_2O$）3.0g，酒石酸钾钠（$NaKC_4H_4O_6 \cdot 4H_2O$）9.0g，碘化钾（KI）5.0g，用 500ml 新鲜蒸馏水溶解。在搅拌状态下，加入 6mol/L 氢氧化钠溶液 100ml，最后加蒸馏水稀释至 1000ml。置聚乙烯瓶内盖紧并室温保存。

3. 70g/L 蛋白标准液　可用商品血清蛋白标准液，也可收集混合新鲜血清用微量凯氏定氮法测定蛋白质含量，加叠氮钠防腐，冰冻保存。

4. 0.9% 生理盐水　称取氯化钠 0.9g，用蒸馏水溶解并稀释至 100ml。

## 实验操作

取 3 支试管，按下表操作。

| 加入物（ml） | 试管编号 | | |
|---|---|---|---|
| | 测定管 | 标准管 | 空白管 |
| 血清 | 0.03 | — | — |
| 70g/L 蛋白标准液 | — | 0.03 | — |
| 0.9% 生理盐水 | — | — | 0.03 |
| 双缩脲试剂 | 1.8 | 1.8 | 1.8 |
| 水浴中 37℃ 10min（或 25℃ 30min） | | | |

每管各加蒸馏水 1ml，在 546nm 波长处进行比色，以空白管调零，读取各管吸光度。

## 注意事项

（1）因为样品中各种蛋白质的分子量不同，所以浓度不用“mol/L”表示，而用“g/L”表示。

（2）量取试剂所用的移液器吸头、试管应清洁干燥，否则会污染试剂而出现混浊现象。

（3）高脂、黄疸和溶血标本应做血清空白对照，以保证结果准确。如果血清中脂类含量极高，可用乙醚 3ml 抽提后再进行比色，否则加入双缩脲试剂后会出现混浊现象。

## 计　算

$$\text{血清总蛋白（g/L）}=\frac{\text{测定管吸光度}}{\text{标准管吸光度}}\times \text{蛋白标准液体浓度}$$

## 正常参考范围

60~80g/L。

### 临床意义

1. 血清总蛋白增高

（1）血液浓缩：急性失水（严重腹泻、呕吐、高热等），休克（毛细血管的通透性增加），慢性肾上腺皮质功能减退，急性失水后尿钠增多引起继发性脱水。

（2）合成增加：主要是球蛋白合成增加，如多发性骨髓瘤。

2. 血清总蛋白降低

（1）合成障碍：肝功能严重受损时，蛋白质合成减少，其中以清蛋白下降最为明显。

（2）丢失过多：见于严重烧伤时大量血浆渗出，大出血，肾病综合征时大量蛋白尿，溃疡性结肠炎时肠道长期丢失一定量的蛋白质等。

（3）营养不良或消耗增加：长期低蛋白饮食、慢性胃肠道疾病所引起的消化道吸收不良，使体内缺乏合成蛋白质的原料，或长期患消耗性疾病，如结核病、恶性肿瘤、甲状腺功能亢进等均可引起血清蛋白浓度降低。

（4）血液稀释：静脉注射过多低渗溶液或各种原因引起的水钠潴留。

### 思考题

（1）蛋白质常见的呈色反应有哪些？

（2）微量凯氏定氮法测定蛋白标准液浓度的理论依据是什么？

（黄　丽　杨剑萍）

## 实验二　蛋白质的两性解离和等电点的测定

### 实验目的

通过本实验掌握蛋白质的两性解离与等电点性质。

### 实验原理

蛋白质的基本单位是氨基酸，在20种编码氨基酸中，有5种氨基酸的R侧链上还带有酸（碱）性基团，即四分之一的编码氨基酸的R侧链带有酸（碱）性基团。蛋白质分子除N端氨基和C端羧基可解离外，其侧链上的酸性基团或碱性基团，在溶于水时都可解离成带负电荷（正电荷）的基团，所以蛋白质具有两性解离性质。当蛋白质处于某一特定的pH溶液时，蛋白质分子上的酸碱基团解离成阳离子和阴离子的趋势相等，即净电荷为零。整体对外界呈现为不带电，此时溶液的pH称为蛋白质的等电点（isoelectric point，pI）。蛋白质在等电点状态时分子因整体不带电而容易相互聚集，容易形成沉淀析出。蛋白质分子所处溶液的pH在大于其等电点时，蛋白质分子带负电荷；蛋白质分子所处溶液的pH在小于其等电点时，蛋白质分子带正电荷。蛋白质分子所处溶液的pH只要不等于等电点，蛋白质分子会因带有同种电荷而相互排斥，不易沉淀。本实验将通过观测酪蛋白在不同pH溶液中的溶解性来测定其等电点。

$$Pr\begin{cases}NH_3^+\\COOH\end{cases} \underset{H^+}{\overset{OH^-}{\rightleftharpoons}} Pr\begin{cases}NH_3^+\\COO^-\end{cases} \underset{H^+}{\overset{OH^-}{\rightleftharpoons}} Pr\begin{cases}NH_2\\COO^-\end{cases}$$

| （$pH < pI$） | （$pH = pI$） | （$pH > pI$） |
| --- | --- | --- |
| 蛋白质呈阳离子 | 蛋白质净电荷为零 | 蛋白质呈阴离子 |
| （正电荷 > 负电荷） | （正电荷 = 负电荷） | （正电荷 < 负电荷） |

## 实验器材

试管、试管架、滴管、移液器、移液器吸头等。

## 实验试剂

1. 5g/L酪蛋白醋酸钠溶液　称取纯酪蛋白0.5g，加蒸馏水40ml及1.0mol/L NaOH溶液10.0ml，振荡使酪蛋白溶解，然后加入1.0mol/L醋酸溶液10ml，混匀后倒入100ml容量瓶中，用蒸馏水稀释至刻度，混匀。

2. 0.1g/L溴甲酚绿指示剂　该指示剂变色范围为pH 3.8~5.4。指示剂的酸色型为黄色，碱色型为蓝色。

3. 0.02mol/L HCl溶液

4. 0.02mol/L NaOH溶液

5. 1.0mol/L醋酸溶液

6. 0.1mol/L醋酸溶液

7. 0.01mol/L醋酸溶液

## 实验操作

1. 蛋白质的两性电离

（1）取试管1支，加入5g/L酪蛋白醋酸钠溶液1ml，0.1g/L溴甲酚绿指示剂5~6滴，混匀后，观察并记录溶液的颜色。

（2）用细滴管缓慢滴加0.02mol/L HCl溶液，边滴边摇，直至产生大量明显的沉淀，观察并记录沉淀与溶液颜色的变化。

（3）继续滴入 0.02mol/L HCl 溶液，观察并记录沉淀与溶液颜色的变化。

（4）再滴入 0.02mol/L NaOH 溶液进行中和，边滴边摇，使之再度产生明显的大量沉淀，继续滴加 0.02mol/L NaOH 溶液，沉淀又溶解，观察并记录溶液的颜色变化。

2. 酪蛋白等电点的测定

（1）取试管 5 支，编号后按下表的顺序准确地加入各种试剂并混匀。

| 加入物（ml） | 试管编号 | | | | |
|---|---|---|---|---|---|
| | 1 | 2 | 3 | 4 | 5 |
| 蒸馏水 | 2.4 | — | 3.0 | 1.5 | 3.4 |
| 1.0mol/L 醋酸溶液 | 1.6 | — | — | — | — |
| 0.1mol/L 醋酸溶液 | — | 4.0 | 1.0 | — | — |
| 0.01mol/L 醋酸溶液 | — | — | — | 2.5 | 0.6 |
| 5g/L 酪蛋白醋酸钠溶液 | 1.0 | 1.0 | 1.0 | 1.0 | 1.0 |
| 溶液的最终 pH | 3.5 | 4.1 | 4.7 | 5.3 | 5.9 |

（2）室温静置 20min，观察各试管沉淀析出情况，并以 -，+，++，+++ 符号记录沉淀的多少。

## 注意事项

（1）在进行两性解离实验时，注意滴加速度不能过快，要边加溶液边摇试管。

（2）在进行等电点测定时，试管要放在试管架上，加完试剂后不要摇晃试管。

## 结果及分析

比较各管沉淀的多少，并对实验结果进行分析，指出哪个 pH 是酪蛋白的等电点，并说明原因。

## 思考题

（1）蛋白质是否属于两性解离电解质？什么是蛋白质的等电点？

（2）为什么在等电点状态下蛋白质容易发生沉淀？

（3）在本次实验中，酪蛋白溶液处于其等电点时产生大量沉淀。是否就可以得出蛋白质在其等电点时必然沉淀的结论？

（杨剑萍　黄　丽）

# 实验三 血清蛋白醋酸纤维素薄膜电泳

## 实验目的

1. 掌握 醋酸纤维素薄膜电泳法分离蛋白质的原理、操作方法。
2. 了解 电泳法分离蛋白质的临床意义。

## 实验原理

在电场中带电粒子会向与其所带电荷相反的电极移动的现象称为电泳。血清中的各种蛋白质的等电点大多在pH 4.0~7.3，在pH 8.6的缓冲液中均会带负电荷，在电场中都会向正极泳动。带电粒子在电场中移动的速度与其分子量的大小、形状及所带电荷的多少有关。而血清中各种蛋白质的等电点不同，所以在pH 8.6的缓冲液中所带负电荷的多少会不一样，又由于其分子大小、形状也不一样，所以各种蛋白质分子在电场中的移动速度会有差别。分子量小而所带电荷多的，其泳动速度较快；分子量大而所带电荷少的，则泳动速度较慢。血清蛋白质通过醋酸纤维素薄膜电泳可分为5条区带，从正极端依次分为清蛋白、$\alpha_1$球蛋白、$\alpha_2$球蛋白、β球蛋白和γ球蛋白等，经染色可计算出各蛋白质含量的百分数。

醋酸纤维素薄膜电泳法因其操作简便快速、样品需要量少、分辨率高等优点，被广泛应用于各种蛋白质的分离测定中，以及结合蛋白、同工酶的分析分离测定。

## 实验器材

醋酸纤维素薄膜（2cm×8cm）、培养皿、滤纸、无齿镊、剪子、加样器（可用盖玻片或X胶片或微量加样器）、直尺、铅笔、玻璃板（8cm×12cm）、试管、试管架、吸管、电泳仪、电泳槽、分光光度计或吸光度扫描计等。

## 实验试剂

1. 巴比妥缓冲液（pH 8.6，0.07mol/L，离子强度0.06） 称取巴比妥钠12.76g、巴比妥1.66g，加500ml蒸馏水，加热溶解。待冷却至室温后，再加蒸馏水至1000ml。
2. 染色液 称丽春红0.5g，加入冰醋酸10ml，甲醇50ml，蒸馏水40ml，混匀，在具塞试剂瓶内贮存。

3. 漂洗液　取甲醇 45ml、冰醋酸 5ml，混匀后加蒸馏水至 100ml。

4. 洗脱液　0.4mol/L NaOH 溶液。

5. 透明液　称取柠檬酸 21g，N- 甲基 -2- 吡咯烷酮 150g，以蒸馏水溶解并稀释至 500ml。

## 实验操作

1. 准备

（1）将缓冲液加入电泳槽的两槽内，并使两侧的液面等高。裁剪尺寸合适的滤纸条，叠成四层贴在电泳槽的两侧支架上，一端与支架前沿对齐，另一端浸入电泳槽的缓冲液内，使滤纸全部湿润，此即“滤纸桥”（图 5-1）。

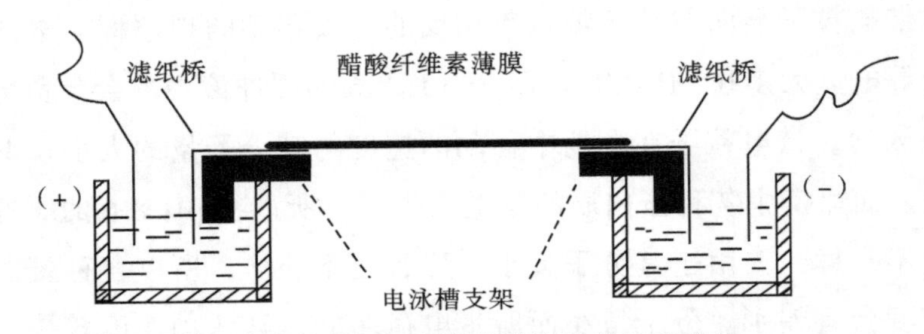


**图 5-1　醋酸纤维素薄膜电泳装置示意图**

（2）取一张 2cm × 8cm 的醋酸纤维素薄膜，在无光泽面离一端约 1.5cm 处用铅笔轻轻画一条直线，以此为点样线。

（3）将醋酸纤维素薄膜放到 pH8.6 的巴比妥缓冲液中浸泡，直到薄膜无白斑为止。取出薄膜，用滤纸轻轻吸去多余水分。

2. 点样　取少量血清于玻璃板上，用加样器取少量血清（2~3μl），加在点样线上，待血清渗入膜内，移开加样器。点样时应注意血清要适量，应形成均匀的直线，并避免弄破薄膜（图 5-2）。

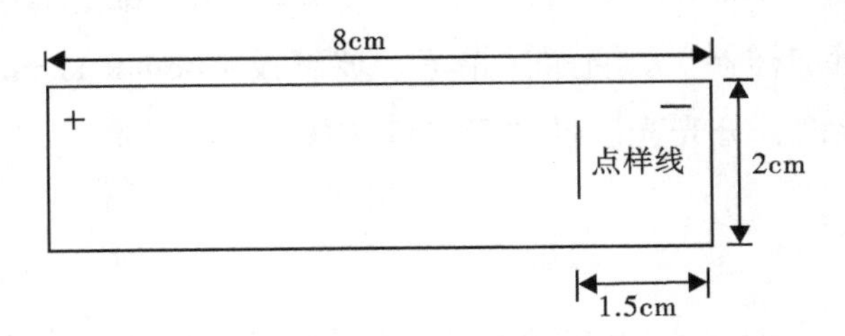


**图 5-2　电泳点样位置示意图**

3. 平衡与电泳　将点样后的薄膜有光泽面朝上，点样的一端靠近负极，平直地贴于电泳槽支架的滤纸上，平衡约 5min。盖上电泳槽盖，通电进行电泳。调节电压为

100~160V，电流 0.4~0.6mA/cm 宽，夏季通电 45min，冬季通电 60min，待电泳区带展开 2.5~3.5cm 时断电。

4. 染色　用无齿镊小心取出薄膜，浸于染色液中 1~3min（以清蛋白带染透为止）。在染色过程中应轻轻晃动染色皿，使薄膜与染色液充分接触，薄膜量较多时，应避免彼此紧贴而影响染色效果。

5. 漂洗　准备 3 个培养皿，装入漂洗液。从染色液中取出薄膜，依次在漂洗液中连续浸洗数次，直至背景无色为止。将漂净的薄膜用滤纸吸干，从正极端起依次为清蛋白（A）及球蛋白（G）（包括 $\alpha_1$、$\alpha_2$、β、γ－球蛋白），见图 5-3。

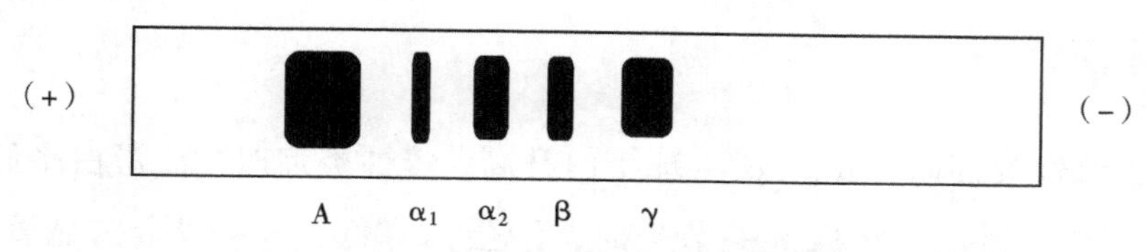


**图 5-3　正常人血清蛋白电泳图谱**

6. 定量

（1）洗脱法：取 6 支试管，编号分别为 A、$\alpha_1$、$\alpha_2$、β、γ 和空白管。于清蛋白管加入 0.4mol/L NaOH 溶液 4ml，其余 5 管各加 2ml。剪下各条蛋白区带，另于空白部分剪一条与各蛋白区带宽度近似的薄膜作为空白对照，分别浸入各管中，振摇数次，置 37℃水浴 20min，使色泽完全浸出。用 620nm 波长以空白管调零比色，读取各管吸光度，按下式计算：

$$T=A\times 2+\alpha_1+\alpha_2+\beta+\gamma$$

清蛋白（A）%= 清蛋白（A）管吸光度 ×2/$T$×100

$\alpha_1$－球蛋白 %=$\alpha_1$－球蛋白管吸光度 /$T$×100

$\alpha_2$－球蛋白 %=$\alpha_2$－球蛋白管吸光度 /$T$×100

β－球蛋白 %=β－球蛋白管吸光度 /$T$×100

γ－球蛋白 %=γ－清蛋白管吸光度 /$T$×100

（2）扫描法：待染色的醋酸纤维素薄膜完全干燥，置透明液中约 3min，取出贴于玻片上，薄膜完全透明。将已透明的薄膜放入分光光度计中，对蛋白区带进行扫描，自动绘出电泳图，并直接打印出各区带的百分含量。

## 注意事项

（1）血清点样要均匀印在点样线上，不要加过多血清，否则分离不清晰。

（2）电泳期间要定时检查滤纸桥是否湿润，如果发现不够湿润要及时滴加缓冲液。

（3）染色时要确保点样面与染色剂充分接触。

## 正常参考值

清蛋白（A）：57.45%~71.73%；

$\alpha_1$–球蛋白：1.76%~4.48%；

$\alpha_2$–球蛋白：4.04%~8.28%；

β–球蛋白：6.79%~11.39%；

γ–球蛋白：11.85%~22.97%；

A/G：1.24~2.36。

## 临床意义

机体发生急性炎症时，$\alpha_1$、$\alpha_2$–球蛋白升高；慢性炎症时，清蛋白降低，$\alpha_2$、γ–球蛋白升高；红斑狼疮、类风湿关节炎时，清蛋白降低，γ–球蛋白显著升高；急慢性肾炎、肾病综合征、肾衰竭时，清蛋白降低，$\alpha_1$、$\alpha_2$和β–球蛋白升高；慢性活动性肝炎、肝硬化时，清蛋白降低，β、γ–球蛋白升高；多发性骨髓瘤时，清蛋白降低，γ–球蛋白升高，于β、γ–球蛋白区带之间出现“M”带。

## 思考题

（1）血清蛋白质电泳时为什么要将点样的一端靠近负极端？

（2）醋酸纤维素薄膜电泳可将血清蛋白依次分为哪几条区带？有哪些临床意义？

（杨剑萍　黄　丽）

# 实验四　凝胶层析分离血红蛋白和核黄素

## 实验目的

1. 掌握　凝胶层析的基本原理。
2. 熟悉　凝胶层析的操作过程。

## 实验原理

凝胶层析又称分子筛层析，是利用凝胶将分子大小不同的物质进行分离的方法。

当分子大小不同的物质通过凝胶时，由于凝胶颗粒内部的网状结构具有分子筛作用，分子大小不同的溶质就会受到不同的阻滞作用。本实验用葡聚糖凝胶做支持物，用核黄素（黄色，相对分子质量为376）和血红蛋白（红色，相对分子质量为64 500）混合物作为样品，在层析时，血红蛋白相对分子质量大，不能进入凝胶颗粒内部，而从凝胶颗粒间隙流下，所受阻力小，移动速度快，先流出层析柱；核黄素相对分子质量小，可进入凝胶颗粒内部，洗脱流程长，因而所受阻力大，移动速度慢，后流出层析柱。这样就可达到分离核黄素和血红蛋白的目的。收集洗脱液后，在分光光度计上测定两种组分的吸光度，绘制洗脱曲线。

## 实验器材

分光光度计、离心机、层析柱、细乳胶管、三角烧瓶、刻度吸管、量筒、试管、试管架、滴管、细玻璃棒、可调螺旋夹、坐标纸、铅笔、玻璃棉或海绵垫等。

## 实验试剂

1. 葡聚糖凝胶 SephadexG-25 或 SephadexG-50

2. 核黄素饱和水溶液

3. 生理盐水

4. 甲苯

5. 血红蛋白溶液　取抗凝血 2ml 置离心管中，2000r/min 离心 10min，使血细胞沉淀，弃去血浆及白细胞层。向红细胞沉淀加入生理盐水 4ml，振摇洗涤，2000r/min 离心 10min，弃去上清液，共洗涤 3 次。向沉淀中加入蒸馏水 2ml，混匀，再加入甲苯 1ml，猛烈振摇促使红细胞溶血释放血红蛋白。2000r/min 离心 10min，取上清血红蛋白溶液备用。

6. 0.1mol/L 磷酸盐缓冲液（pH 7.2）　取 0.1mol/L 磷酸氢二钠 720ml 和 0.1mol/L 磷酸二氢钠 280ml，混匀。

## 实验操作

1. 凝胶准备　称取 5g 的 SephadexG-25 或 3g 的 SephadexG-50，加磷酸盐缓冲液 50ml，置于水中浸泡 6h（沸水浴中溶胀 2h），用磷酸盐缓冲液漂洗，去除漂浮的细小颗粒。

2. 装柱　取直径 0.8~1.2cm、长 25~30cm 的层析柱一支，将层析柱出口接上乳胶管，在柱底部填入一薄层玻璃棉或海绵垫。关住层析柱出口，用细玻璃棒将凝胶颗粒搅成悬液，顺玻璃棒缓缓倒入层析柱中。当凝胶颗粒沉积约2cm高时，打开出口，使缓冲液缓缓流出，同时继续倒入凝胶悬液，掌握倒入速度，使其与缓冲液流出速度大体相同，直至凝胶床高度达18cm时为止。关闭层析柱出口，要求凝胶床要均匀，中间要连续，不得有气泡或断纹，表面要平整。如凝胶床表面不平整，可用细玻璃棒轻轻将凝胶床上部颗粒搅起，待其自然下沉，即可使表面平整。凝胶床表面要保留1cm高的缓冲液。

3. 样品制备　将核黄素饱和水溶液和血红蛋白溶液按1∶1（体积比）混匀。

4. 加样　打开层析柱出口，使缓冲液缓缓流出，当液面与凝胶床表面平齐时，关上出口。用吸管吸取待分离样品溶液约0.5ml，在接近凝胶床表面处沿层析柱内壁缓缓加入。打开层析柱出口，使样品溶液进入柱床。然后再用滴管沿层析柱内壁加入磷酸盐缓冲液，约1cm高。加样不可过多，以免分离不完全。

5. 洗脱　用装有细玻璃管的橡胶塞塞住层析柱入口，使细玻璃管的下端插入液面，但不可接触凝胶床表面。将装有磷酸盐缓冲液的下口瓶调好位置，使其略高于层析柱，将其流出管接在层析柱橡胶塞的细玻璃管上，保持密闭状态。打开下口瓶出口，然后打开层析柱出口，使磷酸盐缓冲液缓缓流出，保持4~6滴/分的流速。洗脱速度不可过快，以免区带不清晰。

6. 收集　随着层析的进行，凝胶床将出现两条明显的区带，血红蛋白区带在下，核黄素区带在上。当血红蛋白区带即将流出时，开始收集，每管收集约1ml，直到流出液变为无色为止，需收集5~6管。以同样方法收集核黄素。

7. 测定　在540nm波长下，以磷酸盐缓冲液调零，测定血红蛋白和核黄素各管吸光度。

## 注意事项

（1）凝胶的溶胀要充分，装柱要平直。

（2）在洗脱过程中要注意保持柱床面上的洗脱液有一定高度，不要让柱子干涸。

## 结果及分析

以管号为横坐标，吸光度为纵坐标，绘制洗脱曲线。分析实验结果并说明原因。

## 思考题

（1）比较凝胶层析与分配层析在实验原理上的区别。

（2）要使凝胶床达到实验要求，需注意哪些操作？

（姚裕群　杨剑萍　黄　丽）

# 酶动力学篇

## 实验一　酶的特异性

### 实验目的

观察和验证　酶催化作用的特异性。

### 实验原理

酶对其所催化的底物有较严格的选择性，即酶的催化作用具有高度特异性。本实验利用淀粉酶催化淀粉水解，水解产物是麦芽糖和少量的葡萄糖。麦芽糖和葡萄糖均属还原性糖，可使班氏试剂中二价铜离子（$Cu^{2+}$）还原成亚铜，生成砖红色的氧化亚铜（$Cu_2O$）沉淀。另一方面，淀粉酶不能水解蔗糖，而且蔗糖本身不具有还原性，因此不能与班氏试剂产生颜色反应。实验通过在淀粉和蔗糖的溶液中加入班氏试剂加热，观察是否产生砖红色氧化亚铜沉淀，以此判断唾液淀粉酶对两种底物是否产生催化作用，从而验证酶的特异性。

### 实验器材

试管、试管架、滴管、电热恒温水浴箱、沸水浴箱等。

### 实验试剂

1. 1% 淀粉溶液　称取可溶性淀粉 1g，加入蒸馏水 5ml，调成糊状，再加蒸馏水 80ml，加热并不断搅拌，使其充分溶解，冷却后用蒸馏水稀释至 100ml。

2. 1% 蔗糖溶液　称取蔗糖 1g，加入蒸馏水稀释至 100ml。

3. 0.2mol/L $Na_2HPO_4$ 溶液　称取 $Na_2HPO_4$ 28.40g 溶于 1000ml 蒸馏水中。

4. pH 6.8 缓冲液　取 0.2mol/L $Na_2HPO_4$ 溶液 772ml，0.1mol/L 柠檬酸溶液 228ml，混合后即成。

5. 班氏试剂　溶解结晶硫酸铜（$CuSO_4 \cdot 5H_2O$）17.3g 溶于 100ml 热蒸馏水中，冷却后稀释至 150ml，此为第一液。取枸橼酸钠 173g 和无水碳酸钠 100g 加蒸馏水 600ml，加热溶解，冷却后稀释至 850ml，此为第二液。将第一液缓慢倒入第二液中，混匀后即成。

## 实验操作

1. 稀释唾液的制备　用清水漱口后，在口腔中含蒸馏水约 30ml，并同时做咀嚼运动，数分钟后将蒸馏水吐入烧杯中，用数层纱布过滤备好。

2. 煮沸唾液的制备　取上述稀释唾液一半，放入沸水中煮沸 5min 即可。

3. 取 3 支试管，标号，每支试管按下表操作

| 试管加入溶液（滴） | 试管编号 | | |
|---|---|---|---|
| | 1 | 2 | 3 |
| pH 6.8 缓冲液 | 20 | 20 | 20 |
| 1% 淀粉溶液 | 10 | 10 | — |
| 1% 蔗糖溶液 | — | — | 10 |
| 稀释唾液 | 5 | — | 5 |
| 煮沸唾液 | — | 5 | — |
| 将各管混匀，置 37℃恒温水浴箱中保温 10min 后取出 | | | |
| 班氏试剂 | 20 | 20 | 20 |

将各管混匀，置沸水浴中煮沸 3~5min，观察结果。

## 结果及分析

观察 3 支试管颜色的变化有何不同，并解释出现该现象的原因。

## 思考题

（1）什么是酶的特异性，酶的特异性有哪些类型？

（2）酶催化作用的特异性取决于什么？

（姚裕群　杨剑萍　黄　丽）

# 实验二　血清碱性磷酸酶活性测定（磷酸苯二钠法）

## 实验目的

1. 掌握　血清碱性磷酸酶（ALP）活性测定的原理及其临床意义。

2. 熟悉　酶活性测定的一般原理。

## 实验原理

在碱性条件下碱性磷酸酶作用于磷酸苯二钠，生成磷酸氢二钠和苯酚。苯酚在碱性环境中可与 4- 氨基安替比林发生反应，然后在铁氰化钾氧化下形成红色的醌类化合物。其颜色深浅与 ALP 的活性成正比，在 510nm 波长处进行比色测定。

$$\text{磷酸苯二钠} + H_2O \xrightarrow[pH=10.0]{ALP,OH^-} \text{苯酚} + \text{磷酸氢二钠}$$

$$\text{苯酚} + 4-\text{氨基安替比林} \xrightarrow{[K_3Fe(CN)_6],OH^-} \text{醌类化合物(红色)}$$

## 实验器材

恒温水浴箱、分光光度计、移液器、移液器吸头、试管、试管架等。

## 实验试剂

1. 0.1mol/L 碳酸盐缓冲溶液（pH 10.0）　称取无水碳酸钠 6.36g，碳酸氢钠 3.36g，4- 氨基安替比林 1.5g，溶解于新鲜蒸馏水中并定容至 1000ml。置棕色瓶中保存。

2. 20mmol/L 磷酸苯二钠底物溶液　先将蒸馏水 500ml 加热至沸腾，然后加入无水磷酸苯二钠 2.18g（如果是带两分子结晶水的磷酸苯二钠，则加 2.54g），充分溶解至冷却后加入氯仿 2ml 防腐，置于 0~5℃冰箱中保存。

3. 铁氰化钾硼酸溶液　取铁氰化钾 2.5g，溶于蒸馏水 400ml 中。取硼酸 17g，溶于蒸馏水 400ml 中。混合以上两种溶液并定容至 1000ml。置棕色瓶中保存（如出现蓝绿色则弃用）。

4. 酚标准液（0.05mmol/L）　直接购买合格的二级标准品。

## 实验操作

取 4 支试管，按下表操作。

| 加入物（ml） | 试管编号 | | | |
| --- | --- | --- | --- | --- |
| | 测定管 | 标准管 | 空白管 | 对照管 |
| 血清 | 0.1 | — | — | — |
| 酚标准液 | — | 0.1 | — | — |
| 蒸馏水 | — | — | 0.1 | — |
| 0.1mol/L 碳酸盐缓冲溶液 | 1.0 | 1.0 | 1.0 | 1.0 |
| 混匀，37℃水浴中保温 5min（同时预热底物溶液） | | | | |
| 20mmol/L 磷酸苯二钠底物溶液 | 1.0 | 1.0 | 1.0 | 1.0 |
| 混匀，37℃水浴中保温 15min | | | | |
| 铁氰化钾硼酸溶液 | 3.0 | 3.0 | 3.0 | 3.0 |
| 血清 | — | — | — | 0.1 |

混匀后，在 510nm 波长处进行比色，以空白管调零，读取各管吸光度。

## 注意事项

（1）底物液中不应有酚，如空白管呈红色，说明磷酸苯二钠已分解，不宜再使用。

（2）加入铁氰化钾后必须迅速混匀，否则会影响实验结果。

（3）酚标准液通常为安瓿装，打开后不可久置。

## 计　算

ALP 活性 =（A 测定 –A 对照）/（A 标准 –A 空白）× 0.05 × 100（金氏单位）

## 正常参考范围

3~13Kat 单位。

## 临床意义

1. 血清 ALP 增高

（1）肝脏受损：急性或慢性肝炎、阻塞性黄疸、肝癌等。

（2）骨骼受损：纤维性骨炎、成骨不全症、佝偻病、骨软化病、骨折愈合期、骨转移癌等。

2. 血清 ALP 降低　较少见。主要见于贫血、呆小病、重症慢性肾炎、恶病质等。

## 思考题

1. 为什么加入铁氰化钾后必须迅速混匀?

2. ALP 在哪些组织细胞中含量丰富?请结合临床意义思考一下。

（姚裕群　杨剑萍　黄　丽）

# 实验三　影响酶促反应速度的因素

## 实验目的

观察并验证　温度、pH、激活剂、抑制剂对酶促反应速度的影响。

## 实验原理

唾液淀粉酶催化淀粉水解，生成一系列不同的水解产物，依次为糊精、麦芽糖和葡萄糖等。淀粉及其不同的水解产物遇碘会呈现由深至浅不同的颜色。

由于在不同温度，不同 pH 下，唾液淀粉酶活性不同，催化淀粉水解程度不一，所以生成的产物也就不同。另一方面，激活剂、抑制剂也能影响淀粉酶活性，影响淀粉的水解程度。因此可根据在以上不同的反应条件下，观察反应溶液中加入碘后呈现的颜色变化，来判断淀粉的水解程度，从而验证不同的温度、pH 以及激活剂、抑制剂对酶促反应速度的影响。

淀粉 $\xrightarrow{\text{淀粉酶}}$ 糊精 $\xrightarrow{\text{淀粉酶}}$ 麦芽糖 + 葡萄糖

淀粉 $\xrightarrow{I_2}$ 蓝色；糊精 $\xrightarrow{I_2}$ 蓝色、紫色、红色；麦芽糖 $\xrightarrow{I_2}$ 无色

试管（10mm × 100mm）、试管架、恒温水浴箱、沸水浴箱、多孔白瓷板、滴管。

## 实验试剂

1. 1% 淀粉溶液　称取可溶性淀粉 1g，加入蒸馏水 5ml，调成糊状，再加蒸馏水 80ml，加热并不断搅拌，使其充分溶解，冷却后用蒸馏水稀释至 100ml。

2. 稀碘溶液　称取碘 2g，碘化钾 4g，溶于蒸馏水 1000ml 中，置棕色试剂瓶中。

3. 缓冲液

（1）pH 3.0 缓冲液：取 0.2mol/L $Na_2HPO_4$ 溶液 205ml，0.1mol/L 柠檬酸溶液 795ml，两者混合。

（2）pH 6.8 缓冲液：同“酶动力学篇”实验一。

（3）pH 8.0 缓冲液：取 0.2mol/L $Na_2HPO_4$ 溶液 972ml，0.1mol/L 柠檬酸溶液 28ml，两者混合。

4. 1%NaCl 溶液　称取氯化钠 1g，加蒸馏水至 100ml。

5. 1%$CuSO_4$ 溶液　称取结晶硫酸铜 1g，加蒸馏水至 100ml。

6. 1%$Na_2SO_4$ 溶液　称取硫酸钠 1g，加蒸馏水至 100ml。

7. 稀释唾液的制备　用清水漱口后，在口腔中含蒸馏水约 30ml，并同时做咀嚼运动，数分钟后将蒸馏水吐入烧杯中，用数层纱布过滤备好。

## 实验操作

1. 温度对酶促反应速度的影响　取 3 支试管，编号，按下表操作：

| 试管加入溶液（滴） | 试管编号 | | |
|---|---|---|---|
| | 1 | 2 | 3 |
| pH 6.8 缓冲液 | 20 | 20 | 20 |
| 1% 淀粉溶液 | 10 | 10 | 10 |
| | 置 37℃水浴 5min | 置沸水浴 5min | 置冰水浴 5min |
| 稀释唾液 | 5 | 5 | 5 |
| | 置 37℃水浴 10min | 置沸水浴 10min | 置冰水浴 10min |

取出，各试管中分别加入碘液 1 滴，摇匀，观察并记录颜色变化。

2. pH 对酶促反应速度的影响　取 3 支试管，编号，按下表操作：

| 试管加入溶液（滴） | 试管编号 | | |
|---|---|---|---|
| | 1 | 2 | 3 |
| pH 3.0 缓冲液 | 20 | — | — |
| pH 6.8 缓冲液 | — | 20 | — |
| pH 8.0 缓冲液 | — | — | 20 |
| 1% 淀粉溶液 | 10 | 10 | 10 |
| 稀释唾液 | 5 | 5 | 5 |

摇匀，置 37℃水浴保温 10min 后，取出，各试管中分别加入碘液 1 滴，观察并记录颜色变化。

3. 激活剂与抑制剂对酶促反应速度的影响　取 4 支试管，编号，按下表操作：

| 试管加入溶液（滴） | 试管编号 | | | |
|---|---|---|---|---|
| | 1 | 2 | 3 | 4 |
| 1% 淀粉溶液 | 10 | 10 | 10 | 10 |
| pH 6.8 缓冲液 | 20 | 20 | 20 | 20 |
| 1% NaCl 溶液 | — | 10 | — | — |
| 1% $CuSO_4$ 溶液 | — | — | 10 | — |
| 1% $Na_2SO_4$ 溶液 | — | — | — | 10 |
| 蒸馏水 | 10 | — | — | — |
| 稀释唾液 | 5 | 5 | 5 | 5 |
| 混匀，置 37℃水浴中保温 10min | | | | |

取出，各试管中分别加入碘液 1 滴，观察并记录颜色变化。

### 注意事项

（1）沸水浴时先等试管冷却至室温后方可加入碘液。
（2）制备稀释唾液时需要做充分的咀嚼运动。

### 结果及分析

观察并记录各试管中出现的颜色变化，并分析出现这些颜色变化的原因，说明温度、pH、激活剂、抑制剂对酶促反应速度的影响。

### 思考题

（1）何谓酶促反应的最适温度？温度对酶促反应速度有何影响？
（2）何谓酶促反应的最适 pH？ pH 对酶促反应速度有何影响？
（3）何谓激活剂、抑制剂？激活剂、抑制剂对酶促反应速度有何影响？

（姚裕群　杨剑萍　黄　丽）

## 实验四　碱性磷酸酶 $K_m$ 值的测定

### 实验目的

掌握　碱性磷酸酶 $K_m$ 值测定的原理，学会实验测定的方法。

## 实验原理

在温度、pH 及酶浓度恒定的条件下，底物浓度对酶的催化作用有很大的影响。在一般情况下，当底物浓度很低时，酶促反应的速度（$v$）随底物浓度 $[S]$ 的增加而成正比。但当底物浓度继续增加时，反应速度的增加幅度就比较小。当底物浓度增加到较高的水平时，反应速度就达到一个极限值（即最大速度 $V_{max}$）。底物浓度和反应速度的这种关系可用米氏方程式（Michaelis–Menten 方程）来表示，即：

$$v=\frac{V_{max}[S]}{K_m+[S]}$$

式中 $K_m$ 值为米氏常数，$V_{max}$ 为最大反应速度，当 $v=V_{max}/2$ 时，则 $K_m=[S]$，$K_m$ 值是酶的特征性常数，测定 $K_m$ 值是研究酶的一种重要方法。但是在一般情况下，根据实验结果绘制的是直角双曲线，难以准确求得 $K_m$ 和 $V_{max}$。若将米氏方程变形为双倒数方程（Lineweaver–Burk 方程），则此方程为直线方程，即：

$$\frac{1}{v}=\frac{K_m}{V_{max}}\frac{1}{[S]}+\frac{1}{V_{max}}$$

以 $1/v$ 和 $1/[S]$ 分别为横坐标和纵坐标。如图 5–4 所示，将各点连线，在横轴截距为 $-1/K_m$，据此可算出 $K_m$ 值。

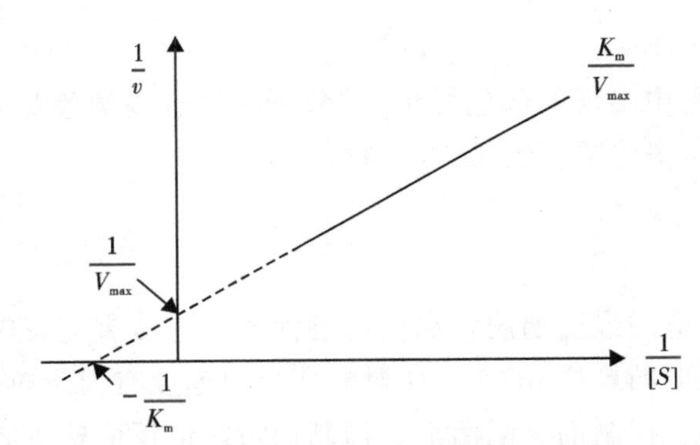


**图 5–4　酶促反应速度倒数与底物浓度倒数的关系图**

本实验以碱性磷酸酶（ALP）为例，用磷酸苯二钠为其底物，生成苯酚和磷酸盐。苯酚在碱性溶液中与 4– 氨基安替比林作用，经铁氰化钾氧化生成红色的醌类化合物。测定不同浓度底物时的酶活性，再根据 $1/v$ 和 $1/[S]$ 的倒数作图，计算出 $K_m$ 值。

$$\text{磷酸苯二钠}+H_2O\xrightarrow[\text{pH}=10.0]{\text{ALP},\ OH^-}\text{苯酚}+\text{磷酸氢二钠}$$

$$\text{苯酚}+4-\text{氨基安替比林}\xrightarrow{[K_3Fe(CN)_6],\ OH^-}\text{醌类化合物(红色)}$$

## 实验器材

试管、刻度吸量管、微量加样器、试管架、恒温水浴箱、V-1100D 分光光度计等。

## 实验试剂

1. 酶液　0.05g/ml AKP 缓冲液（或广西眼镜王蛇毒 0.5mg/ml）。

2. 0.1mol/L、pH 10.0 碳酸缓冲液　称取无水碳酸钠 6.36g 及碳酸氢钠 3.36g，溶解于蒸馏水并稀释至 1000ml。加氯仿数滴防腐。

3. 0.02mol/L 磷酸苯二钠底物溶液　称取磷酸苯二钠（$C_6H_5PO_4Na_2 \cdot 2H_2O$）5.08g，用蒸馏水溶解并稀释至 1000ml，迅速煮沸并迅速冷却后加氯仿 4ml 防腐，置棕色瓶中，冰箱内保存。此液只能用 1 周。

4. 酚标准储存液（10μmol/ml）　称取结晶酚 0.094g，溶于 0.1mol/L 盐酸并定容至 100ml，置棕色瓶内冰箱保存。

5. 酚标准应用液（1μmol/ml）　取酚标准储存液 10ml，置于 100ml 容量瓶中，加蒸馏水稀释至刻度，置棕色瓶中，冰箱内保存。此液只能保存 2~3 天，故一般做标准曲线为好。

6. 碱性溶液　0.2mol/L NaOH。

7. 0.3% 4- 氨基安替比林　称取 4- 氨基安替比林 0.3g，用蒸馏水溶解并稀释至 100ml。置棕色瓶中，冰箱内保存。

8. 0.5%铁氰化钾　称取铁氰化钾 10g，溶于蒸馏水 800ml 中；另称硼酸 30g，溶于 800ml 蒸馏水中，溶解后两液混合，再用蒸馏水稀释至 2000ml，置棕色瓶中，冰箱内避光保存。

9. 反应终止显色剂　0.2mol/L NaOH，0.3% 4- 氨基安替比林，0.5%铁氰化钾。

## 实验操作

取试管 8 支，按下表操作：

| 试剂（ml） | 试管编号 | | | | | | | |
|---|---|---|---|---|---|---|---|---|
| | 1 | 2 | 3 | 4 | 5 | 6 | 7 | 空白 |
| 0.02mol/L 磷酸苯二钠底物溶液 | 0.05 | 0.1 | 0.2 | 0.4 | 0.6 | 0.8 | 1.0 | 0 |
| 蒸馏水 | 1.85 | 1.8 | 1.7 | 1.5 | 1.3 | 1.1 | 0.9 | 1.9 |
| 混匀，37℃水浴保温 5min | | | | | | | | |
| 酶液（0.5mg/ml） | 0.1 | 0.1 | 0.1 | 0.1 | 0.1 | 0.1 | 0.1 | 0.1 |

| 加入酶液，各管混匀后在37℃准确保温15min，立即计时，从加入酶液起计时至下一步加入碱性溶液停止反应，各管反应时间应一致 | | | | | | | | |
|---|---|---|---|---|---|---|---|---|
| 铁氰化钾 | 2.0 | 2.0 | 2.0 | 2.0 | 2.0 | 2.0 | 2.0 | 2.0 |
| 各管充分混匀，室温放置10min，以空白管调零，于510nm波长处比色，读取各管吸光度（$A_{510}$），记录结果 | | | | | | | | |
| $A_{510}$ | | | | | | | | |
| 数据计算结果记录 | | | | | | | | |
| 底物浓度（mmol/L） | 0.50 | 1.0 | 2.0 | 4.0 | 6.0 | 8.0 | 10 | 0 |
| 1/[S] | 2 | 1 | 0.50 | 0.25 | 0.167 | 0.125 | 0.1 | 0 |
| $1/A_{510}$ | | | | | | | | |

以各管吸光度的倒数（$1/A_{510}$，代表各管反应速度的倒数）为纵坐标，以底物浓度[$S$]的倒数（1/[$S$]）为横坐标，在软件上做双倒数图。

## 注意事项

（1）该实验所用的所有玻璃器材必须清洁干燥，以免污染物影响酶的活性。

（2）在做该实验时，要保证条件的一致性，在保温时间的控制上尤为重要，否则，结果难以解释。

（3）注意 $K_m$ 值的单位，与实际采用的底物浓度单位相同。

## 计　算

根据 $-1/K_m$，计算出 $K_m$ 值。

[S]（mmol/L）=（各管实际用量 × 原液浓度 ×1000）÷ 反应体积 =（各管实际用量 ×0.02×1000）÷2。

## 实验意义

双倒数作图法是测定 $K_m$ 值的常用方法。与矩形双曲线法比较，双倒数作图法更简单和直观。

## 思考题

（1）在酶动力学实验中，哪些因素需要严格控制？

（2）$K_m$ 值在酶动力学研究中有什么意义？

（姚裕群　黄　丽）

# 实验五　丙二酸对琥珀酸脱氢酶的竞争性抑制作用

## 实验目的

1. 学习　组织匀浆液的制备方法。

2. 观察　琥珀酸脱氢酶对肌肉组织和肝组织的催化活性，丙二酸对琥珀酸脱氢酶的竞争性抑制作用。

## 实验原理

肝脏和肌肉组织中含有活性较高的琥珀酸脱氢酶。琥珀酸在琥珀酸脱氢酶的催化下脱氢生成延胡索酸，脱下的氢被受氢体 FAD 接受生成 $FADH_2$，再通过体内呼吸链的传递最终与氧结合生成水。本实验用亚甲蓝（MB）作为最终受氢体，亚甲蓝从 $FADH_2$ 接受氢由蓝色还原成无色的甲烯白。丙二酸与琥珀酸分子结构相似，能竞争性抑制琥珀酸脱氢酶。通过观察亚甲蓝颜色消退的程度，可以判断丙二酸对琥珀酸脱氢酶的抑制程度。

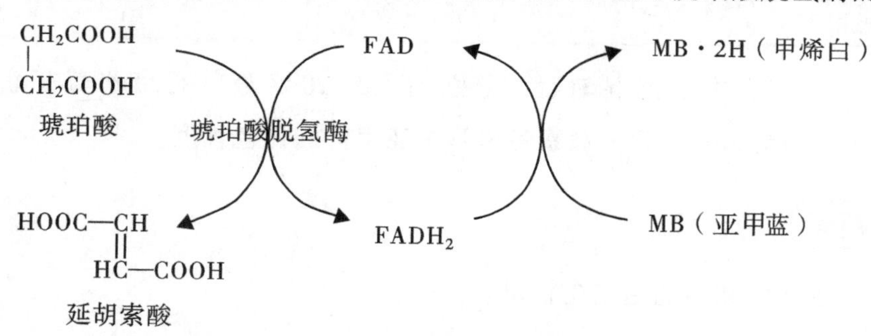


丙二酸的结构　$HOOC—CH_2—COOH$

## 实验器材

试管、滴管、剪刀、研钵或 20ml 匀浆器、电热恒温水浴箱、动物肝脏和肌肉组织等。

## 实验试剂

1. 0.1mol/L 磷酸盐缓冲液（pH 7.4）　取 0.1mol/L $Na_2HPO_4$ 溶液 81ml 和 0.1mol/L $NaH_2PO_4$ 溶液 19ml 混合即可。

2. 1.5% 琥珀酸钠溶液　称取琥珀酸钠 1.5g，加蒸馏水至 100ml。

3. 1% 丙二酸钠溶液　称取丙二酸钠 1g，加蒸馏水至 100ml。

4. 0.02% 亚甲蓝溶液　称取亚甲蓝 0.02g，加蒸馏水至 100ml。

5. 液状石蜡

## 实验操作

1. 肝匀浆和肌匀浆的制备　取新鲜动物肌肉和肝脏各 5g，用剪刀将组织剪碎，分别放入研钵，然后加入冰冷的 pH 7.4 的磷酸缓冲液 10ml 充分研磨均匀（或在匀浆器内进行匀浆，制备成 20% 匀浆液）。

2. 取 5 支试管，编号，按下表加入各种试剂

| 加入物（滴） | 试管编号 | | | | |
|---|---|---|---|---|---|
| | 1 | 2 | 3 | 4 | 5 |
| 肌匀浆 | 10 | 10 | — | 10 | — |
| 肝匀浆 | — | — | — | — | 10 |
| 1.5% 琥珀酸钠溶液 | 10 | 10 | 10 | 20 | 10 |
| 1% 丙二酸钠溶液 | — | 10 | 10 | 10 | — |
| 蒸馏水 | 20 | 10 | 20 | — | 20 |
| 0.02% 亚甲蓝溶液 | 10 | 10 | 10 | 10 | 10 |

3. 操作　各试管中试剂混匀后，分别加入 5~10 滴液状石蜡覆盖在液体上，置 37℃水浴中保温 15~20min 后，观察各试管中亚甲蓝的褪色程度。

## 注意事项

各试管中加入液状石蜡后切勿摇动。

## 结果及分析

比较并记录各试管中亚甲蓝的褪色情况，并对实验结果进行分析。

## 思考题

（1）什么是酶的竞争性抑制作用？结合本实验分析酶的竞争性抑制作用的特点。

（2）本次实验各试管加入液状石蜡的作用是什么？

（3）琥珀酸脱氢酶在肝脏和肌肉中的活性是否有区别？

（杨剑萍）

# 物质代谢篇

## 实验一 血糖的测定（葡萄糖氧化酶法）

### 实验目的

1. 掌握 血糖测定的临床意义。

2. 了解 葡萄糖氧化酶法测定血糖的原理，能进行血糖测定的操作。

### 实验原理

葡萄糖氧化酶（GOD）能将葡萄糖氧化为葡萄糖酸和过氧化氢。后者在过氧化物酶（POD）作用下，分解为水和氧气的同时将无色的4-氨基安替比林如下：

$$\text{葡萄糖} + O_2 + H_2O \xrightarrow{GOD} \text{葡萄糖酸} + H_2O_2$$

$$H_2O_2 + 4-\text{氨基安替比林} + \text{苯酚} \xrightarrow{POD} \text{红色醌类化合物} + H_2O$$

### 实验器材

试管、移液器、移液器吸头、试管架、恒温水浴箱、分光光度计等。

### 实验试剂

1. 0.1mol/L磷酸盐缓冲液（pH 7.0） 称取无水磷酸氢二钠8.67g及无水磷酸二氢钾5.3g溶于蒸馏水800ml中，用1mol/L NaOH（或1mol/L盐酸）调节pH至7.0，然后用蒸馏水稀释至1000ml。

2. 酶试剂 称取过氧化物酶1200U，葡萄糖氧化酶1200U，4-氨基安替比林10mg，叠氮钠100mg，溶于上述磷酸盐缓冲液80ml中，用1mol/L NaOH调pH至7.0，加磷酸盐缓冲液至100ml。置冰箱保存，4℃可稳定3个月。

3. 酚溶液 称取重蒸馏酚100mg溶于蒸馏水100ml中（酚在空气中易氧化成红色，可先配成500g/L的溶液，用时稀释），用棕色瓶贮存。

4. 酶酚混合试剂　取上述酶试剂与酚溶液等量混合，4℃可以存放1个月。

5. 12mmol/L 苯甲酸溶液　称取苯甲酸1.4g溶于蒸馏水800ml中，加温助溶，冷却后加蒸馏水至1000ml。

6. 葡萄糖标准贮存液（100mmol/L）　称取已干燥恒重的无水葡萄糖1.802g，溶于12mmol/L苯甲酸溶液约70ml中，并移入100ml容量瓶内，再以12mmol/L苯甲酸溶液稀释至100ml。

7. 葡萄糖标准应用液（5mmol/L）　吸取葡萄糖标准贮存液5.0ml于100ml容量瓶中，加12mmol/L苯甲酸溶液至刻度。

## 实验操作

取3支试管，编号，按下表操作：

| 加入物（ml） | 试管编号 | | |
|---|---|---|---|
| | 空白管 | 标准管 | 测定管 |
| 血清 | — | — | 0.01 |
| 葡萄糖标准应用液 | — | 0.01 | — |
| 蒸馏水 | 0.01 | — | — |
| 酶酚混合试剂 | 1.0 | 1.0 | 1.0 |

混匀，置37℃水浴中保温10min，各试管中分别加蒸馏水2ml，混匀，将分光光度计的波长调为510nm，以空白管调零，读取标准管及测定管吸光度。

## 注意事项

（1）酶酚混合试剂应在临用前配制。

（2）酚试剂有毒，如不慎接触皮肤，请立即用大量水冲洗被污染部位。

## 计　算

测定管血糖浓度（mmol/L）=（测定管吸光度 / 标准管吸光度）× 5.55

## 正常参考范围

3.9~6.1mmol/L。

## 临床意义

1. 生理性高血糖　可见摄入高糖饮食或注射葡萄糖后，或精神紧张、交感神经兴奋，肾上腺素分泌增加时。

2. 病理性高血糖

（1）糖尿病：病理性高血糖常见于胰岛素绝对或相对不足的糖尿病患者。

（2）对抗胰岛素的激素分泌过多：如甲状腺功能亢进、肾上腺皮质功能及髓质功能亢进、腺垂体功能亢进、胰岛 α－细胞瘤等。

（3）颅内压增高：颅内压增高（如颅外伤、颅内出血、脑膜炎等）刺激血糖中枢，出现高血糖。

（4）脱水引起的高血糖：如呕吐、腹泻和高热等也可使血糖轻度升高。

3. 生理性低血糖　饥饿或剧烈运动、注射胰岛素或口服降血糖药过量。

4. 病理性低血糖

（1）胰岛素分泌过多：由胰岛 β 细胞增生或胰岛 β 细胞瘤等引起。

（2）对抗胰岛素的激素分泌不足：如腺垂体功能减退、肾上腺皮质功能减退和甲状腺功能减退等。

（3）严重肝病患者：肝贮存糖原及糖异生功能低下，不能有效调节血糖。

### 思考题

（1）血糖有哪些来源和去路？机体是如何保持血糖浓度恒定的？临床上测定血糖时为何要空腹采血？

（2）酶试剂为什么要用磷酸盐缓冲液配制？用蒸馏水是否可以？为什么？

（3）查找相关资料，了解目前临床上对于糖尿病最新的诊断标准。

（黄　丽　谢正轶　罗　宇　颜　池）

## 实验二　胰岛素、肾上腺素对血糖浓度的影响

### 实验目的

掌握　胰岛素和肾上腺素对血糖浓度的调节作用，激素对血糖的调节机制。

### 实验原理

人体内的血糖受各种因素的作用而维持恒定的水平，激素调节是其中重要的一种调节方式。胰岛素能促进葡萄糖合成糖原，又能促进糖的氧化，是体内唯一能降低血糖的激素。能升高血糖的激素有肾上腺素、肾上腺皮质激素、生长素、胰高血糖素等，其中肾上腺素的升糖作用较为明显。将胰岛素和肾上腺素分别注射给两只家兔，取注

射前后家兔的静脉血测定血糖含量，对比血糖浓度在注射胰岛素前后和注射肾上腺素前后的变化。葡萄糖氧化酶法测定血糖的原理见“实验一 血糖的测定”。

## 实验器材

家兔、台式秤、剪刀、酒精棉球及干棉球、刀片、EP管、EP管架、试管、试管架、医用胶布、注射器、微量移液器、刻度吸量管、分光光度计、恒温水浴箱、离心机等。

## 实验试剂

（1）胰岛素注射液4U/ml。

（2）肾上腺素1mg/ml。

（3）0.1mol/L磷酸盐缓冲液（pH 7.0）、酶试剂、酚溶液、酶酚混合试剂、12mmol/L苯甲酸溶液、葡萄糖标准贮存液（100mmol/L）、葡萄糖标准应用液（5mmol/L）均见相关实验。

（4）75%酒精。

## 实验操作

1. 动物准备　选取家兔两只，实验前预先饥饿16h，称体重。

2. 注射激素前取血　从耳缘静脉取血：剪去耳毛，酒精擦拭耳缘静脉并弹敲，使血管充血，用注射器取0.2~1ml静脉血于EP管中，12000rpm离心1min。

注：取血完毕后，用干棉签压迫血管止血。

3. 注射激素　一只兔子注射胰岛素：皮下注射，剂量为0.75U/kg体重（每只兔子约5U）；另一只兔子注射肾上腺素：皮下注射，剂量为0.2mg/kg体重（每只兔子约1ml）。分别记录注射时间。

4. 注射激素30min后取血　从耳缘静脉取血：剪去耳毛，酒精擦拭耳缘静脉并弹敲，使血管充血，用注射器取0.2~1ml静脉血于EP管中，12000rpm离心1min。

5. 测定血糖　分别测定各血样的血糖浓度。取6只试管，编号，按下表操作。

| 加入物（ml） | 试管编号 | | | | | |
|---|---|---|---|---|---|---|
| | 空白管 | 标准管 | “胰”前 | “肾”前 | “胰”后 | “肾”后 |
| 血清 | — | — | 0.01 | 0.01 | 0.01 | 0.01 |
| 葡萄糖标准应用液 | — | 0.01 | — | — | — | — |
| 蒸馏水 | 0.01 | — | — | — | — | — |
| 酶酚混合试剂 | 1.0 | 1.0 | 1.0 | 1.0 | 1.0 | 1.0 |

各管混匀后，置37℃水浴中保温10min，各管加蒸馏水2ml，混匀，将分光光度

计的波长调为510nm，以空白管调零，读取标准管及各测定管吸光度。

## 注意事项

（1）取血及注射激素时，应尽可能使家兔保持安静状态。

（2）注射胰岛素的家兔取血后，应及时皮下注射250g/L葡萄糖溶液10ml，防止家兔因血糖过低而出现胰岛素性休克。

## 计　算

$$血糖浓度（mmol/L）= \frac{测定管吸光度}{标准管吸光度} \times 5.55$$

$$血糖改变百分率（\%）= \frac{\Delta BS}{注射前血糖浓度} \times 100\%$$

血糖浓度改变量（ΔBS）= 注射后血糖浓度 – 注射前血糖浓度；血糖改变百分率：“+”值表示升高；“–”值表示降低。

按下表对比注射胰岛素前后和注射肾上腺素前后家兔血糖浓度的变化。

| | 1号兔注射胰岛素 | | 2号兔注射肾上腺素 | |
|---|---|---|---|---|
| | 注射前<br>血糖浓度 | 注射30min后<br>血糖浓度 | 注射前<br>血糖浓度 | 注射30min后<br>血糖浓度 |
| 血糖浓度 | | | | |
| 血糖浓度改变量（ΔBS） | | | | |
| 血糖改变百分率 | | | | |

## 临床意义

血液中的葡萄糖称为血糖。机体各组织细胞所需能量大部分来自葡萄糖，所以血糖必须维持一定的水平才能保证机体正常运转。激素是调节机体血糖浓度的重要因素，激素对血糖的调节主要是通过对糖代谢各主要途径的影响来实现的。胰岛素是生理状态下唯一能降低血糖的激素，它能促进葡萄糖的转运和利用，调节糖原的合成，抑制糖异生。肾上腺素能使血糖升高，主要由于肾上腺素能促进酶原分解和糖异生，加快葡萄糖的生成。

## 思考题

（1）正常人如何维持血糖水平的恒定？

（2）简述胰岛素和肾上腺素调节血糖浓度的作用机制。

（姚裕群　谢正轶　罗　宇　颜　池）

# 实验三 肝中酮体的生成作用

## 实验目的

1. 了解 动物组织匀浆的制备方法。

2. 证明 酮体生成是肝特有的功能。

## 实验原理

本实验用丁酸作为底物，与新鲜肝匀浆一起保温，利用肝组织中合成酮体的全套酶系统，催化丁酸合成酮体，根据酮体中的乙酰乙酸和丙酮可与含有亚硝基铁氰化钠的显色粉作用，生成紫红色化合物的反应鉴定酮体的存在。而经同样处理的肌匀浆则不产生酮体，与显色粉作用无颜色出现。

## 实验试剂

1. 生理盐水

2. 洛克（Locke）溶液 取氯化钠 0.9g、氯化钾 0.042g、氯化钙 0.024g、碳酸氢钠 0.02g、葡萄糖 0.1g，将上述各物质放入烧杯中，加蒸馏水 100ml，溶解后混匀，置冰箱中保存备用。

3. 0.5mol/L 丁酸溶液 取正丁酸 44.0g 溶于 0.1mol/L 氢氧化钠溶液中，并稀释至 1000ml。

4. 0.1mol/L 磷酸盐缓冲液（pH 7.6） 准确称取 $Na_2HPO_4 \cdot 2H_2O$ 7.74g 和 $Na_2H_2PO_4 \cdot H_2O$ 0.897g，用蒸馏水稀释至 500ml，精确测定 pH。

5. 15% 三氯醋酸溶液

6. 显色粉 亚硝基铁氰化钠 1g，无水碳酸钠 30g，硫酸铵 50g，混合后研碎。

## 实验操作

（1）肝匀浆和肌匀浆的制备：取小鼠一只，断头处死，迅速剖腹，取出肝和肌组织，分别放入研钵中，加入生理盐水（重量：体积 =1∶3），研磨成匀浆。

（2）取试管 4 支，编号后按下表加入各种试剂。

| 试剂（滴） | 试管编号 | | | |
|---|---|---|---|---|
| | 1 | 2 | 3 | 4 |
| 洛克溶液 | 15 | 15 | 15 | 15 |
| 0.5mol/L 丁酸溶液 | 30 | — | 30 | 30 |
| 0.1mol/L 磷酸盐缓冲液 | 15 | 15 | 15 | 15 |
| 肝匀浆 | 20 | 20 | — | — |
| 肌匀浆 | — | — | — | 20 |
| 蒸馏水 | — | 30 | 20 | — |

（3）将上述 4 支试管摇匀后，放置于 37℃恒温水浴箱中保温。

（4）40~50min 后，取出各试管，分别加入 15% 三氯醋酸溶液 20 滴，混匀，离心 5min（3000r/min）。

（5）取白瓷反应板一块，从上述 4 支试管中各取出 10 滴离心液分别置于反应板的 4 个凹中，然后向 4 个凹中各加入显色粉一小匙（约 0.1g），观察并记录每凹所产生的颜色反应。

## 注意事项

严格按照操作规程使用离心机，要特别注意离心机的平衡问题。离心过程不得离开，一旦发现异常，不能直接关闭电源，必须按 STOP 键停止。

## 结果及分析

观察各管颜色变化，并分析实验结果。

酮体是脂肪酸在肝脏代谢的正常中间产物，是肝输出能源的一种形式。酮体相对分子质量小，易溶于水，便于运输，并易透过血脑屏障及毛细血管壁，所以能迅速被肝外组织摄取，成为肝外组织特别是脑和肌肉组织的重要能源。长期饥饿、血糖供应不足或利用障碍时，酮体可以替代葡萄糖成为脑组织和肌肉组织的主要能源。

正常人血中仅含有极少量的酮体，但长期饥饿、高脂低糖膳食或严重糖尿病患者，脂肪动员加强，肝内酮体生成过多，超出肝外组织利用酮体的能力，会引起血中酮体的堆积，称为酮血症。由于酮体中占极大部分的 β－羟丁酸和乙酰乙酸是有机酸，所以酮体在体内大量蓄积会导致酸碱平衡紊乱，出现代谢性酮症酸中毒。丙酮有烂苹果味，所以患者的尿液和呼出的气体会带有烂苹果气味。

## 思考题

（1）本实验中，第 1 及第 4 试管离心液与显色粉各产生哪种颜色反应？并说明原因。

（2）何谓酮体？酮体在何处生成？何处利用？为什么？

（3）酮体代谢有何生理意义？严重糖尿病患者为何会导致酮血症和酮症酸中毒？

（黄　丽　谢正轶　罗　宇　颜　池）

# 实验四　血清胆固醇的测定（胆固醇氧化酶法）

## 实验目的

1. 掌握　血清胆固醇测定的临床意义。

2. 了解　胆固醇氧化酶法测定血清胆固醇的原理，能进行血清胆固醇测定的基本操作。

## 实验原理

血清中总胆固醇（TC）包括胆固醇酯（CE）和游离型胆固醇（FC），CE占70%，FC占30%。胆固醇酯酶（CEH）先将胆固醇酯水解为胆固醇和游离脂肪酸（FFA），胆固醇在胆固醇氧化酶（COD）的作用下氧化生成Δ4-胆甾烯酮和过氧化氢。后者由过氧化物酶（POD）催化与4-氨基安替比林（4-AAP）和酚反应，生成红色的醌亚胺，其颜色深浅与血清胆固醇的含量成正比，在546nm波长处测定吸光度，与标准管比较可计算出血清胆固醇的含量。反应式如下：

$$\text{胆固醇酯} \xrightarrow{CEH} \text{胆固醇} + \text{游离脂肪酸}$$

$$\text{胆固醇} + O_2 \xrightarrow{COD} \Delta 4 - \text{胆甾烯酮} + H_2O_2$$

$$2H_2O_2 + 4 - \text{氨基安替比林} + \text{酚} \xrightarrow{POD} \text{醌亚胺（红色）}$$

## 实验器材

试管、吸管、试管架、移液器、移液器吸头、恒温水浴箱、分光光度计等。

## 实验试剂

本实验采用市售试剂盒，试剂盒组成如下。

（1）总胆固醇测定试剂（酶应用液）100ml，试剂主要组成成分有：

| 试剂成分 | 浓度 |
| --- | --- |
| pH 6.7 磷酸盐缓冲液 | 30mmol/L |
| 胆固醇酯酶 | ≥ 200U/L |
| 胆固醇氧化酶 | ≥ 200U/L |
| 过氧化物酶 | ≥ 500U/L |
| 4- 氨基安替比林 | 0.2mmol/L |
| 苯酚 | ≥ 0.3mmol/L |

此外还含有胆酸钠和表面活性剂 Triton X-100，胆酸钠是胆固醇酯酶的激活剂，表面活性剂 Triton X-100 能促进脂蛋白释放胆固醇和胆固醇酯，有利于胆固醇酯的水解。

（2）胆固醇标准液 1ml，浓度为 5.17mmol/L（200mg/dl）。

## 实验操作

（1）取试管 3 支，编号，按下表操作。

| 加入物（ml） | 试管编号 | | |
| --- | --- | --- | --- |
| | 测定管 | 标准管 | 空白管 |
| 血清 | 0.01 | — | — |
| 胆固醇标准液 | — | 0.01 | — |
| 蒸馏水 | — | — | 0.01 |
| 总胆固醇测定试剂（酶应用液） | 1.00 | 1.00 | 1.00 |

（2）混匀后，37℃水浴保温 5min，各试管分别加入蒸馏水 2ml，混匀，在 546nm 波长处比色，以空白管调零，读取各管吸光度。

## 注意事项

（1）正确使用微量移液器加样。

（2）试剂和样品的用量可按比例放大或缩小，计算公式不变。

## 计　　算

$$\text{血清胆固醇（mmol/L）}=\frac{\text{测定管吸光度}}{\text{标准管吸光度}}\times 5.17$$

## 正常参考范围

3.10~5.70mmol/L。

## 临床意义

1. 血清胆固醇增高　常见于动脉粥样硬化、原发性高脂血症、糖尿病、肾病综合征、胆管阻塞、甲状腺功能减退等患者。

2. 血清胆固醇降低　常见严重贫血、甲状腺功能亢进、长期营养不良等患者。

### 思考题

（1）胆固醇有哪些重要的生理功能？血清胆固醇升高对机体最严重的危害是什么？

（2）胆固醇在体内可转变为哪些物质？如何排泄？

（3）本实验中需要哪几种酶参加？它们各有什么作用？

（黄　丽　谢正轶　罗　宇）

## 实验五　血清丙氨酸氨基转移酶（ALT）活性测定

### 实验目的

1. 掌握　血清 ALT 活性测定的原理及测定方法。

2. 了解　血清 ALT 活性测定的临床意义。

### 实验原理

血清中丙氨酸氨基转移酶（ALT）催化丙氨酸与 α－酮戊二酸生成丙酮酸和谷氨酸。在反应到达规定时间时，加入 2, 4– 二硝基苯肼－盐酸溶液以终止反应。生成的丙酮酸与 2, 4– 二硝基苯肼反应生成丙酮酸 -2, 4– 二硝基苯腙，在碱性溶液中呈红棕色，能被分光光度计测定其吸光度值，通过标准曲线计算出丙氨酸氨基转移酶的活性。反应式如下：

$$\underset{\text{丙氨酸}}{CH_3-CH(NH_2)-COOH} + \underset{\alpha-\text{酮戊二酸}}{HOOC-CO-CH_2-CH_2-COOH} \xrightleftharpoons{ALT} \underset{\text{丙酮酸}}{CH_3-CO-COOH} + \underset{\text{谷氨酸}}{HOOC-CHNH_2-CH_2-CH_2-COOH}$$

$$\underset{\text{丙酮酸}}{CH_3-C(=O)-COOH} + \underset{2,4-\text{二硝基苯肼}}{H_2N-NH-C_6H_3(NO_2)_2} \xrightleftharpoons[-H_2O]{NaOH} \underset{\text{丙酮酸}-2,4-\text{二硝基苯腙（红棕色）}}{CH_3-C(COOH)=N-NH-C_6H_3(NO_2)_2}$$

## 实验器材

试管、试管架、移液器、移液器吸头、恒温水浴箱、V-1100D 分光光度计等。

## 实验试剂

1. 0.1mol/L 磷酸盐缓冲液（pH 7.4）　称取磷酸氢二钠（$Na_2HPO_4$）11.928g，磷酸二氢钾（$KH_2PO_4$）2.176g，加少量蒸馏水溶解并稀释至 1000ml。

2. ALT 底物液　称取 α－酮戊二酸 29.2mg，DL 丙氨酸 1.79g 于烧瓶中，加 0.1mol/L pH 7.4 的磷酸盐缓冲液 80ml，煮沸溶解后冷却，用 1mol/L NaOH 调节 pH 至 7.4（约加入 0.5ml），再用 0.1mol/L 磷酸盐缓冲液在容量瓶内加至 100ml，混匀，加氯仿数滴，置冰箱可保存数周。

3. 丙酮酸标准液（2μmol/ml）　精确称取丙酮酸钠 22.0mg 于 100ml 容量瓶中，加 0.1mol/L pH 7.4 的磷酸盐缓冲液至刻度。

4. 2，4- 二硝基苯肼溶液　称取 2, 4- 二硝基苯肼 19.8mg，用 10mol/L 盐酸 10ml 溶解后，加蒸馏水至 100ml，置棕色瓶内，在冰箱中保存。

5. 0.4mol/L NaOH 溶液　称取 NaOH 16g 溶于适量蒸馏水中，然后用蒸馏水稀释至 1000ml。

## 实验器材

（1）在测定前将丙氨酸氨基转移酶基质液水浴（37℃）5min。

（2）取 2 支试管按下表操作：

| 加入物（ml） | 试管编号 | |
|---|---|---|
| | 测定管 | 对照管 |
| 血清或血浆 | 0.1 | 0.1 |
| 丙氨酸氨基转移酶基质液 | 0.5 | — |
| 混匀后，置 37℃水浴 30min | | |
| 2, 4- 二硝基苯肼溶液 | 0.5 | 0.5 |
| 丙氨酸氨基转移酶基质液 | — | 0.5 |
| 混匀，置 37℃水浴 20min | | |
| 0.4mol/L NaOH 溶液 | 5.0 | 5.0 |

混匀，室温静置 5min，用 505nm 波长比色，以对照管调零，读取测定管吸光度。

（3）查标准曲线得 ALT 活力单位。

## 标准曲线绘制

按下表进行操作：

| 加入物（ml） | 试管编号 | | | | | |
|---|---|---|---|---|---|---|
| | 0 | 1 | 2 | 3 | 4 | 5 |
| 生理盐水 | 0.10 | 0.10 | 0.10 | 0.10 | 0.10 | 0.10 |
| 丙酮酸标准液 | 0.00 | 0.05 | 0.10 | 0.15 | 0.20 | 0.25 |
| 丙氨酸氨基转移酶基质液 | 0.50 | 0.45 | 0.40 | 0.35 | 0.30 | 0.25 |
| 混匀，置37℃水浴，保温30min | | | | | | |
| 2, 4- 二硝基苯肼溶液 | 0.50 | 0.50 | 0.50 | 0.50 | 0.50 | 0.50 |
| 混匀，置37℃水浴，保温20min | | | | | | |
| 0.4mol/L NaOH 溶液 | 5.0 | 5.0 | 5.0 | 5.0 | 5.0 | 5.0 |
| 相当于 ALT 单位 | 0 | 28 | 57 | 97 | 150 | 200 |

混匀，室温静置10min，用505nm波长比色，以“0”号管调零，读取各管吸光度，以吸光度为纵坐标，各管相应的酶活性单位为横坐标，绘制成标准曲线。

## 注意事项

（1）试剂中含有防腐剂和稳定剂，可能存在一定的刺激作用或毒性，请勿直接接触皮肤、眼睛。一旦接触，请立即用大量清水冲洗。请勿吞服。

（2）血清中ALT活性在室温（20℃）可以保存48h，在4℃冰箱下可以保存1周，在-25℃以下可以保存1个月。高脂血症、黄疸或溶血等血清，可能会引起测定管吸光度增加。

（3）由于此方法呈非线性反应，当检验结果大于150卡门氏单位时，要将血清样本稀释后复查。

## 正常参考范围

赖氏单位：0~25卡门氏单位，引用的参考值范围代表本法的期望值，仅供参考，建议各实验室验证这一参考值范围或建立自己的参考值范围。

赖氏法的酶活力单位是根据本法中丙酮酸量及其吸光度值与卡门氏单位的对等关系，套用卡门氏单位而来。

卡门氏单位的定义：血清1ml，反应液总量3ml，反应温度25℃，波长340nm，比色杯光径 1cm，每分钟吸光度减少 0.001 为一个卡门氏单位。

### 临床意义

ALT 广泛存在于肝、心肌、骨骼肌、肾、脑、胰、肺、白细胞和红细胞等组织器官中，以肝细胞中含量最多，正常情况下只有极少量释放入血，血清中 ALT 活性很低。当这些组织损伤或坏死时，尤其是当肝细胞发生病变、坏死或肝细胞膜通透性增加时，ALT 可大量释放入血，使血中该酶的活性显著升高，因此酶是判断肝细胞损伤的一个常用的指标。

急性肝炎、药物中毒性肝细胞坏死时，血清 ALT 活性明显升高；肝癌、肝硬化、慢性肝炎、心肌梗死时，血清 ALT 活性中度升高；阻塞性黄疸、胆管炎时，血清 ALT 活性轻度升高。

### 思考题

（1）血清 ALT 活性升高的临床意义是什么？

（2）简述血清 ALT 活性测定的实验原理。

（姚裕群　颜　池）

## 实验六　丙氨酸氨基转移酶（ALT）的转氨基作用

### 实验目的

1. 掌握　丙氨酸氨基转移酶（ALT）的转氨基作用的原理。
2. 熟悉　丙氨酸氨基转移酶的转氨基作用的方法与意义。

### 实验原理

在 pH 7.4 时，丙氨酸氨基转移酶（ALT）催化丙氨酸与 α－酮戊二酸进行转氨基作用生成丙酮酸和谷氨酸。丙酮酸与 2, 4－二硝基苯肼作用生成丙酮酸 2, 4－二硝基苯腙，后者在碱性溶液中呈红棕色，其颜色深浅与酶活性大小成正比。

$$CH_3-CH(NH_2)-COOH + HOOC-CO-CH_2-CH_2-COOH \underset{}{\overset{ALT}{\rightleftharpoons}} CH_3-CO-COOH + HOOC-CHNH_2-CH_2-CH_2-COOH$$

丙氨酸　α－酮戊二酸　丙酮酸　谷氨酸

$$CH_3-CO-COOH + H_2N-NH-C_6H_3(NO_2)_2 \underset{-H_2O}{\overset{NaOH}{\rightleftharpoons}} CH_3-C(COOH)=N-NH-C_6H_3(NO_2)_2$$

丙酮酸　2,4－二硝基苯肼　丙酮酸－2,4－二硝基苯腙（红棕色）

## 实验试剂

1. 0.1mol/L 磷酸盐缓冲液（pH 7.4）　精确称取磷酸氢二钠（$Na_2HPO_4$）11.928g 和磷酸二氢钾（$KH_2PO_4$）2.176g，溶解于蒸馏水中并定容至 1000ml。

2. 1mol/L NaOH 溶液　将氢氧化钠 40g 溶解于蒸馏水中并定容至 1000ml。

3. ALT 基质液　精确称取 α－酮戊二酸 29.2mg 和丙氨酸 1.79g 于烧杯中，加 0.1mol/L 磷酸盐缓冲液（pH 7.4）70ml 加热溶解，冷却至室温后约用 1mol/L 氢氧化钠 0.5ml 校正 pH 至 7.4，再用 0.1mol/L 磷酸盐缓冲液定容至 100ml 即可。加氯仿数滴，置 4℃ 冰箱可保存数周。

4. 2, 4- 二硝基苯肼溶液　精确称取 2, 4- 二硝基苯肼 19.8mg 溶于 10mol/L HCl 10ml，加蒸馏水定容至 100ml，移至棕色瓶内冰箱保存。

5. 0.4mol/L NaOH 溶液　将氢氧化钠 16g 溶解于蒸馏水中并定容至 1000ml。

## 实验器材

组织捣碎机、滴管、烧杯、试管、试管架、恒温水浴箱、定时器、标签纸、胶水、纱布、剪刀等。

## 实验操作

（1）肝浸液的制备：将动物处死后，立即取出肝脏组织 10g，用冰生理盐水清洗干净。剪碎，加冰的 pH 7.4 磷酸盐缓冲液 30ml，放入组织捣碎机制成匀浆，再用纱布过滤即可。

（2）肌浸液制备：方法同肝浸液。

（3）取干净试管 2 支，编号后按下表操作：

| 加入物 | 试管编号 | |
|---|---|---|
| | 1 | 2 |
| ALT 基质液 | 1ml | 1ml |
| 肝浸液 | 3 滴 | — |
| 肌浸液 | — | 3 滴 |
| 混匀，37℃水浴 20min | | |
| 2, 4- 二硝基苯肼溶液 | 10 滴 | 10 滴 |
| 混匀，37℃水浴 20min | | |
| 0.4mol/L NaOH 溶液 | 5ml | 5ml |

（4）各管混匀，静置 5min 后观察各管颜色深浅。

## 注意事项

（1）配置试剂的所有器皿必须清洁、精准，组织捣碎机在两次使用前后都应清洗干净。

（2）动物肝脏和肌肉在取材、处理和存放过程中应避免交叉污染。

（3）正确处理实验动物残体部分，试验结束后，要清洗工作台、剪刀及各种玻璃器皿，尤其是盛放组织浸液的烧杯和试管等。

## 结果及分析

比较两管颜色深浅，说明哪种组织 ALT 活性高，并分析其原因。

## 实验意义

丙氨酸氨基转移酶广泛存在于人体各种组织器官中，但以肝细胞浆内最多。若 1% 的肝细胞被破坏，其中的 ALT 将释放到血液中，可使血清 ALT 活性增高一倍。因此，血清 ALT 活性被看作是肝功能损害最敏感的检测指标之一。

当人体内其他组织器官活动或发生病变时，如心肌炎、肌营养不良、甲状腺功能亢进等，或在劳累、剧烈运动、饮酒、情绪激动后采血化验，血清 ALT 活性也有所增高。因此，仅凭单项 ALT 指标增高，不能认为患者就是得了肝炎，必须结合其他阳性体征及各项检验指标来综合判断。

## 思考题

（1）ALT 在不同组织中的活性是否有区别？为什么？

（2）查找相关资料，了解临床中做 ALT 活性检测有哪些注意事项。

（姚裕群　颜　池）

# 实验七 血清尿素的测定（二乙酰一肟法）

## 实验目的

1. 掌握 二乙酰一肟法测定血清尿素的原理和方法。
2. 熟悉 尿素测定的参考范围及临床意义。

## 实验原理

在强酸、加热的条件下，二乙酰一肟可水解产生羟胺与二乙酰，后者与尿素经缩合生成红色的二嗪化合物和水。在540nm波长处进行比色，二嗪化合物的吸光度与尿素含量成正比，与经过同样处理的标准液对比，求得样品的尿素含量。其反应式如下：

$$H_3C-C(=O)-C(=N-OH)-CH_3 + H_2O \xrightarrow[\triangle]{H^+} NH_2OH + H_3C-C(=O)-C(=O)-CH_3$$

二乙酰一肟　　羟胺　　二乙酰

$$H_3C-C(=O)-C(=O)-CH_3 + H_2N-C(=O)-NH_2 \xrightarrow[\triangle]{H^+} \text{二嗪化合物} + H_2O$$

二乙酰　　尿素　　二嗪化合物（红色）（4,5－二甲基－2咪唑酮）

## 实验器材

试管、试管架、移液器、移液器吸头、恒温水浴箱、可见光分光光度计、定时器、标签纸、胶水等。

## 实验试剂

1. 尿素标准贮存液（100mmol/L） 精确称取尿素（在60~65℃干燥至恒重，MW为60.06）0.6g，溶于无氨去离子水并稀释至100ml，加叠氮钠0.1g防腐，置4℃冰箱可保存6个月。

2. 尿素标准应用液（5mmol/L） 尿素标准贮存液与无氨去离子水以1∶20比例稀释即可。

3. 二乙酰一肟溶液　称取二乙酰一肟20g溶于去离子水并稀释至1L，置棕色瓶中备用，4℃冰箱可保存6个月。

4. 酸性试剂　量取去离子水约100ml于三角烧瓶中，然后缓慢加入浓硫酸44ml及85%磷酸66ml，冷却至室温后依次加入氨基硫脲50mg及硫酸镉2g，充分溶解，摇匀后移入1L容量瓶中并加去离子水稀释至1L。置棕色瓶中备用，4℃冰箱可保存6个月。

## 实验操作

取试管3支，按下表操作：

| 加入物（μl） | 试管编号 | | |
|---|---|---|---|
| | 空白管 | 标准管 | 测定管 |
| 无氨去离子水 | 20 | — | — |
| 尿素标准贮存液 | — | 20 | — |
| 血清 | — | — | 20 |
| 二乙酰一肟溶液 | 500 | 500 | 500 |
| 酸性试剂 | 5000 | 5000 | 5000 |

将各管混匀，沸水浴加热12min，取出后置冷水中冷却5min，在510nm波长处比色，以空白管调零，读取测定管和标准管的吸光度值，按公式计算结果。

## 注意事项

（1）配置试剂最好用高质量的无氨去离子水，必须保证试管和器皿的干燥清洁，避免交叉污染。

（2）尿液中因尿素浓度较高，因此在用此方法进行检测时，需先用无氨去离子水稀释50倍以上。

（3）试剂煮沸显色经冷却后会有轻度褪色现象，应及时比色。

## 计　算

测定管尿素浓度（mmol/L）=（测定管吸光度 / 标准管吸光度）×5

## 正常参考范围

1.78~7.14mmol/L。

## 临床意义

尿素是机体蛋白质分解代谢的主要含氮终产物，在肝中合成，主要由肾小球滤过随尿排出。

1. 血尿素氮浓度升高

（1）肾前性：①生成增加，高蛋白饮食；消化道出血；组织分解加快（感染，高热、外伤、手术、使用皮质类固醇药物等）；机体蛋白质合成受阻。②肾血流灌注减少，肾小球滤过率降低，见于剧烈呕吐、肠梗阻、幽门梗阻、长期腹泻、失血、肾上腺皮质功能降低、重度心力衰竭、急性心肌梗死等患者。

（2）肾性：各种肾实质性病变（如肾小球肾炎、慢性肾盂肾炎、肾衰竭等）、肾内占位性和破坏性病变等使肾小球滤过降低，而导致血液中尿素含量增高。

（3）肾后性：尿路梗阻导致滤过减少和重吸收增加，如前列腺肥大、尿路结石、膀胱肿瘤导致尿道受压等。

2. 血尿素氮浓度降低　较少见，主要因肝实质受损使尿素生成减少，如中毒性肝炎、肝硬化、严重贫血等。

### 思考题

（1）试述尿素产生的过程。

（2）什么叫非蛋白氮（NPN）？血清中的 NPN 包括哪些物质？

（3）目前临床上常用于检查肾功能的生化指标有哪些？

（姚裕群　谢正轶　罗　宇）

## 实验八　尿素氮的测定（脲酶改良波氏一步法）

### 实验目的

1. 掌握　尿素氮测定的正常参考范围及临床意义。

2. 熟悉　脲酶改良波氏一步法测定血清尿素氮的原理和方法。

### 实验原理

尿素在脲酶的催化下可以分解，产生的氨在碱性条件下被氧化分解成氯胺，后者在亚硝基铁氰化钠的催化下能与苯酚及次氯酸作用，生成蓝色的靛酚。在 550nm 波长下与经同样处理的标准液进行比色，即可计算出样品中尿素或尿素氮的含量。

## 实验器材

试管、试管架、移液器、移液器吸头、恒温水浴箱、V-1100D 分光光度计、定时钟。

## 实验试剂

1. 酶工作液　60 000U/L 脲酶，0.1mol/L 磷酸盐溶液，pH=8.0。
2. 显色剂Ⅰ　亚硝基铁氰化钠及苯酚（10g/L）。
3. 显色剂Ⅱ　次氯酸钠 5g/L。
4. 标准液　7.14mmol/L。

## 实验操作

（1）取 3 支试管，编号，按下表加入各种试剂：

| 加入物（μl） | 试管编号 | | |
|---|---|---|---|
| | 空白管 | 标准管 | 测定管 |
| 血清 | — | — | 10 |
| 标准液 | — | 10 | — |
| 蒸馏水 | 10 | — | — |
| 酶工作液 | 1000 | 1000 | 1000 |
| 显色剂Ⅰ | 1000 | 1000 | 1000 |
| 显色剂Ⅱ | 1000 | 1000 | 1000 |

（2）混匀后置 37℃水浴，15min 后取出，静置至室温。用 620nm 波长比色，以空白管调零，分别读取测定管和标准管的吸光度值。

## 计　算

$$尿素浓度（mmol/L）=\frac{测定管吸光度}{标准管吸光度}\times 7.14$$

## 正常参考范围

1.79~6.79mmol/L。

## 临床意义

尿素是人体蛋白质分解代谢的最终产物，氨基酸脱氨基作用产生的 $NH_3$ 和 $CO_2$ 能在肝中合成尿素，经血液运送到肾随尿排出。

血液中尿素浓度增高有生理因素和病理因素。

1. 生理因素　高蛋白饮食引起血清尿素浓度和尿液排出量显著增高。血清尿素浓度男性比女性平均高 0.3~0.5mmol/L，随年龄增加有增高倾向。成人日间生理变异平均为 0.63mmol/L。

2. 病理因素

（1）肾前性：最重要的原因是失水，因血液浓缩使肾血流量减少，肾小球滤过率降低而导致血液尿素浓度增加。见于剧烈呕吐、肠梗阻、幽门梗阻和长期腹泻等患者。

（2）肾性：肾小球肾炎、肾病晚期、肾衰竭、慢性肾盂肾炎及中毒性肾炎等使肾小球滤过降低，而使血液尿素含量增高。

（3）肾后性：尿路阻塞可引起血液中尿素含量增高，如前列腺肿大、尿路结石、尿道狭窄、膀胱肿瘤导致尿道受压等。

血液尿素浓度降低常见于肝功能衰竭患者。

（黄　丽　谢正轶　罗　宇）

# 实验九　血清胆红素的测定（改良 J-G 法）

## 实验目的

1. 掌握　血清胆红素的正常参考范围及临床意义。

2. 熟悉　改良 J-G 法测定血清胆红素的原理和方法。

## 实验原理

重氮试剂遇到血清中的结合胆红素后可以生成紫红色的偶氮胆红素，但未结合胆红素则需要在加速剂（咖啡因、苯甲酸钠）作用下破坏分子内的氢键后，才能与重氮试剂反应生成偶氮胆红素。以醋酸钠缓冲液保持偶氮反应的 pH，加入加速剂加速反应，反应完成后加入终止试剂（叠氮钠）破坏剩余重氮试剂。因紫红色偶氮胆红素不够稳定，最后加入碱性酒石酸钠溶液，使其转化为稳定的蓝色偶氮胆红素，在 600nm 波长下比色，读取各管吸光度，从标准曲线上查找总胆红素和结合胆红素含量。

## 实验器材

试管、试管架、移液器、移液器吸头、恒温水浴箱、V-1100D分光光度计、秒表等。

## 实验试剂

1. 咖啡因苯甲酸钠试剂　称取无水醋酸钠41.0g，苯甲酸钠38.0g，乙二胺四乙酸二钠（EDTA-$Na_2$）0.5g，溶于500ml去离子水中，再加入咖啡因25.0g，搅拌使其溶解（加入咖啡因后不能加热溶解），用去离子水补足至1000ml，混匀。过滤后置棕色瓶内，室温保存。

2. 5g/L对氨基苯磺酸溶液　称取对氨基苯磺酸（$NH_2C_6H_4SO_3H \cdot H_2O$）5.0g，溶于800ml去离子水中，加入浓盐酸15ml，待完全溶解后加去离子水至1000ml。

3. 5g/L亚硝酸钠溶液　称取亚硝酸钠5.0g，用去离子水溶解并稀释至100ml，混匀后置于棕色瓶内，冰箱保存。

4. 重氮试剂　临用前取上述亚硝酸钠溶液0.5ml和对氨基苯磺酸溶液20ml混匀。

5. 5g/L叠氮钠溶液　取叠氮钠0.5g，用去离子水溶解并稀释至100ml。

6. 碱性酒石酸钠溶液　称取NaOH 75.0g，酒石酸钠（$Na_2C_4H_4O_6 \cdot 2H_2O$）263.0g，用去离子水溶解并稀释至1000ml，混匀，置塑料瓶中，室温保存。

7. 相关溶液

（1）混合血清稀释剂，须符合以下标准：收集不溶血、无黄疸、无脂浊的新鲜血清混合并过滤。取过滤后的血清1ml与0.154mmol/L NaCl溶液24ml混匀，在波长414nm、光径1cm下比色，以0.154mmol/L NaCl溶液调零，其吸光度应小于0.100；在波长460nm下比色，其吸光度应小于0.040。

（2）配制标准液的胆红素须符合以下标准：在25℃条件下，波长453nm、光径1.000 ± 0.001cm，纯胆红素的氯仿溶液的摩尔吸光系数应在60 700 ± 1600；改良J-G法偶氮胆红素的摩尔吸光系数应在74 380 ± 866。

（3）胆红素标准液（171μmol/L）：称取胆红素10mg加入二甲亚砜1ml，搅拌成混悬液。在混悬液中加入0.05mol/L碳酸钠溶液2ml，待胆红素完全溶解后移入100ml容量瓶中，取0.1mol/L盐酸2ml缓慢加入并摇匀，摇匀时要注意避免气泡产生，最后用稀释血清定容。配制过程应尽量避光，配好后用遮光容器置4℃冰箱中贮存，可稳定3天，配制后应尽快做校正曲线。

## 实验操作

（1）取3支试管，编号，按下表加入各种试剂：

| 加入物（ml） | 试管编号 | | |
| --- | --- | --- | --- |
| | 总胆红素管 | 结合胆红素管 | 空白管 |
| 血清 | 0.2 | 0.2 | 0.2 |
| 咖啡因苯甲酸钠试剂 | 1.6 | — | 1.6 |
| 5g/L 对氨基苯磺酸溶液 | — | — | 0.4 |
| 重氮试剂 | 0.4 | 0.4 | — |
| 混匀 | | | |
| 5g/L 叠氮钠溶液 | — | 0.05 | — |
| 咖啡因苯甲酸钠试剂 | — | 1.55 | — |
| 室温 10min | | | |
| 碱性酒石酸钠溶液 | 1.2 | 1.2 | 1.2 |

（2）混匀后在 600nm 波长下比色，以空白管调零，读取各管吸光度。从标准曲线上查出相应的胆红素浓度。

## 标准曲线绘制

（1）取 6 支试管，编号，按下表操作：

| 加入物（ml） | 试管编号 | | | | | |
| --- | --- | --- | --- | --- | --- | --- |
| | 对照管 | 1 | 2 | 3 | 4 | 5 |
| 胆红素标准液 | — | 0.4 | 0.8 | 1.2 | 1.6 | 2.0 |
| 吸光度（*A*） | | | | | | |
| 混合血清稀释剂 | 2.0 | 1.6 | 1.2 | 0.8 | 0.4 | — |
| 胆红素浓度（μmol/L） | 0 | 34.2 | 68.4 | 103 | 137 | 171 |

（2）各管充分混匀，避免气泡产生，混匀后在 600nm 波长下比色，以空白管调零，读取各管吸光度。每个浓度做 3 个平行管，用对照管调零，读取各平行管吸光度并计算均值。以各浓度吸光度均值为纵坐标，以各管对应的胆红素浓度为横坐标，绘制胆红素标准曲线。

## 注意事项

（1）配制胆红素标准液时，盐酸应缓慢加入并摇匀，摇匀时要避免气泡产生。

（2）胆红素对光敏感，所以胆红素标准液等试剂应注意避光保存。

## 正常参考范围

血清总胆红素：5.1~17.1μmol/L。

血清结合胆红素（1min）：0~6μmol/L。

## 临床意义

血清总胆红素测定可帮助诊断患者有无黄疸、黄疸的程度及类型。总胆红素在17.1~34.2μmol/L时为隐性黄疸；超过34.2μmol/L时，肉眼可见皮肤、黏膜、巩膜黄染，为显性黄疸。

结合胆红素和血清总胆红素同时测定，两者的比值可用于鉴别黄疸类型。结合胆红素/总胆红素小于20%，多见于溶血性黄疸、阵发性血红蛋白尿、恶性贫血、红细胞增多症等；比值在40%~60%时，属于肝细胞性黄疸；比值大于60%时，结合胆红素升高十分明显，属于阻塞性黄疸。

再生障碍性贫血及数种继发性贫血（主要由癌或慢性肾炎引起），血清总胆红素则减少。

## 思考题

（1）简述血清胆红素测定的原理。

（2）在血清胆红素测定中破坏氢键的组分是什么？

（3）发生肝细胞性黄疸时，血清中哪种胆红素升高？

（姚裕群　谢正轶　罗　宇）

# 实验十　血清总胆红素的测定（重氮化法）

## 实验目的

1. 掌握　血清总胆红素测定的正常参考范围及临床意义。

2. 熟悉　血清总胆红素测定的原理和方法。

## 实验原理

在表面活性剂及强酸存在的条件下，血清中的总胆红素能与重氮盐反应，生成紫红色的偶氮胆红素。使用分光光度计在570nm波长下测定待测管与标准管吸光度数值，两者成正比，由此算出待测管总胆红素含量。

## 实验器材

试管、试管架、移液器、移液器吸头、恒温水浴箱、V-1100D 分光光度计、定时钟等。

## 实验试剂

1. 试剂　1.45mmol/L 重氮盐（DCPT），0.236mol/L HCl，0.213mol/L 表面活性剂。

2. 标准液　160μmol/L 胆红素。

## 实验操作

（1）取 3 支试管，编号，按下表操作：

| 加入物（μl） | 试管编号 | | |
|---|---|---|---|
| | 空白管 | 标准管 | 测定管 |
| 血清 | — | — | 50 |
| 标准液 | — | 50 | — |
| 蒸馏水 | 50 | — | — |
| 试剂 | 1000 | 1000 | 1000 |

（2）混匀后置 37℃水浴中 5min，每管各加蒸馏水 2ml，再次混匀，在波长 570nm 下比色，以空白管调零，读取测定管和标准管的吸光度数值。

## 计　算

$$胆红素含量（\mu mol/L）= \frac{测定管吸光度}{标准管吸光度} \times 160$$

## 正常参考范围

血清总胆红素的上限为 20.0μmol/L（1.20mg/dl）。

## 注意事项

（1）高脂血清会造成实验结果假阳性升高，此时应使用样本空白管予以消除。将 0.05ml 样本加入 1ml 生理盐水中，混匀制成样本空白管，570nm 下读取其吸光度数值，然后将前述样本吸光度减去样本空白管吸光度，得到样本实际的吸光度。

（2）当检验结果大于 427μmol/L 时，请用生理盐水稀释后再测定，结果乘以稀释倍数。

### 临床意义

肝是胆红素代谢的重要器官，血清总胆红素检查是肝脏疾病、肝内外胆管阻塞性疾病和溶血性疾病早期诊断的重要指标。另外对于新生儿来说，胆红素检测也是很重要的，因为非结合胆红素极易引起大脑损伤。血清总胆红素大量升高时，会出现黄疸。血清总胆红素升高通常是由于肝炎、肝硬化、胆管阻塞、溶血性黄疸、恶性贫血和遗传导致的酶缺乏等因素引起。间接胆红素升高则常见于溶血性疾病、新生儿黄疸或输血错误。直接胆红素升高常见于胆管阻塞、胆结石等情况。

### 思考题

（1）简述血清总胆红素测定的原理。

（2）血清总胆红素升高通常是由什么原因引起的？

（姚裕群　谢正轶　罗　宇）

# 基因克隆表达篇

## 实验一　质粒 DNA 的提取

### 实验目的

1. 掌握　碱裂解法提取质粒 DNA 的原理、方法及各试剂的作用。
2. 熟悉　碱裂解法抽提和纯化大肠杆菌中质粒 DNA 的步骤。

### 实验原理

碱裂解法提取质粒 DNA，是利用共价闭合环状质粒 DNA 与线性的染色体 DNA 片段在拓扑学上的差异来分离它们。在碱性环境中，细菌染色体 DNA 双螺旋结构解开变性，而质粒 DNA 的氢键虽断裂，但两条互补链仍相互盘绕处于结合缠绕状态。将溶液的 pH 调至中性并在高盐存在的条件下，染色体 DNA、大分子量的 RNA 和蛋白质在

SDS（十二烷基硫酸钠）的作用下形成沉淀，而质粒 DNA 仍然为可溶状态。通过离心，可除去大部分细胞碎片、染色体 DNA、RNA 及蛋白质，而质粒 DNA 留在上清液中，通过酚 / 氯仿抽提纯化得到质粒 DNA。

## 实验器材

恒温培养箱、恒温摇床、高压灭菌锅、超净工作台、高速离心机、移液器、移液器吸头、三角瓶、1.5ml 离心管、离心管架、带有 pUC19 质粒的大肠杆菌等。

## 实验试剂

（1）无水乙醇。

（2）LB 培养基（1L）：称量胰蛋白胨 10.0g，酵母粉 5.0g，氯化钠 5.0g 溶于 800ml 蒸馏水中，用 1mol/L 氢氧化钠溶液（或 1mol/L 盐酸溶液）调节 pH 至 7.0，然后加蒸馏水至 1000ml，高温高压灭菌后备用。

（3）质粒小提试剂盒（离心柱型），试剂盒的产品组成如下：

1）平衡液 BL。

2）溶液 P1：50mmol/L 葡萄糖，25mmol/L Tris–Cl（pH 8.0），10mmol/L EDTA（pH 8.0）。

3）溶液 P2：0.2mol/L NaOH，1% SDS。

4）溶液 P3：称取 29.4g 乙酸钾和 11.5ml 冰乙酸混合，加 $H_2O$ 至 100ml。

5）去蛋白液 PD。

6）漂洗液 PW。

7）洗脱缓冲液 EB。

8）RNase A。

9）吸附柱 CP3。

10）2ml 收集管。

## 实验操作

（1）接一环新鲜菌体于 5ml 含有适当抗生素的液体培养基中，37℃摇床（200rpm）过夜培养。

（2）柱平衡步骤：向吸附柱 CP3 中（吸附柱放入收集管中）加入 500μl 的平衡液 BL，12 000rpm 离心 1min，倒掉收集管中的废液，将吸附柱 CP3 重新放回收集管中。

（3）将 1.5ml 过夜培养菌液放于离心管中，12 000rpm 离心 1min，弃去上清液，收集菌体。

（4）向留有菌体沉淀的离心管中加入 250μl 溶液 P1，使用移液器吹打彻底悬浮菌体沉淀，使菌体悬浮均匀。

（5）向离心管中加入 250μl 溶液 P2，温和地上下翻转 6~8 次，使菌体充分裂解，菌液变得清亮黏稠。

（6）向离心管中加入 350μl 溶液 P3，立即温和地上下翻转 6~8 次，充分混匀，此时会出现白色絮状沉淀。12 000rpm 离心 10min。

（7）用移液器吸出步骤（6）收集的上清液，转移到吸附柱 CP3 中，注意尽量不要吸出沉淀，12 000rpm 离心 10min，倒掉收集管中的废液，将吸附柱 CP3 重新放回收集管中。

（8）向吸附柱 CP3 中加入 500μl 漂洗液 PW，12 000rpm 离心 1min，倒掉收集管中的废液，将吸附柱 CP3 放入收集管中。

（9）重复操作步骤（8）。

（10）将吸附柱 CP3 放入收集管中，12 000rpm 离心 2min，目的是将吸附柱中残余的漂洗液去除。

（11）将吸附柱 CP3 置于一个干净的离心管中，向吸附膜的中间部位滴加 50~100μl 洗脱缓冲液 EB，室温放置 2min，12 000rpm 离心 2min，将质粒溶液收集到离心管中。

## 注意事项

（1）溶液 P1 在使用前先检查是否已加入 RNase A，每次实验结束后应置于 2~8℃环境中保存。

（2）温度较低时，溶液 P2 会出现白色沉淀，可在 37℃水浴中加热几分钟，摇匀后使用。

（3）注意离心机的平衡问题，所有离心步骤均为使用常规台式离心机在室温下进行离心。

## 实验意义

质粒是共价、闭合、环状的小分子量 DNA，在基因工程中，质粒是目的基因的载体。从大肠杆菌中提取质粒 DNA 在分子生物学上是一种最基本的方法。

## 思考题

溶液 P1、P2、P3 各成分的作用是什么？

（姚裕群　黄　丽　胡江如）

# 实验二　PCR 扩增技术

## 实验目的

1. 掌握　PCR 扩增技术的原理和操作过程。
2. 熟悉　引物设计。

## 实验原理

PCR 扩增技术即聚合酶链式反应，该技术在体外模拟细胞内的 DNA 复制过程。在模板 DNA、引物和 4 种脱氧核糖核苷三磷酸（dNTP）与 DNA 聚合酶存在的条件下，以单链 DNA 为模板，借助引物和模板退火形成的一小段双链 DNA 来启动合成特定的序列。在适宜的条件下，DNA 聚合酶将脱氧核糖核苷酸加到引物 3′-OH 末端，并以此为起始点，从 5′ → 3′ 方向延伸，合成一条新的 DNA 互补链。PCR 反应过程分为三步：①变性：当温度达到 95℃左右时，模板 DNA 双链解开变为单链 DNA；②退火：温度降到 55~65℃时，引物结合到单链 DNA 上形成互补对；③延伸：当温度升高到 72℃时，$Mg^{2+}$ 和 4 种 dNTP 在 DNA 聚合酶的作用下，引物沿模板延伸。因此 PCR 扩增技术可以在数小时内将极微量的目的基因扩增数十万倍，使目的基因大量富集。

## 实验器材

PCR 扩增仪、离心机、PCR 反应管（200μl）、1.5ml 离心管、移液器、移液器吸头、离心管架等。

## 实验试剂

（1）预混试剂，2 × *Taq* PCR Master Mix（*Taq* DNA 聚合酶、dNTP、Tris-HCl、KCl、$MgCl_2$、其他稳定剂和增强剂）。

（2）模板 DNA。

（3）引物，目的基因的特异引物（需要设计合成）。

（4）双蒸水（$ddH_2O$）。

## 实验操作

（1）引物设计：某调控蛋白基因 3055，全长 363nt，如下

ATGACTGATTCCCTGCGCTTGCTGATGGTCGAAGACCAACAGGAACTGCGCGATC
TCATCGGCGAAGCGCTGCGCGACGCCGGCATCACCGTCGATACCGCCGACGATGGCC
ACTGCGCGCTGCGCATGCTGCGCGAGAACGGCCCCTACGACGTGGTGTTCAGCGACAT
CCGCATGCCCAACGGCATGTCCGGTATCGAACTGAGCGAACAGGTGAGCCAGTTGCTG
CCGCAGGCACGCATCATCCTGGCCTCGGGCTTTGCCAAGGCACAGTTGCCGCCGCTGC
CGGC CCAGGTGGATTTCCTGCCAAAACCCTATCGCCTGCGCCAGCTGATCGGCCTGTT
GAAGGG CGAGGCGGCTGA。

分别在上游引物和下游引物的 5′ 末端引入限制性内切酶、*Bam*H Ⅰ和 *Eco*R Ⅰ的酶切位点，并添加相应的保护碱基，因此引物设计为：

3055-F　CGGGATCCATGACTGATTCCCTGCGCTTGCTGA

3055-R　CGGAATTC TCAGCCGCCCTCGCCCTTCAACAGG

（2）配制 PCR 反应体系（25μl）：

| | |
|---|---|
| 2 × *Taq* PCR Master Mix | 12.5μl |
| 引物 F（10μmol/L） | 1μl |

（3）按上述要求加完反应体系后，用手指弹管壁混匀，短暂离心。

（4）将 PCR 反应管置于 PCR 扩增仪内，PCR 反应条件为：

| 步骤 | 温度 | 时间 | |
|---|---|---|---|
| 1 | 95℃ | 5min | |
| 2 | 95℃ | 30s | 30~35cycles |
| 3 | 55℃ | 30s | |
| 4 | 72℃ | 30s | |
| 5 | 72℃ | 10min | |

（5）PCR 扩增产物用琼脂糖凝胶电泳检测鉴定。

## 注意事项

（1）配制反应体系时，应在冰上操作。

（2）配制反应体系时，吸取试剂的速度要慢，且尽量一次性完成，忌多次吸取，

以免交叉污染或产生气溶胶污染。

### 实验意义

PCR 扩增技术是一种常用的分子生物学实验技术，在临床检验诊断中发挥着不可替代的作用，已被广泛用于核酸的科学研究以及临床疾病的诊断和治疗监测，尤其是在感染性疾病的诊断方面更有应用价值。

### 思考题

（1）PCR 引物设计时应遵循哪些原则？

（2）在 PCR 反应体系中，$Mg^{2+}$ 和 $K^{+}$ 有什么作用？

（3）PCR 扩增为什么需要引物？

（4）引物和模板的量有什么要求？

（姚裕群　黄　丽　胡江如）

## 实验三　琼脂糖凝胶电泳分离 DNA

### 实验目的

1. 掌握　琼脂糖凝胶电泳分离 DNA 的方法和技术。
2. 熟悉　琼脂糖凝胶的制备过程。

### 实验原理

琼脂糖是一种线性多糖聚合物，是从红色海藻产物琼脂中提取而来的。当琼脂糖溶液加热到沸点后冷却凝固便会形成良好的电泳介质，其密度是由琼脂糖的浓度决定的。DNA 是带负电荷的生物大分子，在琼脂糖凝胶中有电荷效应和分子筛效应，在电场的作用下 DNA 分子可由负极向正极移动，因此可用电泳的方法进行分离、纯化和鉴定。DNA 的电泳迁移率取决于 DNA 分子的大小和构型，具有不同相对分子质量的 DNA 片段，其电泳速度不一样。琼脂糖凝胶电泳采用水平电泳方式，分辨 DNA 片段的范围为 0.2~50kb，只要配制合适浓度的琼脂糖凝胶，该范围内的 DNA 分子就可以通过电泳的方法区分开来。

## 实验器材

三角瓶、量筒、天平、微波炉、水平电泳槽、电泳仪、凝胶成像系统、移液器、移液器吸头等。

## 实验试剂

（1）琼脂糖。

（2）制胶缓冲液，5×TBE（pH 8.0），使用时稀释 10 倍。

（3）6×DNA 上样缓冲液。

（4）标准分子量 DNA。

（5）核酸染色试剂（GelStain）。

（6）溴酚蓝指示剂。

## 实验操作

（1）参照下表，配置 1% 的琼脂糖凝胶，在 100ml 0.5×TBE 缓冲液中加入 1g 琼脂糖，在微波炉中加热熔化。

凝胶浓度与 DNA 片段大小的关系

| 琼脂糖凝胶浓度（%） | 线性 DNA 分子的有效分离范围（kb） |
|---|---|
| 0.3 | 5.0~60 |
| 0.6 | 1.0~20 |
| 0.7 | 0.8~10 |
| 0.9 | 0.5~7.0 |
| 1.2 | 0.4~6.0 |
| 1.5 | 0.2~3.0 |
| 2.0 | 0.1~0.2 |

（2）待溶液冷却至 50℃左右时加入 3μl GelStain，轻轻摇匀，避免产生气泡，将溶液倒入带有塑料梳子的制胶模具中，室温冷却。

（3）溶液凝固后取出梳子，将琼脂糖凝胶放入盛有 0.5×TBE 缓冲液的电泳槽中，缓冲液应浸过胶面 1~2mm。

（4）将 3~5μl 的样品与 1μl 的 6 ×DNA 上样缓冲液混匀，点样于凝胶孔中，同时在凝胶孔中点入 3μl 的标准分子量 DNA。

（5）在 100~120V 电压下电泳 25~30min（一般电压为 1.5~8V/cm），待溴酚蓝指示带位于凝胶的 2/3 处，电泳完毕，关闭电源。

（6）将电泳完毕的凝胶转到凝胶成像系统中观察、照相并分析结果。

## 注意事项

（1）倒入制胶模具中的凝胶温度不可太低，否则凝固不均匀；速度也不可太快，否则容易出现气泡。

（2）凝胶一定要凝固好才能拔梳子，方向要竖直向上，不要弄坏点样孔。

（3）点样时，移液器吸头下伸，点样孔内不能有气泡。

（4）凝胶厚度不宜超过 0.5cm，胶太厚会影响检测时的灵敏度。

（5）GelStain 具有一定的毒性，在使用时应戴手套，凡接触了 GelStain 的物品必须经过专门处理后才能清洗或丢弃。

## 实验意义

琼脂糖凝胶电泳操作简单，电泳速度快，具有较高的分辨率、重复性好，区带易染色、洗脱和定量，干膜可以长期保存，可用于蛋白质和核酸分离鉴定，为临床某些疾病的鉴别诊断提供了可靠的依据。

## 思考题

（1）DNA 样品为什么要混合上样缓冲液后，才能加入胶孔？

（2）为什么熔化的琼脂糖要冷却至 50℃左右，才能倒入带有塑料梳子的模具中？

（3）在琼脂糖凝胶电泳中，DNA 分子的迁移率受哪些因素的影响？

（4）在电泳后，DNA 条带出现拖尾现象，可能是由哪些原因导致的？

（姚裕群　黄　丽　胡江如）

# 实验四　DNA 片段的纯化与回收

## 实验目的

1. 掌握　DNA 片段纯化与回收的原理。
2. 熟悉　从不同介质中回收 DNA 片段的方法。

## 实验原理

单一条带的 PCR 产物、酶切过的 DNA 片段可采用 DNA 纯化回收试剂盒进行回收纯化。对于含有杂带的PCR产物或从质粒上酶切下的目的片段，可先将产物进行琼脂糖凝胶电泳，使目的条带分离，在紫外灯下切下目的片段，再使用DNA纯化回收试剂盒进行DNA片段的回收。DNA纯化回收试剂盒的原理是在特定溶液环境下，使DNA分子吸附在固相介质上（如硅胶膜），然后用清洗液洗去杂质，最后使DNA分子在纯水或洗脱缓冲液中。

## 实验器材

高速离心机、移液器、移液器吸头、1.5ml离心管、离心管架、水浴锅、凝胶成像系统、电子天平等。

## 实验试剂

（1）无水乙醇。

（2）通用型DNA纯化回收试剂盒（离心柱型），试剂盒的产品组成如下：

1）溶液PC。

2）平衡液BL。

3）漂洗液PW。

4）洗脱缓冲液EB。

5）吸附柱CB2。

6）2ml收集管。

## 实验操作

### 1. 从琼脂糖凝胶中回收DNA片段

（1）柱平衡步骤：向吸附柱CB2中（吸附柱放入收集管中）加入500μl的平衡液BL，12 000rpm离心1min，倒掉收集管中的废液，将吸附柱重新放回收集管中。

（2）将单一的目的DNA条带从琼脂糖凝胶中切下（尽量切除多余部分）放入干净的离心管中，称取重量。

（3）向胶块中加入等倍体积溶液PC，50℃水浴放置10min，其间不断温和地上下翻转离心管，以确保胶块充分溶解。

（4）将上一步所得溶液加入一个吸附柱CB2中（吸附柱放入收集管中），12 000rpm离心1min，倒掉收集管中的废液，将吸附柱CB2放入收集管中。

（5）向吸附柱CB2中加入500μl漂洗液PW，12 000rpm离心1min，倒掉收集管中的废液，将吸附柱CB2放入收集管中。

（6）重复操作步骤（5）。

（7）将吸附柱CB2放入收集管中，12 000rpm离心2min，尽量除去漂洗液。将吸附柱置于室温放置数分钟，彻底晾干。

（8）将吸附柱CB2放入一个干净的离心管中，向吸附膜的中间位置悬空滴加适量的洗脱缓冲液EB，室温放置2min。

（9）12 000rpm离心2min，收集DNA溶液。

2. 从PCR反应液或酶切反应液中回收DNA

（1）柱平衡步骤：向吸附柱CB2中（吸附柱放入收集管中）加入500μl的平衡液BL，12 000rpm离心1min，倒掉收集管中的废液，将吸附柱重新放回收集管中。

（2）估计PCR反应液或酶切反应液的体积，向其中加入等倍体积溶液PC，充分混匀。

（3）将上一步所得溶液加入一个吸附柱CB2中（吸附柱放入收集管中），室温放置2min，12 000rpm离心1min，倒掉收集管中的废液，将吸附柱放入收集管中。

（4）向吸附柱CB2中加入500μl漂洗液PW，12 000rpm离心1min，倒掉收集管中的废液，将吸附柱CB2放入收集管中。

（5）重复操作步骤（4）。

（6）将吸附柱CB2放回收集管中，12 000rpm离心2min，尽量除去漂洗液。将吸附柱CB2室温放置数分钟，彻底晾干。

（7）将吸附柱CB2放入一个干净的离心管中，向吸附膜中间位置悬空滴加适量的洗脱缓冲液EB，室温放置2min。

（8）12 000rpm离心2min，收集DNA溶液。

## 注意事项

（1）漂洗液PW使用前请先检查是否已加入无水乙醇。

（2）洗脱DNA片段时，洗脱液的体积应不小于30μl，体积过小会影响回收的效率。

## 实验意义

使用DNA纯化回收试剂盒回收DNA片段简单快速、回收率高，能从不同介质中回收DNA，满足多种实验需要。得到的DNA片段可用于后续酶切、PCR、测序、文库筛选、连接和转化等实验。

## 思考题

DNA 片段回收率低或未回收到 DNA 片段，有可能是哪些原因导致的？

（姚裕群　黄　丽　胡江如）

# 实验五　DNA 的限制性内切酶酶切

## 实验目的

1. 掌握　DNA 限制性内切酶酶切的原理与实验方法。
2. 了解　限制性内切酶的特点。

## 实验原理

限制性内切酶是基因工程中剪切 DNA 分子常用的工具酶，它能识别双链 DNA 分子内部的特异序列并裂解磷酸二酯键。根据限制性内切酶的组成、所需因子及裂解 DNA 的方式不同可分为三类，即Ⅰ型、Ⅱ型和Ⅲ型。重组 DNA 技术中所说的限制性内切酶通常指Ⅱ型酶。绝大多数Ⅱ型酶识别长度为 4~6 个核苷酸的回文对称特异核苷酸序列（如 *Eco*RⅠ识别六个核苷酸序列 5′-G↓AATTC-3′），有少数酶识别更长的序列或简并序列。

## 实验器材

移液器、移液器吸头、1.5ml 离心管、离心管架、水浴锅、离心机、制冰机、漂浮板等。

## 实验试剂

（1）DNA 样品：质粒 pUC19 和基因 3055。

（2）限制性内切酶、*Bam*HⅠ和 *Eco*RⅠ。

（3）通用型 DNA 纯化回收试剂盒（试剂盒组成见本篇“实验四　DNA 片段的纯化与回收”）。

## 实验操作

（1）取 2 支离心管，在冰上按以下顺序分别配制酶切反应体系（50μl）：

| | |
|---|---|
| 质粒 pUC19/ 基因 3055 | 43μl |
| 限制性内切酶 | 5μl |
| *Bam*H I | 1μl |
| *Eco*R I | 1μl |

（2）加完反应体系后，用手指弹管壁混匀，短暂离心，使反应液甩入离心管底部。

（3）将离心管插入漂浮板上，放置于水浴锅中，37℃水浴 15min，然后 80℃加热 20min 终止反应。

（4）使用通用型 DNA 纯化回收试剂盒回收酶切产物。

### 注意事项

（1）注意要在冰上操作。

（2）加入限制性内切酶时，移液器吸头应贴着离心管壁沿着液面加入。

### 实验意义

限制性内切酶是重组 DNA 技术中常用的工具酶，在体外构建重组载体时，用于特异性切割载体及目的基因。

### 思考题

如何根据载体和目的基因选取合适的限制性内切酶？

（姚裕群　黄　丽　胡江如）

## 实验六　DNA 连接反应

### 实验目的

1. 掌握　体外构建重组 DNA 分子及 DNA 连接的原理。
2. 熟悉　体外 DNA 连接的步骤。

### 实验原理

载体 DNA 和目的片段的连接方式有很多，包括黏性末端连接、平头末端连接、同聚末端连接等，黏性末端由于连接效率较高，应用较为广泛。使用相同限制性内切酶酶切过的载体DNA和目的片段会产生相同的黏性末端，黏性末端单链间会形成碱基配对。在一定条件下，DNA连接酶可以催化两个双链DNA片段相邻的5′端磷酸基团与3′端羟基基团形成磷酸酯键，连接成一个完整的DNA分子。

## 实验器材

移液器、移液器吸头、0.2ml离心管、离心管架、水浴锅、离心机、制冰机、漂浮板等。

## 实验试剂

（1）DNA样品：酶切回收的质粒pUC19和基因3055。

（2）连接酶：T4 DNA连接酶。

（3）缓冲液：5×T4 DNA连接酶缓冲液。

## 实验操作

（1）取1支离心管，按以下顺序分别配制连接反应体系（10μl）：

| | |
|---|---|
| 酶切回收的质粒的pUC19 | 4μl |
| 酶切回收的基因3055 | 3μl |
| 5×T4 DNA连接酶缓冲液 | 2μl |
| T4 DNA连接酶 | 1μl |

（2）加完反应体系后，用手指弹管壁混匀，短暂离心，使反应液甩入离心管底部。

（3）将离心管插入漂浮板上，放置于水浴锅中，25℃反应10min，连接反应产物可用于大肠杆菌转化。

## 注意事项

（1）载体DNA与目的片段的摩尔比控制在1∶3或1∶5，根据不同的连接反应条件选择不同的摩尔比。

（2）连接酶缓冲液中会出现少量沉淀，使用前需混匀，但不影响连接效率。

## 实验意义

T4 DNA连接酶是重组DNA技术中常用的工具酶，在体外构建重组载体时，用于载体与目的基因的连接。

### 思考题

影响DNA连接效率的因素有哪些？

（姚裕群　黄　丽　胡江如）

## 实验七　大肠杆菌感受态细胞的制备（氯化钙法）

### 实验目的

1. 掌握　大肠杆菌感受态细胞的制备方法。
2. 了解　大肠杆菌感受态细胞的生理特性和制备原理。

### 实验原理

受体或宿主细胞容易接受外源DNA的状态称为感受态，通过物理或化学的方法，人工诱导细胞成为敏感的感受态细胞，以便外源DNA进入，从而实现外源DNA在宿主细胞内大量复制和表达。在低温、低浓度$CaCl_2$的作用下，大肠杆菌细胞膜的磷脂双分子层形成液晶结构，细胞外膜和细胞内膜间隙中的部分核酸酶解离，细胞膜的通透性增加，此时大肠杆菌成为感受态细胞。

### 实验器材

高温高压灭菌锅、超净工作台、牙签、移液器、移液器吸头、离心管、离心管架、EP管、恒温摇床、恒温培养箱、三角瓶、培养皿、离心机、制冰机等。

### 实验试剂

（1）培养基：LB，LA。

（2）溶液：10%甘油+0.1mol/L $CaCl_2$溶液，0.08mol/L $MgCl_2$+0.02mol/L $CaCl_2$溶液。

（3）菌株：*E.coli* DH5α。

### 实验操作

（1）用灭菌的牙签蘸取少量*E.coli* DH5α 菌液划线接种于LA培养基上，放在恒温培养箱37℃培养后，挑取单菌落接种于10ml LB培养基中，于37℃摇床、200rpm过夜培养。

（2）按 1∶100 的接种比例将过夜培养的菌液转接至 100~200ml 的 LB 培养基中，于 37℃摇床、200rpm 培养 3~4h，使菌液的 OD600 达到 0.6~0.8。

（3）冰浴菌液 30min，同时将灭菌过的离心管、移液器吸头、“10% 甘油 +0.1mol/L $CaCl_2$”溶液等放进冰箱预冷，在超净工作台中将菌液分装到预冷的 50ml 的离心管中，于 4℃离心机中 4000rpm 离心 15min。

（4）离心后尽量除去培养液，用预冷的“0.08mol/L $MgCl_2$+0.02mol/L $CaCl_2$ 溶液”重悬菌体，冰浴 25min 后，于 4℃离心机中 4000rpm 离心 15min。

（5）离心后弃去上清液，重复步骤（4）一次。

（6）弃去上清液后，将菌体重悬于冰冷的“10% 甘油 +0.1mol/L $CaCl_2$ 溶液”中，按每管 80μl 分装至预冷的灭菌的 EP 管中，−80℃保存备用。

## 注意事项

（1）在整个实验过程中，需注意无菌操作和冰上操作，所用的器材如离心管、移液器吸头和所有的试剂均需灭菌备用。

（2）最好从 −80℃保存的菌种中划单菌落用于制备感受态细胞。

（3）应用处于对数生长期的细菌来制备感受态细胞。

## 实验意义

在重组 DNA 技术中，将克隆表达体系制备成感受态细胞，便于重组载体进入，从而克隆表达目的基因。大肠杆菌是最常用的原核克隆表达体系。

## 思考题

（1）“0.08mol/L $MgCl_2$+0.02mol/L $CaCl_2$ 溶液”在感受态细胞制备中的作用是什么？

（2）为什么要用“10% 甘油 +0.1mol/L $CaCl_2$ 溶液”保存感受态细胞？

（姚裕群　黄　丽　胡江如）

# 实验八　重组 DNA 的化学转化与蓝白斑筛选

## 实验目的

1. 掌握　重组 DNA 的化学转化的实验原理及操作过程。

2. 熟悉　蓝白斑筛选的原理及鉴定重组转化子的方法。

## 实验原理

1. 化学转化　转化是指将外源DNA导入细菌、真菌的过程，使外源DNA在宿主细胞内进行复制和表达。将感受态细胞和外源DNA混合物冰浴后，经42℃短时间的热激处理，感受态细胞液晶结构的细胞膜表面产生裂隙，有利于感受态细胞吸收摄取DNA复合物。因此，外源DNA通过吸附、转入、自稳进入细胞内，从而得以复制、表达。

2 蓝白斑筛选　蓝白斑筛选是筛选重组子的一种方法，是根据载体的遗传特征筛选重组子，主要为α-互补与抗生素基因。在添加有X-gal、IPTG和相应抗生素的培养基上，未含有重组质粒的菌落因为没有抗生素抗性，不能生长，而含有重组质粒的菌落是白色的，含有非重组质粒的菌落是蓝色的，以颜色为依据直接筛选重组子。培养基中的IPTG可诱导载体Lac操纵子DNA区段合成β-半乳糖苷酶氨基端片段，该片段可与宿主细胞编码的缺陷型β-半乳糖苷酶实现基因内互补（α互补）。实现α互补的细菌涂布在含有X-gal生色底物的培养基上，可形成蓝色菌落，外源DNA插入质粒的多克隆位点后可破坏α互补作用，将产生白色菌落。

## 实验器材

高温高压灭菌锅、超净工作台、移液器、移液器吸头、恒温摇床、恒温培养箱、三角瓶、培养皿、离心机、制冰机、涂布棒、连接体系（重组DNA pUC19-3055）等。

## 实验试剂

（1）大肠杆菌感受态细胞。

（2）培养基：LB，LA。

（3）溶液：20mg/ml X-gal溶液（5-溴-4-氯-3-吲哚-β-D-半乳糖苷），50mg/ml IPTG溶液（异丙基硫代半乳糖苷），100mg/ml Amp溶液（氨苄青霉素）。

## 实验操作

（1）从-80℃冰箱中取出大肠杆菌感受态细胞，放置于冰上融化。

（2）将10μl的连接体系加入已融化的感受态细胞中，混匀后冰浴20min。

（3）将上述混合物置于42℃水浴锅中热激90s，随后立即冰浴3~5min。

（4）向离心管中加入900μl的LB培养基，于37℃摇床200rpm培养45~60min，使感受态细胞复苏。

（5）将配制好的经高压灭菌的LA培养基放置于微波炉中加热融化，待培养基冷却至55℃以下时，每100ml的LA培养基中加入500μl的X-gal溶液、250μl的IPTG溶液和100μl的Amp溶液，混匀后倒在培养皿上制成含X-gal、IPTG和Amp的平板培养基。

（6）将复苏的感受态细胞以12 000rpm的速度离心1min，弃去部分上清液，留取100μl菌液，吹打混匀后涂布于上述LA培养基上，37℃恒温倒置过夜培养，观察是否有菌落及菌落颜色。

## 注意事项

（1）在实验过程中注意无菌操作，整个操作过程应在超净工作台中进行。

（2）加入感受态细胞中的连接体系应不超过感受态细胞体积的5%。

（3）在涂布平板时，应避免多次反复来回涂布，以免细胞破裂。

## 实验意义

重组DNA分子导入宿主细胞后，可通过载体携带的选择标记或目的DNA片段的序列特征进行筛选和鉴定，从而获得含重组DNA分子的宿主细胞。重组体的筛选和鉴定方法主要有3种，即遗传标志筛选法、序列特异性筛选法、亲和筛选法，而遗传标志筛选法是最常用的方法。利用α互补筛的蓝白斑筛选携带重组质粒的细菌是经典的遗传标志筛选法。

## 思考题

（1）影响转化效率的因素有哪些？

（2）结合乳糖操纵子、X-gal、IPTG阐述蓝白斑现象。

（姚裕群　黄　丽　胡江如）

# 实验九　亲和层析分离纯化蛋白

## 实验目的

1. 掌握　亲和层析分离纯化蛋白的原理。
2. 熟悉　细胞内外表达蛋白的实验操作过程。

## 实验原理

蛋白分离纯化的方法很多，本实验主要介绍亲和层析最常用的纯化标签之一（6×组氨酸标签）分离纯化蛋白的原理和操作方法。组氨酸标签纯化蛋白利用组氨酸的咪唑基对镍离子有高度特异性，当蛋白粗提液流经层析柱时，镍离子能结合带有组氨酸标签的目的蛋白固定在层析介质上，其他杂蛋白不能结合被洗脱下来，再利用高浓度的咪唑基溶液竞争性地结合镍离子，从而使目的蛋白被洗脱下来。

## 实验器材

超净工作台、恒温培养箱、恒温摇床、移液器、移液器吸头、凝胶成像系统、离心管、离心管架、制冰机、层析柱、三角瓶、烧杯等。

## 实验试剂

LB 培养基、细胞裂解液、IPTG 溶液、蛋白洗杂液、蛋白洗脱液、层析介质等。

## 实验操作

1. 细胞内蛋白的表达与纯化

（1）将蛋白表达菌株接种于 10ml 含有相应抗生素的液体培养基中，于 37 ℃摇床、200rpm 过夜培养。

（2）按 1%~5% 的接种量转接到 200ml 的液体培养基中，于 37 ℃摇床、200rpm 培养 2~3h 至菌液 OD600 为 0.6~0.8。

（3）加入适量的 IPTG 溶液，继续诱导培养 2~4h（诱导时间可根据蛋白表达量调整）。

（4）将菌液分装至 50ml 离心管中，于 4℃离心机 4000rpm 离心 15min 收集菌体。

（5）称量菌体重量，按每克菌体加 4ml 细胞裂解液，吹打混匀。

（6）根据蛋白表达宿主的特性和表达蛋白的性质，选择适当的方法破碎细胞，使菌液澄清或者半透明。

（7）将破碎细胞后的菌液于 4℃离心机 12 000rpm 离心 3~5min 后取上清液，按上清液：亲和层析介质 =4：1 的比例加入亲和层析介质，轻轻混匀。

（8）将吸附柱放置在 4℃冰箱中，使用侧摆摇床轻轻摇荡 30min~1h。

（9）摘下吸附柱的塞子并打开其液体出口，使液体流出，收集流出液。

（10）用适量的预冷的蛋白洗杂液清洗杂蛋白，收集清洗液。

（11）用适量的预冷的蛋白洗脱液洗脱目的蛋白，收集至新的离心管中。

（12）可将纯化的蛋白进行超滤浓缩，以便进行后续实验或保存备用。

2. 细胞外蛋白表达与纯化

（1）参照细胞内蛋白表达与纯化的操作步骤（1）至步骤（3）。

（2）将菌液分装至50ml离心管中，于4℃离心机、4000rpm离心15min，收集上清液。

（3）将收集到的上清液过滤并浓缩。

（4）浓缩后的上清液，按上清液：亲和层析介质=4：1的比例加入亲和层析介质，轻轻混匀。

（5）参照细胞内蛋白表达与纯化的操作步骤（8）至步骤（12）。

## 注意事项

（1）一般目的蛋白和层析介质之间达到平衡的速度很慢，所以蛋白粗提液的浓度不宜过高，上样时流速应缓慢，以保证目的蛋白和层析介质有充分的接触时间。

（2）一般目的蛋白和层析介质之间的亲和力是受温度影响的，通常亲和力随温度的升高而下降。所以在上样时可以选择适当降低温度，使目的蛋白与层析介质有较大的亲和力，能够充分地结合。

（3）上样后用蛋白洗杂液洗去未吸附在层析介质上的杂质，蛋白洗杂液不应对目的蛋白与层析介质的结合有明显影响，以免将目的蛋白同时洗下。

## 实验意义

充分利用纯化标签的性质分离纯化重组蛋白，组氨酸标签不会影响目的蛋白的构象、活性，获得目的蛋白后，可进行下一步的蛋白检测及功能分析。

## 思考题

影响蛋白分离纯化的因素有哪些？

（姚裕群　黄　丽　胡江如）

# 实验十　蛋白SDS聚丙烯酰胺凝胶电泳

## 实验目的

1. 掌握　垂直电泳槽的基本操作过程。

2. 熟悉　SDS 聚丙烯酰胺凝胶电泳的原理。

## 实验原理

SDS 聚丙烯酰胺凝胶电泳可以根据蛋白质分子所带电荷的差异和分子大小的不同产生的不同迁移率，从而将蛋白分离成若干条带。在催化剂过硫酸铵（APS）和 N，N，N′，N′- 四甲基乙二胺（TEMED）的作用下，丙烯酰胺（Acr）和交联剂 N，N′- 亚甲基双丙烯酰胺（Bis）聚合交联形成具有网状立体结构的凝胶，并以此为支持物进行电泳。SDS 是一种阴离子表面活性剂，能与蛋白分子结合形成复合物，使蛋白所带的负电荷远远超过其原有的电荷，从而掩盖了各种蛋白分子间原本的电荷差异。因此，电泳时的迁移率不再受蛋白原有电荷和分子形状的影响。

## 实验器材

垂直电泳槽、电泳仪、移液器、移液器吸头、烧杯等。

## 实验试剂

30%（29∶1）Arc-Bis 溶液、分离胶缓冲液（pH 8.8）、浓缩胶缓冲液（pH 6.8）、TEMED、10%APS、5× 蛋白电泳缓冲液、10× 蛋白上样缓冲液、蛋白标准液、考马斯亮蓝 R-250 染色液、考马斯亮蓝脱色液等。

## 实验操作

（1）配制 SDS 聚丙烯酰胺凝胶：将制胶的凹型玻璃与平玻璃固定在制胶夹板上，确保不漏水后按以下配方配制 12% 的分离胶。

| | |
|---|---|
| 30%（29∶1）Arc-Bis 溶液 | 3ml |
| 分离胶缓冲液（pH 8.8） | 1.95ml |
| $H_2O$ | 2.55ml |
| 10%APS | 75μl |
| TEMED | 30μl |

（2）混匀分离胶后，尽快灌至两块玻璃板的间隙中，在距离较短玻璃板 2~3cm 处停止灌胶，同时加入 1~2ml 的去离子水覆盖凝胶，室温静置 10~20min。

（3）分离胶聚合后倒去水层，用滤纸把剩余水分吸干，按以下配方配制 4% 的浓缩胶。

| | |
|---|---|
| 30%（29∶1）Arc-Bis 溶液 | 650μl |

| | |
|---|---|
| 浓缩胶缓冲液（pH 6.8） | 1.3ml |
| $H_2O$ | 3ml |
| 10%APS | 50μl |
| TEMED | 18μl |

（4）混匀后将浓缩胶灌注至已聚合的分离胶上，当灌注至与较短玻璃板顶端相齐时，立即插入梳子，同时避免产生气泡。

（5）室温静置待浓缩胶聚合后，小心拔出梳子，将凝胶架子放置于垂直电泳槽上，加入蛋白电泳缓冲液，准备上样。

（6）将 20μl 的蛋白样品与 5μl 的 10× 蛋白上样缓冲液混匀，点样到凝胶孔中，同时在凝胶孔中点入 3~5μl 的蛋白标准液。

（7）在 120V 电压下电泳 80~90min，待溴酚蓝指示带位于凝胶的最底部时，电泳完毕，关闭电源。

（8）电泳结束后，去除凝胶的浓缩胶部分，将分离胶浸泡在考马斯亮蓝染色液中，在微波炉中加热 30~60s，置于侧摆摇床上平缓摇动 15~20min 进行染色。

（9）将脱色液倒出，用去离子水洗去凝胶上的残余脱色液，然后将凝胶完全浸泡在脱色液中，在微波炉中加热 30~60s，置于侧摆摇床上平缓摇动 15~20min 进行脱色。可以更换脱色液 2~3 次，直至蓝色背景基本脱去。

（10）将脱色后的凝胶放置在凝胶成像系统拍照记录并分析结果。

## 注意事项

（1）安装电泳槽和镶有长、短玻璃板的硅橡胶框时，位置要端正，均匀用力旋紧固定螺丝，以免缓冲液渗漏。

（2）用去离子水覆盖分离胶时，速度不宜过快，以免分离胶歪斜。

（3）电泳时，电泳仪与电泳槽间正、负极不能接错，电泳时应选择合适的电流、电压，过高或过低均会影响电泳效果。

（4）Arc-Bis 溶液具有毒性，可经皮肤、呼吸道吸收，操作时应注意做好防护措施。

## 实验意义

蛋白 SDS 聚丙烯酰胺凝胶电泳操作简单方便，分辨率高，重复效果好，不仅可以用于测定蛋白质的相对分子质量，还可以用于蛋白质混合组分的分离和亚组分的分析。经过 SDS 聚丙烯酰胺凝胶电泳分离的蛋白，可从凝胶上洗脱或切割下来，进行氨基酸测序、酶解图谱及抗原性质等方面的研究。

## 思考题

（1）电泳中出现拖尾、染色带背景不清晰等现象，有可能是什么原因导致的？

（2）蛋白凝胶染色都有哪些方法？

（姚裕群　黄　丽　胡江如）

# 自主设计篇

## 学生设计性实验

良好的实验设计不仅是实验过程的依据，也是使科研获得预期结果的一项重要保证。学生设计性实验是让学生根据已掌握的理论知识和技能，经过逻辑推理，拟定出的实验方案的过程。

### 实验目的

1. 了解　科研的基本要求和一般程序。

2. 培养　学生应用所学知识，提高分析、解决实际问题的技能；学生选题、设计、实施实验的综合能力，加强学生实际动手能力；实事求是的科研态度，养成严谨的科学作风。

### 设计性实验的基本程序

#### （一）确定题目

1. 初始意念或提出问题　选题过程。

2. 文献查阅　查阅相关的文献资料。

3. 假说形成　假说是根据已有的实验材料和科学原理，对未知事实的猜测或假定的解释。

4. 陈述问题　确定题目。

以上四个步骤是选题过程，其主要任务在于提出工作假说和选择验证手段，并对两者进行全面系统的说明，使选题和审题者更清楚地判断选题的合理性和科学性，即假说验证的可能性。

### （二）实验和观察

1. 实验设计 制订实验方案。

2. 科学实验 器材准备，实施实验。

3. 数据资料积累 做实验时应仔细观察，认真记录。

以上三个步骤是围绕验证假说安排实验内容和从事实验工作，搜取论证假说的证据，积累资料和数据。

### （三）总结工作

1. 数据资料处理 整理归纳分类。

2. 统计分析 对实验数据进行统计学处理。

3. 提出结论 撰写论文报告。

这三个步骤是整理验证假说所需要的资料和数据，通过分析、综合、归纳、演绎等思维过程，使假说（论点）和资料（论据）有机地按照逻辑推理结合起来，完成具体论证过程，使假说成为结论。

## 要　求

写小论文。

## 论文格式

1. 题目

2. 作者姓名、地址

3. 摘要 目的、方法、结果。

4. 关键词

5. 前言

6. 正文 材料与方法、结果、讨论。

7. 参考文献 20 篇以上，中英文各 10 篇以上。

两个重要的数据库：重庆维普、清华同方、中国知网、PubMed、Google Scholar。

（姚裕群）

# 下篇

# 学习指导

# 第一章
# 蛋白质的结构与功能

## 学习目标

1. 知识目标

（1）掌握：蛋白质的基本组成单位——20 种氨基酸的结构通式，根据其结构特征分类；氨基酸的主要理化性质；多肽链中氨基酸的连接方式——肽键，重要的生物活性肽；蛋白质的分子结构层次（一、二、三、四级结构，模体，结构域）及其特征，维持稳定的作用力；蛋白质的重要理化性质。

（2）熟悉：蛋白质多肽链的组成，蛋白质结构与功能的关系；蛋白质理化性质的应用价值。

（3）了解：蛋白质的分离纯化、多肽链中氨基酸序列分析及蛋白质空间结构测定的基本原理。

2. 能力目标

（1）能通过含氮量计算蛋白质含量。

（2）能通过蛋白质的理化性质分离、检测蛋白质。

3. 思政目标

（1）通过施一公院士利用冷冻电镜研究蛋白质晶体及蛋白结构与功能关系的事例，帮助学生树立正确的科学观。

（2）通过了解我国目前科研仪器大多依赖进口的现状，激发学生奋发图强、努力学习的热情，培养学生积极创新的精神。

## 内容提要

蛋白质是人体内含量最多的有机物，蛋白质几乎直接或间接参与人体所有的生理功能，是生命活动功能的执行者。蛋白质与核酸是构成生命最重要的两种生物大分子。

蛋白质的主要组成元素为 C、H、O、N、S 等。混合蛋白的平均含氮量为 16%。蛋白质分子组成的基本单位是氨基酸，组成人体蛋白质的编码氨基酸有 20 种，除甘氨酸以外，其他的都属于L-α 氨基酸。

氨基酸通过肽键可连接形成肽链，肽链中氨基酸残基的连接顺序和方式称为蛋白质的一级结构，它决定蛋白质的高级结构和理化性质。蛋白质的二级结构是指多肽链中主链的局部构象，主要有 α-螺旋、β-折叠、β-转角、无规则卷曲等四种方式。整条肽链上所有原子在空间中特有的相对位置关系称为蛋白质的三级结构，如果一个蛋白质分子只有一条肽链的话，它一定要具备完整的三级结构才能具有活性。两条或两条以上的肽链，各自具有独立的三级结构，通过非共价键结合在一起形成特定的构象为四级结构，其中每一条具有三级结构的肽链被称为亚基。

蛋白质的化学结构决定其理化性质和生物学功能。蛋白质具有两性电离的特点，每种蛋白质具有特定的等电点。蛋白质变性的本质是空间结构被破坏，导致其理化性质的改变和生物学活性的丧失。变性的蛋白质有的能沉淀，有的不能沉淀。控制在一定的条件下，沉淀的蛋白质可以不变性。

## 习　题

### 一、选择题

【A1 型题】

1. 下列关于血红蛋白结构特征的描述，错误的是

   A. 两种亚基的三级结构颇为相似，且每个亚基都结合有 1 个血红素辅基

   B. 由 2 个 α 亚基和 2 个 β 亚基组成的四聚体

   C. 每一个单独的亚基可以独立完成生物学功能

   D. 每个亚基单独存在时，虽可结合氧且与氧亲和力增强，但在体内组织中难以释放氧

   E. 4 个亚基通过 8 个离子键相连形成一个整体，具有运输氧的功能

2. 以下可由血浆蛋白转运的分子不包括

   A. 免疫球蛋白　　B. 甲状腺素　　C. 胆红素

   D. Fe　　E. 视黄醇

3. 下列由于蛋白质一级结构改变而引起的分子病是

   A. 糖尿病　　B. 白血病　　C. 老年性痴呆

   D. 镰状细胞贫血　　E. 疯牛病（牛海绵状脑病）

4. 下列关于谷胱甘肽的描述，错误的是

   A. GSH 的巯基还能与外源的嗜电子毒物如致癌剂或药物等结合，以保护机体免遭毒物损害

B. 由三肽组成的还原型谷胱甘肽，即 γ – 谷氨酰半胱氨酰甘氨酸

C. GSH 的巯基可作为体内重要的还原剂保护蛋白质或酶分子中巯基免遭氧化

D. 是体内重要的还原剂

E. 半胱氨酸有两种形式，常用缩写 GSH 表示氧化型，用缩写 GSSG 表示还原型

5. 一儿童疑似误吞口腔温度计里面的水银，送院急诊，在急救时服用大量牛奶，之后用催吐剂使其呕吐，后症状缓解。这种解毒的原理是

A. 透析　　B. 免疫沉淀　　C. 生成不溶性蛋白盐

D. 凝固　　E. 盐析

6. 下列关于结构模体的描述，错误的是

A. 结构模体是蛋白质肽段的一种折叠方式，它既可以是整条肽链的一部分，也可以是整个蛋白质

B. 某些简单的结构模体可以进一步组合成更为复杂的结构模体

C. 指几个二级结构及其连接部分形成的比较稳定的区域，又称为折叠或者超二级结构

D. 结构模体、折叠、超二级结构这三种说法在使用时并没有统一的规定，经常混用

E. 结构模体只是蛋白质结构的一部分，不是一个完整的蛋白质结构

7. 镰状细胞贫血症，临床表现为红细胞变形、破裂，导致溶血，造成贫血，其发病机制可以用以下哪种生物化学理论解释

A. 镰状细胞贫血症是一种构象病

B. 血红蛋白聚集沉淀，形成的长纤维能扭曲并刺破红细胞，引起溶血和多种继发症状

C. 患者血红蛋白中，谷氨酸变异成亮氨酸

D. β 亚基的表面“黏性位点”导致血红蛋白变构

E. 正常血红蛋白 β 亚基的第 6 位氨基酸是缬氨酸

8. 蛋白质定量测定中，常利用其在 280nm 处的光吸收值（A280）进行计算，蛋白质吸收紫外光能力的大小，主要取决于

A. 脂肪族氨基酸的含量　　B. 碱性氨基酸的含量

C. 芳香族氨基酸的含量　　D. 肽链中的肽键

E. 含硫氨基酸的含量

9. 下列关于蛋白质分子组成的描述，正确的是

A. 单纯蛋白质只由氨基酸组成

B. 结合（缀合）蛋白质除了氨基酸以外还连接有其他化学基团，这些非氨基酸部分称为辅基，均通过范德华力与蛋白质部分相连

C. 根据蛋白质所含氨基酸组成分为单纯蛋白质和结合（缀合）蛋白质

D. 蛋白质辅基都是金属离子

E. 细胞色素 c 是结合（缀合）蛋白质，铁离子与蛋白质部分的半胱氨酸残基以化学键相连

10. 血浆中大多数蛋白质具有特殊的生物学功能，其中一种蛋白质对维持人血浆的正常渗透压十分重要，且该蛋白质的减少能引起严重水肿，则这种蛋白质为

A. α 球蛋白　　B. 免疫球蛋白　　C. β 球蛋白

D. γ 球蛋白　　E. 清蛋白

11. 蛋白质在 280nm 波长处具有光吸收的结构基础主要是

A. 苯丙氨酸的苯环　　B. A 和 C　　C. 酪氨酸的酚基

D. 色氨酸的吲哚基　　E. 组氨酸的咪唑基

12. 血浆蛋白电泳速率从快到慢依次为

A. γ 球蛋白 > β 球蛋白 > 清蛋白 > $\alpha_1$ 球蛋白 > $\alpha_2$ 球蛋白

B. 清蛋白 > $\alpha_1$ 球蛋白 > $\alpha_2$ 球蛋白 > β 球蛋白 > γ 球蛋白

C. β 球蛋白 > 清蛋白 > γ 球蛋白 > $\alpha_1$ 球蛋白 > $\alpha_2$ 球蛋白

D. 清蛋白 > β 球蛋白 > γ 球蛋白 > $\alpha_1$ 球蛋白 > $\alpha_2$ 球蛋白

E. $\alpha_1$ 球蛋白 > $\alpha_2$ 球蛋白 > 清蛋白 > β 球蛋白 > γ 球蛋白

13. 下列关于血浆蛋白的描述错误的是

A. 可以运输脂类和铜　　B. 通常在粗面内质网中合成　　C. 均有寡糖链修饰

D. 多数为分泌型蛋白　　E. 主要在肝和浆细胞中合成

14. 以下实验不是利用蛋白质的理化性质进行的是

A. 柱层析过程中，用波长 280nm 的紫外线检测蛋白质

B. Lowry 法测定蛋白质含量

C. 用凝胶法测定内毒素含量

D. 用尿素对蛋白质进行变性

E. 等电聚焦电泳

15. 现有 A、B、C、D 4 种蛋白质混合物，其 pI 分别为 6.0、3.0、10.0、5.0，现在 pH 9.0 的电场中电泳分离，自正极开始，电泳区带的顺序为

A. B–D–A–C　　B. D–B–A–C　　C. B–D–C–A

D. B–A–D–C　　E. A–B–C–D

16. 关于肌红蛋白和血红蛋白的描述，错误的是

A. 血红蛋白由 4 个亚基组成，因此 1 分子血红蛋白共结合 4 分子氧

B. 血红蛋白和肌红蛋白的一级结构类似，但彼此的三级结构差别极大
C. 成年人红细胞中的血红蛋白主要由两条 α 肽链和两条 β 肽链组成
D. 肌红蛋白是单链蛋白质，含有 1 个血红素辅基，因此 1 分子肌红蛋白只能结合 1 分子氧
E. 肌红蛋白和血红蛋白都通过血红素辅基与氧结合

17. 下列关于伴侣蛋白的描述，正确的是
A. GroEL 分子作用于蛋白质生物合成的过程
B. 如果多肽不能折叠成完全的天然构象，就不能再与 GroEL 结合
C. 主要有 3 个家族：Hsp60、GroEL 和 Hsp10
D. GroEL 含有 14 个亚基，每 7 个亚基形成一个环，2 个环堆叠在一起，GroES 可封闭 GroEL 出口
E. 伴侣蛋白仅存在于细菌等原核生物中

18. 蛋白质的空间构象主要取决于肽链中的
A. 氨基酸序列　　B. 氢键的位置　　C. α－螺旋
D. β－折叠　　E. 二硫键位置

19. 下列关于肌红蛋白的描述，正确的是
A. 分子量较小，是血液中的氧结合蛋白，发挥着贮存氧气的功能
B. 具有三级结构，由二硫键稳定其构象
C. 包含一条 153 个氨基酸残基的多肽链以及 2 个血红素辅基
D. 是最早通过 X 线衍射得到三维结构的纤维蛋白
E. 呈球状分子，表面是亲水的 R 基团，疏水的 R 基团在分子内部形成一个疏水的“口袋”，血红素位于“口袋”中

20. 下列不属于抗生素肽的是
A. 博来霉素　　B. 短杆菌素 S　　C. 短杆菌肽 A
D. 缬氨霉素　　E. 青霉素

21. 以下关于结构域的描述，正确的是
A. 分子量较大的蛋白质常含有 2 个以上的球状或纤维状的结构域，但没有功能
B. 结构域是球状蛋白质分子中独立折叠的三维空间结构单位，呈纤维状，结构疏松
C. 大多数结构域含有序列上连续的超过 200 个氨基酸残基，平均直径为 2.5nm
D. 经过蛋白酶水解，结构域一旦从蛋白质整体结构中被分离，其构象也随之改变
E. 结构域是在多肽链二级结构或超二级结构的基础上形成的三级结构层次上的局部折叠区域

22. 以下不能解离的蛋白质侧链是

A. 组氨酸残基的咪唑基　B. 半胱氨酸的 β 巯基　C. 精氨酸的胍基

D. 赖氨酸的 ε－氨基　E. 天冬氨酸的 β 羧基

23. 蛋白质 α－螺旋的特点是

A. 呈双螺旋结构　B. 氨基酸侧链伸向外侧　C. 螺旋力靠盐键维持

D. 呈左手螺旋　E. 螺旋方向与长轴垂直

24. 下列蛋白质不属于分子伴侣的是

A. 血红蛋白　B. 热休克蛋白　C. 伴侣蛋白

D. 钙网素　E. 凝集素钙连蛋白

25. 下列关于运铁蛋白的叙述正确的是

A. 1mol 运铁蛋白可运输 2mol 的 $Fe^{2+}$　B. 在细胞质内与铁分离

C. 分子量约为 67 000　D. 具有多态性

E. 属于 $\alpha_1$ 球蛋白

26. 蛋白质变性时发生断裂的键不包括

A. 静电力和二硫键　B. 肽键　C. 范德华力

D. 非共价键　E. 二硫键和氢键

27. 以下关于蛋白质等电点的描述正确的是

A. 蛋白质解离成正、负离子的趋势相等　B. 蛋白质不带极性

C. 蛋白质之间的相互作用力　D. 蛋白质基本不带电荷

E. 随环境 pH 而改变

28. 人血浆总蛋白质浓度和其中的清蛋白比例分别为

A. 80~90g/L，50%　B. 60~80g/L，50%　C. 50~60g/L，70%

D. 75~90g/L，60%　E. 60~80g/L，70%

29. 下列有关肽键的描述正确的是

A. 肽键是典型的单键

B. $C_{\alpha1}$ 和 $C_{\alpha2}$ 在肽平面上所处的位置为顺式构型

C. 肽键是由一个氨基酸的 α－羧基和另一个氨基酸的 γ－氨基脱去 1 分子水，缩合而成

D. 参与肽单元形成的 6 个原子为 $C_{\alpha1}$、C、O、N、H 和 $C_{\alpha2}$

E. 肽链中的氨基酸分子因脱水缩合而基团不全，因此称为氨基酸亚基

30. 人体内蛋白质的平均等电点接近

A. 7.0　B. 5.0　C. 6.0

D. 5.5　　E. 6.5

31. 蛋白质肽键的化学本质是

A. 盐键　　B. 酰胺键　　C. 氢键

D. 疏水键　　E. 离子键

32. 在蛋白质的二级结构中，由于下列哪一种氨基酸残基的存在，而不能形成 α - 螺旋

A. Phe　　B. Asp　　C. Tyr

D. Ile　　E. Pro

33. 下列哪一项不是蛋白质的性质之一

A. 有紫外吸收特性　　B. 与双缩脲试剂反应

C. 变性蛋白质的溶解度增加　　D. 加入少量中性盐溶解度增加

E. 处于等电状态时溶解度最小

34. 用下列方法测定蛋白质含量，哪一种方法需要完整的肽键

A. 茚三酮反应　　B. 双缩脲反应　　C. 奈氏试剂

D. 紫外吸收光法　　E. 凯氏定氮法

35. 下列氨基酸为酸性氨基酸的是

A. Asp　　B. Ser　　C. Lys

D. Met　　E. Val

36. 下列氨基酸中属于非极性脂肪族氨基酸的是

A. Trp　　B. Tyr　　C. Arg

D. Phe　　E. Leu

37. 使血清清蛋白（pI 4.7）带正电荷的溶液的 pH 是

A. 5.0　　B. 8.0　　C. 7.0

D. 4.0　　E. 6.0

38. 下列关于蛋白质一级结构的描述，错误的是

A. 一级结构比对常被用来预测蛋白质之间结构与功能的相似性

B. 序列相似但非进化相关的 2 个蛋白质的序列，常被称为同源序列

C. 一级结构是指肽链中所有氨基酸残基的排列顺序

D. 一级结构提供重要的生物进化信息

E. 一级结构是空间构象和功能的基础

39. 下列关于结合珠蛋白的叙述，正确的是

A. 属于急性反应蛋白　　B. 不具有糖链结构

C. 可与血红蛋白共价结合　　D. 结合的血红蛋白主要来自脾脏清除的红细胞

E. Hp–Hb 复合物被阻于血脑屏障

40. 在 pH 为 7.0 的溶液中，对一蛋白质混合物进行电泳分离，泳向负极的是

A. pI 为 5.5 的蛋白质　B. pI 为 8.0 的蛋白质　C. pI 为 3.5 的蛋白质

D. pI 为 6.5 的蛋白质　E. pI 为 4.5 的蛋白质

41. 蛋白质从溶液中析出，肉眼可见原来澄清的溶液中出现絮状物，这种现象称为蛋白质沉淀，发生沉淀的机制是

A. 有机溶剂破坏蛋白质水化膜，使蛋白质发生沉淀

B. 缓慢加热导致蛋白质凝固所致

C. 变性蛋白质因其亲水侧链暴露，肽链相互缠绕聚集导致蛋白质沉淀

D. 中性盐可稳固蛋白质水化膜并中和电荷，使得蛋白质聚集析出

E. 蛋白质表面电荷导致蛋白质沉淀

42. 下列哪一项不是氨基酸具有的理化性质

A. 氨基酸具有紫外吸收性质　B. 氨基酸具有红外吸收性质

C. 氨基酸具有两性离子特征　D. 呈色反应

E. 每一种氨基酸都有等电点

43. 下列关于多肽链的描述，正确的是

A. 2 分子氨基酸脱去 1 分子水缩合成最简单的肽，即二肽

B. 肽链中的氨基酸分子因脱水缩合而基团不全，故被称为亚氨基酸

C. 肽链具有方向性，起始端通常称为 C 端，终止端通常称为 N 端

D. 多肽分子质量 <10 000；而蛋白质则是由一条或多条肽链组成的更大分子，两者是两个概念

E. 一般来说，含 30~40 个氨基酸残基的肽习惯上被称为寡肽

44. 中性盐对球状蛋白质的溶解度有显著影响，当盐浓度增加到一定程度的时候，蛋白质会出现沉淀，这是因为

A. 与蛋白质形成不溶性蛋白盐　B. 中和表面电荷及破坏水化膜

C. 使蛋白质溶液的 pH 等于蛋白质的等电点　D. 降低水溶液的介电常数

E. 调节蛋白质溶液的等电点

45. 下列情况下蛋白质不一定变性的是

A. 蛋白质凝固　B. 溶解包涵体　C. 乙醇消毒

D. 蛋白质沉淀　E. 用 β－巯基乙醇等破坏二硫键

46. 以下哪一种蛋白质浓度测定方法与蛋白质理化性质无关

A. 260/280nm 比色法　B. 凯氏定氮法　C. 考马斯亮蓝染色法

D. Lowry 法　　E. 茚三酮反应

47. 蛋白质变性以后的特点不包括

A. 溶解度降低　　B. 易被蛋白酶水解　　C. 黏度增加

D. 生物活性丧失　　E. 容易发生结晶

48. 下列关于镰状细胞贫血症的原因，错误的是

A. 这些沉淀的长纤维能扭曲并刺破红细胞，引起溶血和多种继发症状

B. 黏性位点使脱氧 HbS 之间发生不正常的聚集，形成纤维样沉淀

C. 突变导致 α 亚基的表面产生了一个疏水的“黏性位点”

D. 正常的血红蛋白分子中 β 亚基的第 6 位氨基酸是谷氨酸

E. 在镰状细胞贫血患者的血红蛋白中，谷氨酸变异成缬氨酸，即酸性氨基酸被中性氨基酸替代

49. 下列蛋白质中不能辅助、参与蛋白质折叠的是

A. 肽基脯氨酰顺反异构酶　　B. 蛋白质二硫键异构酶　　C. 热激蛋白

D. 血红蛋白　　E. 伴侣蛋白

50. 加入下列试剂不会导致蛋白质变性的是

A. 盐酸胍　　B. 硫酸铵　　C. 尿素（脲）

D. 十二烷基硫酸钠（SDS）　　E. $Cu^{2+}$

51. 疯牛病（牛海绵状脑病）是由朊蛋白引起的一组人和动物神经退行性病变，是目前的研究热点，对于这种疾病的发病机制，下列描述正确的是

A. 致病的朊蛋白称为瘙痒型，与正常型朊蛋白的一级结构不同，其二级结构为全 β－折叠

B. 朊蛋白是染色体基因编码的蛋白质，分子量为 33 000~35 000，含有核酸

C. 疯牛病（牛海绵状脑病）具有传染性和偶发性，不具有遗传性

D. 疯牛病（牛海绵状脑病）属于分子病

E. 外源或新生的瘙痒型朊蛋白可以作为模板，使正常朊蛋白重新折叠成为瘙痒型朊蛋白

52. “α－螺旋－β－转角－α－螺旋”属于蛋白质的

A. 一级结构　　B. 四级结构　　C. 结构域

D. 结构模体　　E. 三级结构

53. 发生严重肝病时

A. 血浆渗透压升高　　B. 清蛋白 / 球蛋白比值上升

C. 发生水肿　　D. 清蛋白含量上升

E. 球蛋白含量下降

54. 核糖核酸酶由一条多肽链构成，其空间结构由分子内 4 对二硫键维持。当在其酶溶液中加入尿素和 β－巯基乙醇时，酶活性丧失；当透析除去尿素和 β－巯基乙醇时，酶又恢复原有生物活性。这一现象说明

A. 蛋白质的空间结构与其一级结构无关

B. 酶活性与空间结构无关

C. 尿素和 β－巯基乙醇能使酶一级结构破坏尿素与 β－巯基乙醇不是该酶的变性剂

D. 变性的蛋白质有时可以复性

55. 蛋白质胶体的直径是

A. 0.1~50nm　　B. 100~500nm　　C. 50~200nm

D. 1~100nm　　E. 0.1~1nm

56. 下列不属于蛋白质二级结构的是

A. β－折叠　　B. 结构域　　C. L－环

D. β－转角　　E. α－螺旋

57. 构成蛋白质的氨基酸均属 L－型，例外的是

A. 甘氨酸　　B. 脯氨酸　　C. 组氨酸

D. 亮氨酸　　E. 丙氨酸

58. 以下关于免疫球蛋白的叙述错误的是

A. 内部存在二硫键　　B. 能够激活补体系统

C. C 区可与抗原结合　　D. 基本结构单位有轻重链之分

E. 主要是 γ 球蛋白

59. 以下操作不能使蛋白质变性的是

A. 用溶菌酶处理废弃的细菌菌液

B. 在基因工程中，对某些不溶性的蛋白质用盐酸胍或尿素处理

C. 还原性 SDS-PAGE，样品中加入含巯基乙醇的缓冲液，沸水浴后上样

D. 临床上抢救重金属中毒的患者时，口服大量牛奶催吐

E. 用乙醇消毒

60. 下列对疯牛病（牛海绵状脑病）的描述，正确的是

A. 致病性朊蛋白只含有 β－折叠，但对蛋白酶敏感

B. 此病具有传染性和偶发性，但没有遗传性

C. 朊蛋白是染色体基因编码的蛋白质，与其他蛋白质不同的是含有核酸

D. 疯牛病（牛海绵状脑病）是一种分子病

E. 疯牛病（牛海绵状脑病）是由异常的朊蛋白引起的一组人和动物神经退行性病变

61. 以下不参与维持蛋白质三级结构的作用力是

A. 疏水作用　　B. 氢键　　C. 盐键

D. 范德华力　　E. 肽键

62. 下列关于蛋白质沉淀的描述，错误的是

A. 蛋白质从溶液中析出的现象称为蛋白质沉淀

B. 蛋白质经强酸、强碱作用发生变性后，仍能溶解于强酸或强碱溶液中，若将 pH 调至等电点，则变性蛋白质立即结成絮状的不溶解物，不能再溶解于强酸或强碱溶液中

C. 去除蛋白质表面的水化膜或中和电荷，蛋白质便会发生沉淀

D. 向溶液中加入大量中性盐可使得蛋白质沉淀

E. 变性的蛋白质易于从溶液中沉淀

63. 下列蛋白质中，具有锌指结构模体的是

A. 转录因子　　B. 膜受体　　C. 细胞转运蛋白

D. 蛋白质激素　　E. 酶

64. 关于肽链方向性的描述，错误的是

A. 有游离羧基的一端被称为羧基末端或 C- 端

B. 多肽是由氨基酸分子通过肽键连接而成的线性大分子

C. 有游离氨基的一端被称为氨基末端或 N- 端

D. C- 端为肽链的起始，N- 端是肽链的末尾

E. N- 端为肽链的起始，C- 端是肽链的末尾

65. 下列关于蛋白质结构与功能的关系描述，正确的是

A. 蛋白质变性会使其高级结构破坏，这个过程是不可逆的

B. 角蛋白含有大量 β- 折叠结构，与富角蛋白组织的坚韧性并富有弹性直接相关

C. 蛋白质空间结构被破坏将导致其功能丧失

D. 丝心蛋白分子中含有大量 α- 螺旋结构，致使蚕丝具有伸展和柔软的特性

E. 蛋白质功能与空间结构没有关系

66. 下面哪种方法沉淀出来的蛋白质具有生物活性

A. 常温下有机溶剂　　B. 苦味酸　　C. 强酸、强碱

D. 盐析　　E. 重金属盐

67. 下列哪一种物质不属于神经肽

A. 强啡肽　　B. 谷胱甘肽　　C. 孤啡肽

D. 脑啡肽　E. β－内啡肽

68. 构成人体蛋白质的氨基酸

A. 除甘氨酸外，均为 D 构型　B. 除甘氨酸外，均为 L 构型

C. 除丙氨酸外，均为 D 构型　D. 除脯氨酸外，均为 L 构型

E. 除脯氨酸外，均为 L 构型

69. 单纯蛋白质的含 N 量平均为

A. 9%　B. 12%　C. 16%

D. 20%　E. 22%

70. 测得某一蛋白质样品的含氮量为 0.40g，此样品约含蛋白质

A. 2.00g　B. 2.50g　C. 6.40g

D. 3.00g　E. 6.25g

71. 蛋白质的编码氨基酸是

A. L－β－氨基酸　B. L－α－氨基酸　C. D－β－氨基酸

D. D－α－氨基酸　E. D－γ－氨基酸

72. 构成人体蛋白质的基本氨基酸有

A. 5 种　B. 10 种　C. 15 种

D. 20 种　E. 30 种

73. 维系蛋白质二级结构的主要化学键是

A. 盐键　B. 疏水键　C. 氢键

D. 肽键　E. 离子键

74. 基因突变引起编码的蛋白质结构改变，主要变化在

A. 亚基空间结构改变　B. 一级结构　C. 二级结构

D. 三级结构　E. 四级结构

75. 维持蛋白质三级结构稳定的最主要的作用力为

A. 氢键　B. 二硫键　C. 肽键

D. 疏水键　E. 离子键

76. 亚基出现在蛋白质的

A. 一级结构　B. 二级结构　C. 三级结构

D. 四级结构　E. 基本结构

77. 关于蛋白质分子结构的叙述，正确的是

A. 二硫键只存在于两条肽链之间　B. 具有三级结构的蛋白质均具有生物学活性

C. 一级结构只有一条肽链　D. 四级结构至少由两条肽链组成

E. 两条肽链之间以肽键连接

78. 蛋白质变性是由于

A. 蛋白质一级结构改变　　B. 蛋白质亚基的解聚　　C. 蛋白质空间结构破坏
D. 辅基的脱落　　E. 蛋白质水解

79. 蛋白质的基本单位是

A. 多肽　　B. 氨基酸　　C. 核苷酸
D. 葡萄糖　　E. 戊糖

80. 属于碱性氨基酸的是

A. 谷氨酸　　B. 丝氨酸　　C. 赖氨酸
D. 苏氨酸　　E. 亮氨酸

81. 属于酸性氨基酸的是

A. 谷氨酸　　B. 丝氨酸　　C. 赖氨酸
D. 苏氨酸　　E. 亮氨酸

82. 不出现于人体蛋白质中的基本氨基酸是

A. 蛋氨酸　　B. 苏氨酸　　C. 谷氨酸
D. 瓜氨酸　　E. 胱氨酸

83. 下列氨基酸属于亚氨基酸的是

A. 谷氨酸　　B. 脯氨酸　　C. 赖氨酸
D. 苏氨酸　　E. 亮氨酸

84. 维持蛋白质一级结构的化学键主要是

A. 氢键　　B. 肽键　　C. 二硫键
D. 疏水作用力　　E. 盐键

85. 蛋白质 pI 大多在 5~6，它们在血液中的主要存在形式是

A. 带正电荷　　B. 带负电荷　　C. 兼性离子
D. 非极性离子　　E. 疏水分子

86. 蛋白质分子的 β－转角存在于蛋白质的几级结构

A. 一级结构　　B. 二级结构　　C. 三级结构
D. 四级结构　　E. 侧链构象

87. 关于蛋白质的四级结构正确的是

A. 一定有多个相同的亚基
B. 一定有多个不同的亚基
C. 一定有种类相同，而数目不同的亚基

D. 一定有种类不同，而数目相同的亚基

E. 亚基种类、数目都不定

88. 蛋白质的等电点是指

A. 蛋白质带正电荷时溶液的 pH
B. 蛋白质带负电荷时溶液的 pH
C. 蛋白质带负电荷多于正电荷时溶液的 pH
D. 蛋白质净电荷为零时溶液的 pH
E. 蛋白质带正电荷多于负电荷时溶液的 pH

89. 蛋白质变性不包括

A. 氢键断裂
B. 肽键断裂
C. 盐键断裂
D. 二硫键断裂
E. 疏水键

90. 维持蛋白质亲水胶体的因素有

A. 氢键
B. 水化膜和表面电荷
C. 盐键
D. 二硫键
E. 肽键

91. 有一混合蛋白质溶液，其各种蛋白质的等电点分别为 4.6、5.0、5.3、6.7、7.3，电泳时欲使所有蛋白质向正极移动，缓冲液的 pH 应该是

A. 8.0
B. 7.0
C. 6.0
D. 5.0
E. 4.0

92. 蛋白质在等电点状态下

A. 氨基与羧基全部解离
B. 氨基与羧基全部不解离
C. 氨基与羧基解离状态相等
D. 氨基与羧基解离状态不相等
E. 氨基解离而羧基不解离

93. pI 5.6 的某蛋白质溶于 pH 8.0 的溶液中

A. 蛋白质分子中的羧基不易解离
B. 蛋白质分子中的氨基不易解离
C. 蛋白质分子中的氨基与羧基均不易解离
D. 蛋白质分子中的氨基与羧基均易解离
E. 蛋白质分子在电场中向负极移动

94. 变性蛋白质的特点是

A. 不易被胃蛋白酶水解
B. 黏度下降
C. 溶解度增加
D. 颜色反应减弱
E. 生物学活性丧失

95. 在 pH 8.6 的溶液中，下列哪种蛋白质在电场中向负极移动

A. 血浆清蛋白（pI 4.7）
B. 血红蛋白（pI 6.7）
C. 胰岛素（pI 5.3）
D. 胃蛋白酶（pI 1.0）
E. 核糖核酸酶（pI 9.5）

96. 从组织提取液中沉淀活性蛋白质而又不使其变性的方法是加入
A. 硫酸铵　B. 三氯醋酸　C. 氯化汞
D. 钨酸　E. 氯化银

97. 下列关于蛋白质沉淀、变性和凝固的关系的叙述，哪项是正确的
A. 变性蛋白质一定要凝固　B. 变性蛋白质一定要沉淀
C. 沉淀的蛋白质必然变性　D. 凝固的蛋白质一定变性
E. 沉淀的蛋白质一定凝固

98. 蛋白质分子的元素组成特点是
A. 含氮量约 16%　B. 含大量的碳　C. 含少量的硫
D. 含大量的磷　E. 含少量的金属离子

99. 有关蛋白质变性的叙述，错误的是
A. 蛋白质变性时其一级结构不受影响
B. 蛋白质变性时其理化性质发生变化
C. 蛋白质变性时其生物学活性降低或丧失
D. 去除变性因素后变性蛋白质都可以复性
E. 球蛋白变性后其水溶性降低

100. 蛋白质分子中的主要化学键是
A. 肽键　B. 二硫键　C. 酯键
D. 盐键　E. 氢键

101. 蛋白质中的 α－螺旋和 β－折叠都属于
A. 一级结构　B. 二级结构　C. 三级结构
D. 四级结构　E. 侧链结构

102. α－螺旋每上升一圈相当于几个氨基酸
A. 2.5　B. 3.6　C. 2.7
D. 4.5　E. 3.4

103. 维持蛋白质四级结构的主要化学键是
A. 氢键和离子键　B. 盐键　C. 疏水键
D. 二硫键　E. 范德华力

104. 具有四级结构的蛋白质特征是
A. 分子中一定含有辅基
B. 是由两条或两条以上具有三级结构的多肽以非共价键结合在一起
C. 其中每条多肽链都有独立的生物学活性

D. 其稳定性依赖肽键的维系

E. 靠亚基的聚合和解聚改变生物学活性

105. 关于蛋白质结构的论述哪项是正确的

A. 一级结构决定二、三级结构

B. 二、三级结构决定四级结构

C. 三级结构都具有生物学活性

D. 四级结构才具有生物学活性

E. 无规卷曲是在二级结构的基础上盘曲而成

106. 白蛋白（pI 4.7）在下列哪种 pH 溶液中带正电荷

A. pH 4.0　　B. pH 5.0　　C. pH 6.0

D. pH 7.0　　E. pH 8.0

107. 关于等电状态的蛋白质

A. 分子净电荷为零　　B. 分子带负电荷　　C. 分子带正电荷

D. 分子带的电荷最多　　E. 分子最稳定

108. 以下不属于空间结构的是

A. 蛋白质一级结构　　B. 蛋白质二级结构　　C. 蛋白质三级结构

D. 蛋白质四级结构　　E. 单个亚基结构

109. 整条肽链中全部氨基酸残基的相对空间位置是

A. 蛋白质一级结构　　B. 蛋白质二级结构　　C. 蛋白质三级结构

D. 蛋白质四级结构　　E. 单个亚基结构

110. 蛋白质变性时，不受影响的结构是

A. 蛋白质一级结构　　B. 蛋白质二级结构　　C. 蛋白质三级结构

D. 蛋白质四级结构　　E. 单个亚基结构

111. 组成人体蛋白质的 20 种基本氨基酸中，不属于 L 型氨基酸的是

A. 丙氨酸　　B. 甘氨酸　　C. 亮氨酸

D. 丝氨酸　　E. 缬氨酸

112. 蛋白质的一级结构指的是

A. 亚基聚合　　B. $\alpha$－螺旋　　C. $\beta$－折叠

D. 氨基酸序列　　E. 氨基酸含量

113. 蛋白质二级结构是指分子中

A. 氨基酸的排列顺序　　B. 每一氨基酸侧链的空间构象

C. 局部主链的空间构象　　D. 亚基间相对的空间位置

E. 每一原子的相对空间位置

114. 下列关于肽链性质和组成的叙述正确的是

A. 由 $C_\alpha$ 和 C—COOH 组成　　B. 由 $C_{\alpha 1}$ 和 $C_{\alpha 2}$ 组成

C. 由 $C_\alpha$ 和 N 组成　　D. 肽键有一定程度的双键性质

E. 肽键可以自由旋转

115. 亚基解聚时

A. 一级结构破坏　　B. 二级结构破坏　　C. 三级结构破坏

D. 四级结构破坏　　E. 空间结构破坏

116. 蛋白酶水解时

A. 一级结构破坏　　B. 二级结构破坏　　C. 三级结构破坏

D. 四级结构破坏　　E. 空间结构破坏

117. 胰岛素分子中 A 链与 B 链之间的交联是靠

A. 盐键　　B. 疏水键　　C. 氢键

D. 二硫键　　E. 范德华力

118. 维系蛋白质分子中 α－螺旋的化学键是

A. 盐键　　B. 疏水键　　C. 氢键

D. 肽键　　E. 二硫键

119. 下列对蛋白质变性的描述中正确的是

A. 变性的蛋白质溶液黏度下降　　B. 变性的蛋白质不易被消化

C. 蛋白质沉淀不一定就是变性　　D. 蛋白质变性后容易形成结晶

E. 蛋白质变性不涉及二硫键破坏

120. 蛋白质与它的配体或其他的蛋白质结合后，蛋白质的构象发生变化，使它更适合于功能需要，这种变化称为

A. 协同效应　　B. 化学修饰　　C. 激活效应

D. 共价修饰　　E. 别构效应

121. Hb 中一个亚基与其配体（$O_2$）结合后，促使其构象发生变化，从而影响此寡聚体的另一亚基与配体的结合能力，此现象称为

A. 协同效应　　B. 共价修饰　　C. 化学修饰

D. 激活效应　　E. 别构效应

122. 下列氨基酸中无 L 型或 D 型之分的是

A. 谷氨酸　　B. 甘氨酸　　C. 半胱氨酸

D. 赖氨酸　　E. 组氨酸

123. 下列不属于维系蛋白质三级结构的化学键是

A. 盐键　B. 氢键　C. 范德华力

D. 肽键　E. 疏水键

124. 氢键主要维持

A. 一级结构的稳定　B. α-螺旋结构的稳定

C. 三级结构的稳定　D. 四级结构的稳定

E. 结构域的稳定

125. 关于蛋白质二级结构的叙述，正确的是

A. 氨基酸的排列顺序　B. 每一氨基酸侧链的空间构象

C. 局部主链的空间构象　D. 亚基间的相对空间位置

E. 每一原子的相对空间位置

126. 镰状红细胞贫血患者，其血红蛋白 β 链 N 端第 6 位氨基酸（谷氨酸）被下列哪种氨基酸所取代

A. 缬氨酸　B. 丙氨酸　C. 丝氨酸

D. 酪氨酸　E. 色氨酸

127. 维系蛋白质分子中 α-螺旋的化学键是

A. 盐键　B. 疏水键　C. 氢键

D. 肽键　E. 二硫键

128. 关于肽键的性质和组成，下列叙述正确的是

A. 由 $C_{\alpha 1}$ 和 C—COOH 组成　B. 由 $C_{\alpha 1}$ 和 $C_{\alpha 2}$ 组成

C. 由 $C_{\alpha}$ 和 N 组成　D. 肽键具有一定程度的双键性质

E. 肽键可以自由转换

【A2 型题】

129. 中性盐对球状蛋白质的溶解度有显著影响，当盐浓度增加到一定程度的时候，蛋白质会出现沉淀，这是因为

A. 使蛋白质溶液的 pH 等于蛋白质的等电点　B. 中和表面电荷及破坏水化膜

C. 调节蛋白质溶液的等电点　D. 降低水溶液的介电常数

E. 与蛋白质形成不溶性蛋白盐

130. 蛋白质从溶液中析出，肉眼可见原来澄清的溶液中出现絮状物，这种现象称为蛋白质沉淀，发生沉淀的机制是

A. 有机溶剂破坏蛋白质水化膜，使蛋白质发生沉淀

B. 缓慢加热导致蛋白质凝固

C. 变性蛋白质因其亲水侧链暴露，肽链相互缠绕聚集导致蛋白质沉淀

D. 蛋白质表面电荷导致蛋白质沉淀

E. 中性盐可稳固蛋白质水化膜并中和电荷，使得蛋白质聚集析出

131. 疯牛病（牛海绵状脑病）是由朊蛋白引起的一组人和动物神经退行性病变，是目前的研究热点，对于这种疾病的发病机制，下列描述正确的是

A. 外源或新生的瘙痒型朊蛋白可以作为模板，使正常朊蛋白重新折叠成为瘙痒型朊蛋白

B. 致病的朊蛋白称为瘙痒型，与正常型朊蛋白的一级结构不同，其二级结构为全β－折叠

C. 疯牛病（牛海绵状脑病）属于分子病

D. 疯牛病（牛海绵状脑病）具有传染性和偶发性，不具有遗传性

E. 朊蛋白是染色体基因编码的蛋白质，分子量为 33 000~35 000，含有核酸

132. 镰状细胞贫血症，临床表现为红细胞变形、破裂和溶血，造成贫血，其发病机制可以用以下生物化学理论解释

A. β 亚基的表面“黏性位点”导致血红蛋白变构

B. 正常血红蛋白 β 亚基的第 6 位氨基酸是缬氨酸

C. 镰状细胞贫血症是一种构象病

D. 血红蛋白聚集沉淀，形成的长纤维能扭曲并刺破红细胞，引起溶血和多种继发症状

E. 患者血红蛋白中，谷氨酸变异成亮氨酸

133. 在 pH 7.0 的溶液中，对一蛋白质混合物进行电泳分离，泳向负极的是

A. pI 6.0 的蛋白质
B. pI 9.0 的蛋白质
C. pI 4.0 的蛋白质
D. pI 5.0 的蛋白质
E. pI 3.0 的蛋白质

134. 现有 A、B、C、D 四种蛋白质混合物，其 pI 分别为 6.0、3.0、10.0、5.0，现在 pH=9.0 的电场中电泳分离，自正极开始，电泳区带的顺序为

A.D–B–A–C
B.B–D–A–C
C.B–D–C–A
D.A–B–C–D
E.B–A–D–C

135. 血浆中大多数蛋白质具有特殊的生物学功能，其中一种蛋白质对维持人血浆的正常渗透压十分重要，且该蛋白质的减少能引起严重水肿，则这种蛋白质为

A. α 球蛋白
B. γ 球蛋白
C. 清蛋白
D. 免疫球蛋白
E. β 球蛋白

136. 一儿童疑似误吞口腔温度计水银，送院急诊，在急救时服用大量牛奶，之后用催吐剂使其呕吐，后症状缓解。这种解毒的原理是

A. 免疫沉淀　　B. 凝固　　C. 生成不溶性蛋白盐

D. 透析　　E. 盐析

137. 蛋白质定量测定中，常利用其在 280nm 处的光吸收值（A280）进行计算，蛋白质吸收紫外光能力的大小，主要取决于

A. 脂肪族氨基酸的含量　　B. 肽链中的肽键　　C. 含硫氨基酸的含量

D. 芳香族氨基酸的含量　　E. 碱性氨基酸的含量

138. 核糖核酸酶由一条多肽链构成，其空间结构由分子内 4 对二硫键维持。当在其酶溶液中加入尿素和 β－巯基乙醇时，酶活性丧失；当透析除去尿素和 β－巯基乙醇时，酶又恢复原有的生物活性。这一现象说明

A. 蛋白质的空间结构与其一级结构无关

B. 尿素和 β－巯基乙醇能使酶一级结构破坏

C 尿素和 β－巯基乙醇不是该酶的变性剂

D. 酶活性与空间结构无关

E. 变性的蛋白质有时可以复性

【B1 型题】

组题：（139~140 题共用备选答案）

A. 半胱氨酸　　B. 丝氨酸　　C. 蛋氨酸

D. 脯氨酸　　E. 鸟氨酸

139. 含硫基的氨基酸是

140. 天然蛋白质中不含有的氨基酸是

组题：（141~142 题共用备选答案）

A. 紫外吸收光谱　　B. 茚三酮反应　　C. 透析

D. 双缩脲反应　　E. 凯氏定氮法

141. 不能用于蛋白质含量测定的方法是

142. Lowry 法测定蛋白质浓度的原理是

组题：（143~144 题共用备选答案）

A. 热休克蛋白　　B. 伴侣蛋白　　C. 血红蛋白

D. 蛋白质二硫键异构酶　　E. 凝集素钙连蛋白

143. 参与蛋白质折叠并与蛋白质分子中的巯基有关的是
144. 不能辅助、参与蛋白质折叠的是

组题：（145~146 题共用备选答案）

A. 两性解离特性
B. 各有特定的等电点
C. 与某些化合物有呈色反应
D. 具有紫外吸收性质
E. 具有红外吸收性质

145. 等电聚焦电泳利用了蛋白质的什么性质
146. 不属于蛋白质理化性质的是

组题：（147~148 题共用备选答案）

A. 甘氨酸
B. 丙氨酸
C. 亮氨酸
D. 脯氨酸
E. 组氨酸

147. 结构最简单，并且不属于 L 型氨基酸的是
148. 多肽链中存在哪一种氨基酸易形成 β－转角

组题：（149~151 题共用备选答案）

A. 蛋白质变性
B. 蛋白质沉淀
C. 蛋白质的凝固
D. 蛋白质的等电点
E. 蛋白质的胶体稳定性

149. 使蛋白质分子所带正、负电荷相等时溶液的 pH 是
150. 蛋白质空间结构被破坏，理化性质改变，并失去其生物学活性称为
151. 水化膜和表面电荷主要影响蛋白质的什么特性

组题：（152~155 题共用备选答案）

A. 重金属离子
B. 稀酸加热
C. 生理盐水
D. 强碱环境加热煮沸
E. 低温乙醇

152. 导致蛋白质既变性又沉淀的是
153. 导致蛋白质沉淀但不变性的是
154. 导致蛋白质变性但不沉淀的是
155. 导致蛋白质凝固的是

组题：（156~158 题共用备选答案）

A.260nm　　B.280nm　　C. 紫红色

D. 蓝紫色　　E. 蓝色

156. 蛋白质的特征吸收峰波长为

157. 蛋白质与双缩脲试剂反应呈

158. 蛋白质和氨基酸与茚三酮试剂反应呈

组题：（159~162 题共用备选答案）

A. 蛋白质紫外吸收的最大波长为 280nm

B. 蛋白质是两性电解质

C. 蛋白质分子大小不同

D. 蛋白质多肽链中氨基酸是借肽链相连

E. 蛋白质溶液为亲水胶体

159. 分子筛（凝胶层析）分离蛋白质的依据是

160. 电泳分离蛋白质的依据是

161. 分光光度计测定蛋白质含量的依据是

162. 盐析分离蛋白质的依据是

组题：（163~164 题共用备选答案）

A. 用尿素或盐酸胍溶解没有活性的蛋白质（包涵体）

B. 聚丙烯酰胺凝胶电泳

C. 离子交换层析

D. 凝胶过滤层析

E. 超滤

163. 根据蛋白质两性解离性质及其等电点的不同对蛋白质进行分离纯化的操作技术是

164. 利用蛋白质变性原理的技术是

二、名词解释

1. 结构模体

2. 结构域

3. 亚基

4. 同二聚体和异二聚体

5. 分子病

6. 分子伴侣

7. 协同效应

8. 蛋白质构象病

9. 蛋白质等电点

10. 蛋白质变性

11. 蛋白质复性

三、简答题

1. 体内存在哪几种重要的生物活性肽？请举例说明。

2. 请用蛋白质结构和功能的知识分别说明镰状细胞贫血与疯牛病（牛海绵状脑病）的发病机制的不同。

3. 什么是蛋白质的二级结构？常见的二级结构有哪些？二级结构对蛋白质的空间结构有什么影响？

4. 试举例说明蛋白质的别构效应作用。

5. 哪些方法可以用于测定蛋白质的浓度？请简述其原理。

6. 何谓蛋白质变性？影响蛋白质变性的因素有哪些？

7. 何谓蛋白质的两性解离？利用此性质分离纯化蛋白质常用的方法有哪些？

8. 血浆蛋白的主要组分是什么？有什么生物学功能？

9. 试举例说明蛋白质结构与功能的关系。

（谭　颖）

# 第二章
# 核酸的结构与功能

## 学习目标

1. 知识目标

（1）掌握：核酸的概念、分类及其重要的生物学功能；核苷酸组成成分（碱基、戊糖、磷酸）的结构特点、连接方式及命名；核苷、核苷酸、核酸的关系；两类核酸分子（DNA与RNA）的组成与结构的比较；核酸的一级结构、空间结构；DNA双螺旋结构的模型要点及碱基互补规律；RNA分子的组成特征；三类RNA（rRNA、tRNA、mRNA）的结构特点及生物学功能；DNA重要的理化性质；DNA变性的概念、因素和化学本质；$T_m$值、增色效应的概念及（G+C）与$T_m$值之间的联系；DNA复性本质、减色效应；分子杂交技术原理。

（2）熟悉：核小体的结构特点，DNA的理化性质及其与结构的关系。

（3）了解：核苷酸的分子构成，连接键及书写方式，核酸酶。

2. 能力目标

学生通过核酸的理化性质能分离、检测核酸。

3. 思政目标

（1）通过法医利用DNA分子标记的方法确定嫌疑人身份等例子，增强学生夯实基础知识、学以致用的信心和决心。

（2）强化“四个自信”，引导学生关注行业动态，崇尚科学，求真、进取。

## 内容提要

核酸是生物体内重要的生物大分子，可分为脱氧核糖核酸（DNA）和核糖核酸（RNA）两类。DNA是人类的遗传物质，负责储存、复制和传递遗传信息。RNA则参与人类遗传信息的复制和表达。

核酸的主要组成元素为C、H、O、N、P。核苷酸是核酸的基本组成单位，由碱基、戊糖和磷酸组成，核苷酸之间通过3′，5′-磷酸二酯键连接，形成具有链状结构的核酸。

核酸的分子结构分为一级结构和空间结构。核酸的一级结构指核苷酸或脱氧核苷酸从3′端到5′端的排列顺序。DNA的二级结构称为双螺旋结构，是两条脱氧核酸链通过碱基互补配对形成反向平行、右手螺旋的结构。DNA还能在双螺旋的基础上形成超螺旋结构。mRNA的5′末端具有帽子结构，3′末端有多聚A尾，主要作用是转录DNA模板链上的遗传信息，以密码子的形式为蛋白质的生物合成提供直接模板。tRNA的二级结构形似三叶草，三级结构为倒L型结构，在反密码环处有反密码子，能与密码子一一对应，将相应的氨基酸准确地运送到核糖体上合成肽链。rRNA与不同的核糖体蛋白结合形成核糖体，作为合成蛋白质的场所。

核酸多为酸性的线性大分子，黏度高，在260nm附近有最大紫外吸收峰，在某些理化因素的作用下，DNA双链之间的氢键会发生断裂，从而解链为单链，称为DNA变性。当变性条件缓慢去除，两条解开的单链又可以再次通过碱基互补配对成为双螺旋结构，称为DNA的复性。利用这一特性，发展出了核酸分子杂交技术。

## 习 题

### 一、选择题

【A1型题】

1. 不涉及核酸分子杂交的技术是
   - A. 蛋白质印迹
   - B. PCR
   - C. 基因芯片
   - D. RNA印迹
   - E. DNA印迹
2. 关于核酸与蛋白质相互作用的叙述，错误的是
   - A. DNA的磷酸基团可与蛋白质侧链的—NH形成离子键
   - B. DNA与蛋白质的相互作用可调控基因表达
   - C. DNA碱基和戊糖可与蛋白质之间发生疏水作用
   - D. DNA的碱基无法再与蛋白质形成氢键
   - E. DNA双螺旋的大沟可容纳蛋白质的α-螺旋
3. 关于核酸分子大小的叙述，错误的是
   - A. 双链DNA用碱基对数目（bp）表示
   - B. 单链DNA分子可用核苷酸数目（nt）表示
   - C. 长度小于或等于50bp的DNA称为寡脱氧核苷酸
   - D. 长链DNA也可用千碱基对（kb）表示
   - E. RNA分子一般不用核苷酸数目（nt）表示

4. 人类免疫缺陷病毒（human immunodeficiency virus，HIV）是以人类T淋巴细胞为主要攻击对象的逆转录病毒，可破坏免疫功能，导致获得性免疫缺陷综合征（acquired immune deficiency syndrome，AIDS）。一位年轻外科医生在HIV阳性患者的阑尾切除术中，不小心用缝合针刺破了自己的手指，因此采血送检以确定是否感染HIV病毒。检验科应用PCR法对该血样的HIV病毒进行检测时，不太可能用到的技术是

A. 核酸杂交　　B. 退火　　C. DNA变性

D. 复性　　E. 转印

5. 含量增加可使DNA具有较高$T_m$值的碱基组合是

A. G和A　　B. A和C　　C. C和G

D. C和T　　E. A和T

6. 可使热变性DNA解开的两条单链复性的条件是

A. 加核酸酶　　B. 迅速升温　　C. 加解链酶

D. 急速冷却　　E. 缓慢降温

7. 有关RNA的叙述，错误的是

A. tRNA比mRNA、rRNA分子量小

B. 主要有mRNA、tRNA和rRNA三类

C. RNA一般是单链，局部可形成双链结构

D. 胞质中只有mRNA、tRNA和rRNA

E. rRNA可与蛋白质构成核糖体

8. 关于DNA与有机小分子以沟槽结合方式相互作用的叙述，错误的是

A. 有机小分子可与胸腺嘧啶C-2的羰基氧直接结合

B. 有机小分子可与腺嘌呤N-3形成氢键

C. 是DNA与有机小分子相互作用方式之一

D. 某些抗癌药物分子以此方式与原癌基因结合

E. 有机小分子结合在DNA的大沟侧

9. 构成核酸链亲水性骨架的是

A. 嘌呤与嘧啶　　B. 戊糖与磷酸　　C. 核糖与脱氧核糖

D. 碱基与戊糖　　E. 碱基与磷酸

10. 关于染色体的叙述，错误的是

A. 核小体的核心颗粒连接部由DNA和组蛋白H4构成

B. 核小体的核心颗粒DNA缠绕在组蛋白八聚体上

C. 高度致密有序

D. 真核 DNA 在细胞分裂期形成高度致密的染色体，在分裂间期结构则较为松散
E. 基本单位核小体由核心颗粒和连接部组成

11. 组成核酸分子的碱基主要有
A. A、T、C、G　B. A、T、C、G、U　C. A、U、C、G、ψ
D. A、U、C、G、I　E. A、U、C、G

12. 核酸具有紫外光吸收特性是因为含有
A. 共轭双键　B. 酯键　C. 糖苷键
D. 磷酸二酯键　E. 氢键

13. 核苷酸的碱基通过糖苷键连接到戊糖的
A. C−5′　B. C−2′　C. C−4′
D. C−3′　E. C−1′

14. 核酸中核苷酸之间的连接键是
A. β−O− 糖苷键　B. β−N− 糖苷键　C. 5′，3′− 磷酸二酯键
D. 氢键　E. 3′，5′− 磷酸二酯键

15. 属于 DNA 拓扑异构体的是
A. 同一 DNA 分子被限制性核酸内切酶酶切后生成的两个 DNA 片段
B. 同一 DNA 分子的正超螺旋和负超螺旋两种构象
C. 碱基修饰前后的 DNA 分子的两种状态
D. DNA 分子与其被 DNA 酶降解后的残存片段
E. 核苷酸序列不同的两个 DNA 分子

16. 两种分子之间很难发生核酸杂交的是
A. siRNA 和 miRNA　B. miRNA 和 mRNA　C. siRNA 和 mRNA
D. DNA 和 hnRNA　E. DNA 和 DNA

17. 关于 DNA 二级结构的描述，错误的是
A. 天然 DNA 分子中不存在左手螺旋结构
B.DNA 的端粒可形成 G− 四链结构
C.A 型 DNA 在比 B 型 DNA 相对湿度更低的环境中形成，仍保持右手螺旋结构
D.DNA 三链结构在不破坏 Watson−Crick 氢键的前提下形成 Hoogsteen 氢键
E. 水性环境和生理条件的溶液中 B 型双螺旋结构最稳定

18. 核苷酸中参与糖苷键形成的嘌呤原子是
A. N−9　B. N−1 和 N−9　C. N−7
D. N−3　E. N−1

19. RNA 印迹实验（Northernblot）可在 RNA 水平检测基因表达。Northernblot 先通过电泳分离 RNA 样品，然后将凝胶上的 RNA 转移到膜上并固定，最后使用与待测 RNA 互补的单链探针与膜 RNA 杂交。与膜上 RNA 条带结合的探针信号强度与该基因的转录产物 RNA 水平呈正相关。在制备标记的 DNA 探针时，为避免复性，采用的方法是

A. 缓慢降温　　B. 加入螯合剂　　C. 升高 pH

D. 迅速升温　　E. 急速冷却

20. 组成原核生物核糖体大亚基的 rRNA 是

A. 5SrRNA、16SrRNA 和 23SrRNA　　B. 18SrRNA

C. 5SrRNA 和 23SrRNA　　D. 5SrRNA、5.8SrRNA 和 28SrRNA

E. 16SrRNA

21. 关于 DNA 多链结构的描述，错误的是

A. 端粒 3′ 端单链自身回折形成三链结构　　B. 可以形成 G- 四链结构

C. 可以形成三链结构 T+AT　　D. 形成 Hoogsteen 氢键

E. 可以形成三链结构 C+GC

22. 组成真核生物核糖体小亚基的 rRNA 是

A. 23SrRNA　　B. 16SrRNA　　C. 5.8SrRNA

D. 18SrRNA　　E. 5SrRNA

23. 调控性非编码 RNA 不包括

A. IncRNA　　B. siRNA　　C. piRNA

D. miRNA　　E. snoRNA

24. 最常出现在反密码子的稀有碱基是

A. m′A　　B. m′G　　C. DHU

D. m′G　　E. I

25. 只存在于细胞核的 RNA 是

A. hnRNA　　B. mRNA　　C. miRNA

D. rRNA　　E. tRNA

26. 最常见的 DNA 化学修饰是

A. 磷硫酰化　　B. 碱基甲基化　　C. 嘧啶共价交联

D. 戊糖甲基化　　E. 脱氨基

27. 关于 DNA 空间结构的描述，错误的是

A. 活体细胞内的 DNA 主要以 B 型 DNA 双螺旋结构存在

B. 继续旋转的方向若顺着右手螺旋方向，则形成正超螺旋

C. 继续旋转的方向若逆着右手螺旋方向，则形成负超螺旋

D. DNA 的负超螺旋状态有利于解链

E. DNA 的超螺旋结构是在 B 型双螺旋结构的基础上继续旋转形成的

28. 符合 DNA 碱基组成规律的浓度关系是

A. [A]=[C]；[T]=[G]　　B. [A]+[T]=[C]+[G]　　C. [AJ=[G]=[T]=[C]

D. （[A]+[T]）/（[C]+[G]）=1　　E. [A]=[T]；[C]=[G]

29. 关于 tRNA 结构的正确描述是

A. 3′ 端腺苷一磷酸的 2′- 羟基可连接氨基酸

B. 真核 tRNA 的 3′ 端无 CCA

C. 氨基酸接纳茎是对 3′ 端包括 CCA 在内的数个核苷酸的称呼

D. 氨基酸接纳茎是对 5′ 端 7 个核苷酸的称呼

E. 原核 tRNA 的 3′ 端无 CCA

30. 结构中不含核苷酸的辅酶是

A. FMN　　B. FAD　　C. NADP

D. TPP　　E. $NAD^+$

31. 下列有关 mRNA 的叙述，错误的是

A. 为线状单链结构　　B. 局部可形成双链结构

C. 3′ 端有多聚腺苷酸尾结构　　D. 可作为蛋白质合成的模板

E. 5′ 端帽子结构与 mRNA 的稳定性无关

32. mRNA 作为编码 RNA，种类多达 10，但丰度小，仅占 RNA 总量的

A. 1% 以下　　B. 10%~15%　　C. 15%~30%

D. 5%~10%　　E. 2%~5%

33.DNA 分子中不包括

A. 二硫键　　B. 磷酸二酯键　　C. 范德华力

D. 氢键　　E. 糖苷键

34. 组成核小体核心颗粒的蛋白质包括

A. 组蛋白和非组蛋白　　B. H1、H2、H3 各两分子

C. H2A、H2B、H3、H4 各两分子　　D. H1、H2A、H3、H4 各两分子

E. H2A、H3、H4 各两分子

35. 关于核糖体的描述，错误的是

A. 核糖体中蛋白质含量多于 rRNA

B. 可结合 mRNA、tRNA 和多种蛋白质因子

C. 是蛋白质合成的场所

D. 大肠杆菌核糖体的沉降系数为 70S

E. rRNA 与核糖体蛋白共同构成

36. 下列关于管家非编码 RNA 的叙述，错误的是

A. tmRNA 既可转运氨基酸，又可作为蛋白质合成的模板

B. 类似 mRNA 有 3′- 多聚 A 尾和非典型可读框，但不编码蛋白质

C. 因其组成性表达而得名

D. snoRNA 主要参与 rRNA 的修饰加工

E. 不包括有催化活性的小 RNA

37. 不影响 $T_m$ 值的因素是

A.DNA 的碱基对数　　B.DNA 链的长度　　C. 离子强度

D. 温度　　E.DNA 的碱基组成

38. 在一次基因重组的操作过程中，分别对质粒和 PCR 产物双酶切后进行琼脂糖凝胶电泳，以获得 5.3kb 的载体片段和 324bp 的插入片段。质粒和 PCR 产物的双酶切片段分别用 1% 和 2% 的琼脂糖凝胶分离，两块凝胶放入同一电泳槽，凝胶的加样孔位于电泳槽负极侧。电泳后对照 100bp 和 1kbDNAladder 从凝胶上切下插入片段和载体片段，提纯后通过 A260 对插入片段和载体片段 DNA 定量，再依次进行连接转化、克隆扩增、质粒提纯，最后通过酶切和插入片段测序对重组质粒进行鉴定。上述过程提示关于 DNA 琼脂糖凝胶电泳的错误描述是

A.DNAladder 是 DNA 分子量标准品

B. 欲分离 300bp 左右的 DNA 片段，可选择 2% 的琼脂糖凝胶进行电泳

C. 无法判断 DNA 的核苷酸组成

D. 可以对样品中 DNA 准确定量

E.DNA 向正极泳动

39.1944 年，美国细菌学家 O.Avery 通过实验证实

A. 端粒有维持 DNA 稳定性和完整性的功能

B. 溶液中的 DNA 主要呈双螺旋结构

C. 逆转录现象的存在

D. 端粒酶有逆转录酶活性

E.DNA 是遗传物质

40. 青蒿素（artemisinin）是我国科学家于20世纪70年代从植物中成功提取的含过氧基团的倍半萜内酯药物，用于疟疾的治疗。近年发现青蒿素可能通过抑制内质网膜的钙离子主动转运蛋白SERCA引起胞质钙离子浓度升高，诱导肿瘤细胞凋亡。某研究生拟检测青蒿素对结肠癌细胞SERCA表达水平的影响，收集了青蒿素组和对照组细胞，采用Trizol法进行RNA提取。他在实验过程中，戴手套、帽子和口罩，使用DEPC处理的塑料制品、玻璃和金属物品，尽量迅速操作，用DEPC水溶解RNA并在进行浓度测定和准备逆转录反应时将RNA管暂时置于冰内。他这么做是为了避免RNA

A. 被RNA酶降解　B. 污染实验者　C. 被紫外线照射
D. 提取不充分　E. 污染环境

41. 自然界游离核苷酸中，磷酸最常见是位于

A. 戊糖的C-2′上　B. 戊糖的C-3′上　C. 戊糖的C-5′上
D. 戊糖的C-2′和C-3′上　E. 戊糖的C-2′和C-5′上

42. 可用于测量生物样品中核酸含量的元素是

A. 碳　B. 氢　C. 氧
D. 磷　E. 氮

43. 脱氧核糖核苷酸彻底水解，生成的产物是

A. 核糖和磷酸　B. 脱氧核糖和碱基　C. 脱氧核糖和磷酸
D. 磷酸、核糖和碱基　E. 脱氧核糖、磷酸和碱基

44. 核酸中核苷酸之间的连接方式是

A. 肽键　B. 糖苷键
C. 2′，5′磷酸二酯键　D. 2′，3′磷酸二酯键
E. 3′，5′磷酸二酯键

45. 核酸对紫外线的最大吸收峰在哪一波长附近

A. 280nm　B. 260nm　C. 200nm
D. 340nm　E. 220nm

46. 大部分真核细胞mRNA的3′末端都具有

A. 多聚A　B. 多聚U　C. 多聚T
D. 多聚C　E. 多聚G

47. DNA变性是指

A. 多核苷酸链解聚　B. DNA分子中碱基丢失
C. 分子中磷酸二酯键断裂　D. 互补碱基之间氢键断裂
E. DNA分子由超螺旋→双链双螺旋

48. DNA $T_m$ 值较高是由于下列哪组核苷酸含量较高所致

A. G+A　　B. C+G　　C. A+T

D. C+T　　E. A+C

49. 某 DNA 分子中腺嘌呤的含量为 15%，则胞嘧啶的含量应为

A. 7%　　B. 15%　　C. 30%

D. 35%　　E. 40%

50. 下列关于 DNA 碱基组成的叙述，正确的是

A. A+T 始终等于 G+C　　B. 腺嘌呤数目始终与胞嘧啶数目相等

C. 不同生物来源的 DNA 碱基组成不同　　D. 生物体碱基组成随年龄变化而改变

E. 同一生物不同组织的 DNA 碱基组成不同

51. DNA 和 RNA 共有的成分是

A. D- 核糖　　B. 尿嘧啶　　C. 腺嘌呤

D. 胸腺嘧啶　　E. D-2- 脱氧核糖

52. 稀有碱基主要存在于

A. 核 DNA　　B. 信使 RNA　　C. 转运 RNA

D. 核糖体 RNA　　E. 线粒体 DNA

53. 核酸中各基本组成单位之间的连接方式是

A. 氢键　　B. 离子键　　C. 碱基堆积力

D. 磷酸二酯键　　E. 磷酸一酯键

54. DNA 碱基配对主要靠

A. 盐键　　B. 氢键　　C. 共价键

D. 疏水作用　　E. 范德华力

55. DNA 分子中与片段 pTAGA 互补的片段是

A. PTAGA　　B. pAGAT　　C. pATCT

D. pTCTA　　E. pUGUA

56. 双链 DNA 有较高的解链温度是由于它含有较多的

A. 嘌呤　　B. 嘧啶　　C. A 和 T

D. C 和 G　　E. A 和 C

57. DNA 受热变性时

A. 形成三股螺旋　　B. 磷酸二酯键发生断裂

C. 在波长 260nm 处光吸收减少　　D. 解链温度随 A–T 的含量增加而降低

E. 解链温度随 A–T 的含量增加而增加

58. hnRNA 是下列哪种 RNA 的前体

A. tRNA　B. 真核 rRNA　C. 原核 rRNA

D. 真核 mRNA　E. 原核 mRNA

59. tRNA 在发挥其“对号入座”功能时的两个重要部位是

A. 氨基酸臂和 D 环　B. TψC 环与可变环

C. TψC 环与反密码子环　D. 氨基酸臂和反密码子环

E. 反密码子臂和反密码子环

60. DNA 变性的原因是

A. 多核苷酸链解聚　B. 磷酸二酯键断裂

C. 碱基的甲基化修饰　D. 温度升高是唯一原因

E. 互补碱基之间的氢键断裂

61. DNA 变性后下列哪项正确

A. 260nm 处 A 值增加　B. 溶液黏度增大

C. 形成三股螺旋　D. 变性是不可逆的

E. 是一个循序渐进的过程

62. 关于真核生物的 mRNA 叙述正确的是

A. 前身是 rRNA　B. 在细胞内可长期存在

C. 有帽子结构和多聚 A 尾巴　D. 帽子结构是一系列的核苷酸

E. 在胞质内合成并发挥其功能

63. tRNA 分子的 3′末端的碱基序列是

A. CCA-3′　B. AAA-3′　C. CCC-3′

D. AAC-3′　E. ACA-3′

64. 含有密码子的是

A. DNA　B. RNA　C. rRNA

D. mRNA　E. tRNA

65. 含有反密码子的是

A. DNA　B. RNA　C. rRNA

D. mRNA　E. tRNA

66. 作为 RNA 合成模板的是

A. DNA　B. RNA　C. rRNA

D. mRNA　E. tRNA

67. tRNA 连接氨基酸的部位是在

A. 1’—OH　　B. 2′—OH　　C. 3′—OH

D. 4’—OH　　E. 5′—OH

68. 碱基互补对之间形成的键是

A. 氢键　　B. 静电斥力　　C. 范德华力

D. 磷酸二酯键　　E. 碱基中的共轭双键

69. 维持碱基对之间的堆积力是

A. 氢键　　B. 静电斥力　　C. 范德华力

D. 磷酸二酯键　　E. 碱基中的共轭双键

70. $T_m$ 值越高的 DNA 分子，其

A. G+C 含量越高　　B. A+T 含量越高　　C. T+C 含量愈低

D. A+G 含量越高　　E. T+G 含量越低

71. 关于核酸变性的叙述下列哪项是正确的

A. 核酸分子中氢键的断裂　　B. 核酸分子中碱基的丢失

C. 核酸分子中共价键的断裂　　D. 核酸分子中碱基的甲基化

E. 核酸分子一级结构的破坏

72. tRNA 的分子结构特征是

A. 含有密码环　　B. 含有反密码环

C. 5′末端有 CCA　　D. 3′末端有多聚 A

E. HDU 环中都含有假尿苷

73. 在核苷酸分子中戊糖（R）、碱基（N）和磷酸（P）的连接关系是

A. N—R—P　　B. N—P—R　　C. P—N—R

D. R—N—P　　E. R—P—N

74. 核酸分子中储存、传递遗传信息的关键部分是

A. 核苷　　B. 戊糖　　C. 磷酸

D. 碱基序列　　E. 戊糖磷酸骨架

75. DNA 的一级结构是

A. 多聚 A 结构　　B. 核小体结构　　C. 双螺旋结构

D. 三叶草结构　　E. 多核苷酸排列结构

76. 组成核酸的基本单位是

A. 碱基和核糖　　B. 核糖和磷酸　　C. 核苷酸

D. 脱氧核苷和碱基　　E. 核苷和碱基

77. 下列有关 mRNA 的叙述，正确的是

A. 为线状单链结构，5′ 端有多聚糖腺苷酸帽子结构

B. 可作为蛋白质合成的模板

C. 链的局部不可形成双链结构

D. 3′ 末端特殊结构与 mRNA 的稳定无关

E. 三个相连核苷酸组成一个反密码子

78. DNA 碱基组成的规律

A. [A]=[C]，[T]=[G]　　B. [A]+[T]=[C]+[G]　　C. [A]=[T]，[C]=[G]

D. （[A]+[T]）/（[C]+[G]）=1　　E. [A]=[G]=[T]=[C]

79. 组成多聚糖核苷酸的骨架成分是

A. 碱基和戊糖　　B. 碱基和磷酸　　C. 碱基和碱基

D. 戊糖和磷酸　　E. 戊糖和戊糖

80. 组成核酸分子的碱基主要有

A. 2 种　　B. 3 种　　C. 4 种

D. 5 种　　E. 6 种

81.DNA 变性时其结构变化表现为

A. 磷酸二酯键断裂　　B. N—C 糖苷键断裂

C. 戊糖内 C—C 键断裂　　D. 碱基内 C—C 键断裂

E. 对应碱基间氢键断裂

82. 核酸中含量相对恒定的元素是

A. 氧　　B. 氮　　C. 氢

D. 碳　　E. 磷

83. 下列有关 DNA 双螺旋结构的叙述，错误的是

A. DNA 双螺旋是核酸二级结构的重要形式

B. DNA 双螺旋由两条以脱氧核糖、磷酸做骨架的双链组成

C. DNA 双螺旋以右手螺旋的方式围绕同一轴有规律地盘旋

D. 两股单链从 5′ 至 3′ 端走向在空间排列相同

E. 两碱基之间的氢键是维持双螺旋横向稳定的主要化学键

84. 有关 RNA 的叙述，错误的是

A. hnRNA 主要存在于胞质　　B. rRNA 参与核蛋白体组成

C. mRNA 具有多聚 A 尾结构　　D. mRNA 分子中含有遗传密码

E. tRNA 是氨基酸的载体

85. tRNA 分子上 3′ 端序列的功能是

A. 辨认 mRNA 上的密码子
B. 剪接修饰作用
C. 辨认与核糖体结合的组分
D. 提供—OH 与氨基酸结合
E. 提供—OH 基与糖类结合

86. tRNA 含有

A. 3′-CCA-OH
B. 帽子 m7Gppp
C. 密码子
D. 3′ 末端的多聚腺苷酸结构
E. 大、小两个亚基

87. 有关 tRNA 结构的叙述，正确的是

A. 5′ 端有多聚腺苷酸帽子结构
B. 3′ 端有甲基化鸟嘌呤尾巴结构
C. 链的二级结构为单链卷曲和单链螺旋
D. 链的局部可自身回折形成双链结构
E. 每 3 个相连核苷酸组成一个反密码子

88. 下列关于 DNA 螺旋的叙述，正确的是

A. A 与 U 配对
B. 形成 β－折叠结构
C. 有多聚 A 的“尾巴”
D. 主要形成左手螺旋
E. 两条链走向呈反平行

89. 有关 RNA 分类、分布及结构的叙述，错误的是

A. 主要有 mRNA、tRNA 和 rRNA 3 类
B. tRNA 分子量比 mRNA 和 rRNA 小
C. 细胞质中只有 mRNA
D. rRNA 可与蛋白质结合
E. RNA 并不完全是单链结构

90. 组成多聚核苷酸的骨架成分是

A. 碱基和戊糖
B. 碱基和磷酸
C. 碱基和碱基
D. 戊糖和磷酸
E. 戊糖与戊糖

91.DNA 变性时，断开的键是

A. 磷酸二酯键
B. 氢键
C. 糖苷键
D. 肽键
E. 疏水键

【B1 型题】

组题：（92~93 题共用备选答案）

A. m7Gppp 结构
B. 多聚 A 结构
C. hnRNA
D. 假尿嘧啶核苷
E. CCA—OH 结构

92. mRNA 的 5′ 端“帽子”结构是

93. tRNA 的 3′ 端结构是

组题：（94~96 题共用备选答案）

A. 核苷酸在核酸长链上的排列顺序　　B. tRNA 的三叶草结构

C. DNA 双螺旋结构　　D. DNA 超螺旋结构

E. DNA 的核小体结构

94. 属于核酸的一级结构的描述是

95. 属于核糖核酸的二级结构的描述是

96. 属于真核生物染色质中 DNA 的三级结构的描述是

## 二、名词解释

1. DNA 变性
2. 熔解温度
3. DNA 复性
4. 退火
5. 核酸分子杂交
6. 核小体
7. DNA 的一级结构
8. 双螺旋结构

## 三、简答题

1. 简述 tRNA 的结构特点。
2. 真核生物成熟 mRNA 的结构有哪些特点？
3. 在电镜下观察，真核细胞核内的染色质串珠样结构被称为什么？是怎样构成的？
4. 简述核苷酸的化学组成。
5. 什么是 Chargaff 规则？

（谭　颖）

# 第三章
# 酶与酶促反应

## 学习目标

1. 知识目标

（1）掌握：酶的化学本质，辅因子，活性中心，必需基团，酶促反应的特点，$K_m$与$V_{max}$的含义及其生物学意义，酶原，变构酶，关键酶，酶的共价修饰调节，同工酶。

（2）熟悉：最适pH和最适温度，可逆性抑制和不可逆性抑制的区别，3种可逆性抑制作用的特点，关键酶的变构调节与酶促化学修饰的特点。

（3）了解：酶活性测定与酶活性单位，酶的分类和命名，酶促反应的机制，$K_m$、$V_{max}$值的测定。

2. 能力目标

（1）能测定碱性磷酸酶含量并能分析碱性磷酸酶异常的原因。

（2）能通过典型临床病例，分析临床相关疾病的酶学指标相关改变。

3. 思政目标

解读临床实验室检查的意义和项目选择的必要性，培养学生医患沟通的能力，在今后的工作实践中减少医患矛盾，引导学生关注行业动态，崇尚科学，求真、进取。

## 内容提要

酶是生物体内由活细胞产生的大分子生物催化剂，可显著提高机体内的化学反应效率。绝大部分的酶为蛋白质或是由蛋白质和辅因子构成，有些核酸分子同样具有催化功能，称为核酶。

由酶催化的化学反应称为酶促反应。酶促反应具有高度催化效率、高度专一性（或特异性）、高度不稳定性以及可调节性的特点。酶能加速化学反应的机制是能显著降低化学反应的活化能。

根据酶催化反应的性质，可将在生物体内发现的酶分为六大类；根据组成不同，又可分为单体酶、寡聚酶、多酶复合体和多功能酶等。仅由蛋白质构成的酶为单纯酶。

结合酶由酶蛋白和辅因子组成，酶蛋白决定反应的特异性，辅因子决定反应的类型，两者缺一不可，并根据两者结合的牢固程度，辅因子有辅酶和辅基之分，前者结构疏松，后者结构较为紧密。

酶的活性中心是酶分子结合底物并催化底物的关键区域。与酶活性密切相关的化学基团称为酶的必需基团。酶原是酶的无活性前体，由细胞合成分泌后需要在适当的条件下或特定部位转化成有活性的酶，这一过程称为酶原激活，其实质是酶活性中心的形成或暴露过程。同工酶是指催化相同化学反应而酶蛋白的分子结构、理化性质乃至免疫学性质不同的一组酶。在机体中，一种酶的同工酶在各组织器官中的分布和含量各异，形成各组织特异的同工酶谱。

酶促反应动力学研究酶催化反应的速度及影响因素。酶促反应的速度受底物浓度、酶浓度、温度、pH、激活剂、抑制剂的影响。底物浓度对酶促反应速度的影响可用米氏方程描述，米氏常数（$K_m$）是指当酶促反应速度达到最大反应速度一半时所对应的底物浓度，是酶的特征性常数，可用来衡量酶对底物亲和力的大小，鉴定酶的种类。当底物浓度足够大时，酶浓度与反应速度成正比。在最适温度与最适 pH 条件下，酶活性最大，两者都不是酶的特征性常数。凡能使酶活性增加的物质均称为酶的激活剂，能使酶活性降低但不引起酶蛋白变性的物质称为酶的抑制剂。抑制作用分为不可逆性抑制和可逆性抑制，可逆性抑制又分为竞争性抑制、非竞争性抑制和反竞争性抑制。

如果由于遗传因素或后天因素引起酶的数量、结构或活性异常，可引起代谢病。酶在临床疾病的诊断中具有重要的应用价值，许多酶制剂已经作为药物被应用于疾病的治疗中。

## 习　题

### 一、选择题

【A1 型题】

1. 辅酶与辅基的主要区别在于

A. 分子大小不同　　B. 理化性质不同　　C. 化学本质不同
D. 分子结构不同　　E. 与酶蛋白结合紧密程度不同

2. 在酶浓度不变的条件下，以反应速率 $v$ 对底物 $[S]$ 作图，其图像为

A. 矩形双曲线　　B. 抛物线　　C. 直线
D.S 形曲线　　E. 钟罩形曲线

3. 心肌梗死时，乳酸脱氢酶的同工酶谱中增加最显著的是

A. LDH1　　B. LDH2　　C. LDH3

D. LDH4　　E. LDH5

4. 如果要求酶促反应 $v=V_{max}\times 80\%$，则 $[S]$ 应为 $K_m$ 的倍数是

A. 9　　B. 80　　C. 4

D. 5　　E. 4.5

5. 关于酶的活性中心，下列正确的选项是

A. 所有的酶活性中心都含有金属离子　　B. 所有的抑制剂都作用于酶的活性中心

C. 所有的酶都有活性中心　　D. 所有的酶活性中心都含有辅因子

E. 酶的必需基团一定都位于活性中心内

6. 有关酶活性中心的论述最准确的是

A. 酶的活性中心由非必需基团组成

B. 酶的活性中心不是底物结合的部位

C. 催化相同反应的酶具有不同活性中心

D. 酶的活性中心有结合基团和催化基团

E. 酶的活性中心是由一级结构相互邻近的基团组成的

7. 缀合酶表现有活性的条件是

A. 辅酶单独存在　　B. 有激动剂存在　　C. 亚基单独存在

D. 酶蛋白单独存在　　E. 全酶形式存在

8. 酶原的激活是由于

A. 激活剂能促使抑制物从酶原分子上除去

B. 激活剂能促使酶原分子上的催化基因活化

C. 激活剂能促使酶原分子的空间构象发生变化

D. 激活剂能促使酶原分子上的结合基团与底物结合

E. 激活剂能促使酶原分子上的活性中心暴露或形成

9. 酶的共价修饰调节中最常见的修饰方式是

A. 乙酰化 / 脱乙酰化　　B. 磷酸化 / 脱磷酸化　　C. —SH/—S—S—

D. 甲基化 / 脱甲基化　　E. 腺苷化 / 脱腺苷化

10. 酶促反应速度与酶浓度成正比时的条件是

A. 正常体温　　B. 碱性条件　　C. 酸性条件

D. 酶浓度足够大　　E. 底物浓度足够大

11. 结合酶的酶蛋白的作用是

A. 选择催化的底物　　B. 提高反应的活化能　　C. 决定催化反应的类型

D. 使反应的平衡常数增大　E. 使反应的平衡常数减小

12. 下列符合酶－底物结合诱导契合假说的是

A. 在酶与底物相互接近时，其结构相互诱导、相互变形和相互适应，进而相互结合

B. 底物的结构朝着适应酶活性中心的方面改变

C. 酶与辅因子相互诱导契合

D. 底物与酶的别构部位结合后，改变酶的构象，使之与底物相适应

E. 酶与底物的关系犹如锁和钥匙的关系

13. 全酶是指

A. 酶的无活性前体

B. 酶蛋白与底物复合物

C. 酶蛋白与抑制剂复合物

D. 酶蛋白与辅因子复合物

E. 酶蛋白与变构剂的复合物

14. 关于酶的 $K_m$ 值，叙述错误的是

A. 与缓冲溶液的离子强度有关

B. 与酶的浓度有关

C. 与反应温度有关

D. 与反应环境的 pH 有关

E. 与酶的结构有关

15. 关于酶的叙述下列哪项是正确的

A. 只能在体内起催化作用

B. 所有的酶都含有辅基或辅酶

C. 大多数酶的化学本质是蛋白质

D. 都具有立体异构专一性（特异性）

E. 能改变化学反应的平衡点加速反应的进行

16. 酶原没有活性是因为

A. 缺乏辅酶或辅基

B. 是已经变性的蛋白质

C. 酶原是普通的蛋白质

D. 酶蛋白肽链合成不完全

E. 活性中心未形成或未暴露

17. 国际酶学委员会将酶分为六大类的主要根据是

A. 酶催化的反应类型

B. 酶的理化性质

C. 底物结构

D. 酶的结构

E. 酶的来源

18. 磺胺类药物的类似物是

A. 叶酸

B. 嘧啶

C. 二氢叶酸

D. 四氢叶酸

E. 对氨基苯甲酸

19. 有关同工酶的叙述，正确的是

A. 同工酶在体内各组织器官的分布酶谱相同

B. 催化不同的化学反应，但酶蛋白的分子结构和理化性质相同的一组酶

C. 乳酸脱氢酶（LDH）有五种同工酶，在 pH8.6 的条件下电泳时，它们从负极到正极电泳谱带的次序是：LDH1 → LDH2 → LDH3 → LDH4 → LDH5

D. 某些同工酶在临床上可用于疾病的诊断，但意义不大

E. 催化相同的化学反应，但酶蛋白的分子结构和理化性质不同的一组酶

20. 辅酶 NADP+ 分子中含有哪种 B 族维生素

A. 叶酸　　B. 核黄素　　C. 硫胺素

D. 烟酰胺　　E. 磷酸吡哆醛

21. 下列关于酶蛋白和辅因子的叙述，正确的是

A. 酶蛋白决定反应类型

B. 辅因子不直接参与反应

C. 酶蛋白或辅因子单独存在时均有催化作用

D. 一种酶蛋白只与一种辅因子结合成一种全酶

E. 一种辅因子只与一种酶蛋白结合成一种全酶

22. 以下最不可能在酶活性中心参与催化反应的氨基酸残基是

A. 丙氨酸（Ala）　　B. 半胱氨酸（Cys）　　C. 谷氨酸（Glu）

D. 组氨酸（His）　　E. 丝氨酸（Ser）

23. 区别竞争性抑制和反竞争性抑制的简易方法是

A. 改变底物浓度观察酶活性的变化　　B. 透析法

C. 观察温度变化对酶活性的影响　　D. 观察其对最大反应速率的影响

E. 观察 pH 变化对酶活性的影响

24. 有机磷杀虫剂对胆碱酯酶的抑制作用属于

A. 可逆性抑制作用　　B. 竞争性抑制作用　　C. 非竞争性抑制作用

D. 反竞争性抑制作用　　E. 不可逆性抑制作用

25. 丙二酸对琥珀酸脱氢酶的抑制作用是

A. 反竞争性抑制　　B. 竞争性抑制　　C. 非特异性抑制

D. 不可逆抑制　　E. 非竞争性抑制

26. 影响酶促反应速率的因素不包括

A. 酶浓度　　B. 抑制剂　　C. 变性剂

D. 底物浓度　　E. 激活剂

27. 酶高度的催化效率是因为它能

A. 升高反应温度　B. 增加反应的活化能

C. 显著降低反应的活化能　D. 改变化学反应的平衡点

E. 催化热力学上允许催化的反应

28. 关于酶促反应的特点，下列描述错误的是

A. 酶对所催化的底物有选择性　B. 酶能加速化学反应

C. 酶能缩短化学反应到达反应平衡的时间　D. 酶在生物体内催化的反应都是不可逆的

E. 酶在反应前后无质和量的变化

29. 决定酶特异性的是

A. 辅酶　B. 辅基　C. 酶蛋白

D. 金属离子　E. 辅因子

30. 下列常见抑制剂中，属于可逆性抑制剂的是

A. 有机磷化合物　B. 有机砷化合物　C. 氰化物

D. 磺胺类药物　E. 有机汞化合物

31. 下列组织器官中 LDH5 活性最高的是

A. 心肌　B. 骨骼肌　C. 脑组织

D. 肾组织　E. 肝组织

32. 在研究酶促反应时要测定酶促反应的初速率，其目的是

A. 为了节省反应时间

B. 为了节省底物的用量

C. 为了防止各种干扰因素对酶促反应的影响

D. 为了提高酶促反应的灵敏度

E. 为了节省酶的用量

33. 有关酶活性中心的叙述正确的是

A. 酶都有活性中心　B. 位于酶分子核心

C. 酶活性中心都含辅基或辅酶　D. 抑制剂都作用于酶活性中心

E. 酶活性中心都有调节部位和催化部位

34. 以酶原形式分泌的酶是

A. 脂肪酶　B. 淀粉酶　C. 转氨酶

D. 胰蛋白酶　E. 组织细胞内的脱氢酶

35. 同工酶具有下列何种性质

A. 催化功能相同　B. 理化性质相同　C. 免疫学性质相同

D. 酶蛋白分子量相同　　E. 酶蛋白分子结构相同

36. 激活胰蛋白酶原的物质是

A. 胃酸　　B. 胆汁酸　　C. 肠激酶

D. 端粒酶　　E. 胃蛋白酶

37. 胰液中的蛋白水解酶最初以酶原形式存在的意义是

A. 保持其稳定性　　B. 保护自身组织

C. 促进蛋白酶的分泌　　D. 抑制蛋白酶的分泌

E. 保证蛋白质在一定时间内发挥消化作用

38. 下列关于竞争性抑制剂的论述哪项是正确的

A. 减轻抑制程度相当困难　　B. 抑制剂与酶以共价键结合

C. 抑制剂结构与底物不相似　　D. 抑制剂与酶的结合是不可逆的

E. 抑制剂与酶活性中心结合

39. 磺胺类药物是下列哪个酶的竞争性抑制剂

A. 二氢叶酸合成酶　　B. 二氢叶酸还原酶　　C. 四氢叶酸合成酶

D. 四氢叶酸还原酶　　E. 一碳单位转移酶

40. 反应速度为最大反应速度的 80% 时，$K_m$ 值等于

A. 1/2[$S$]　　B. 1/4[$S$]　　C. 1/5[$S$]

D. 1/6[$S$]　　E. 1/8[$S$]

41. 乳酸脱氢酶加热后活性大大降低的原因是

A. 亚基解聚　　B. 酶蛋白变性　　C. 酶活性受抑制

D. 辅酶失去活性　　E. 酶蛋白与辅酶分离

42. 重金属盐对巯基酶的抑制作用是

A. 可逆性抑制　　B. 竞争性抑制　　C. 非竞争性抑制

D. 不可逆抑制　　E. 反竞争性抑制

43. 化学毒气路易士气中毒时，下列哪种酶受抑制

A. 碳酸酐酶　　B. 胆碱酯酶　　C. 含巯基酶

D. 丙酮酸脱氢酶　　E. 琥珀酸脱氢酶

44. 唾液淀粉酶对淀粉起催化作用，对蔗糖不起作用这一现象说明了酶有

A. 不稳定性　　B. 可调节性　　C. 高度的特异性

D. 高度的敏感性　　E. 高度的催化效率

45. 关于酶概念的叙述下列哪项是正确的

A. 其底物都是有机化合物

B. 所有蛋白质都有酶的活性

C. 其催化活性都需特异的辅因子

D. 体内所有具有催化活性的物质都是酶

E. 酶是由活细胞合成的具有催化作用的生物大分子

46. 酶加速化学反应的根本原因是

A. 升高反应温度　　B. 增加底物浓度

C. 降低产物的自由能　　D. 增加反应物碰撞频率

E. 降低催化反应的活化能

47. 关于辅酶的叙述正确的是

A. 与酶蛋白紧密结合

B. 金属离子是体内最重要的辅酶

C. 在催化反应中不与酶活性中心结合

D. 体内辅酶种类很多，其数量与酶相当

E. 在催化反应中传递电子、原子或化学基团

48. 单纯酶是指

A. 结构简单的酶　　B. 酶的无活性前体

C. 酶与抑制剂复合物　　D. 酶与辅因子复合物

E. 仅由氨基酸残基构成的单纯蛋白质

49. 关于结合酶的论述正确的是

A. 酶蛋白具有催化活性　　B. 酶蛋白与辅酶共价结合

C. 酶蛋白决定酶的专一性　　D. 辅酶与酶蛋白结合紧密

E. 辅酶不能稳定酶分子构象

50. $K_m$ 值是指

A. 反应速度等于最大速度时的温度

B. 反应速度等于最大速度时酶的浓度

C. 反应速度等于最大速度时的底物浓度

D. 反应速度等于最大速度 50%的底物浓度

E. 反应速度等于最大速度 50%的酶的浓度

51. 关于 $K_m$ 的意义正确的是

A. $K_m$ 为酶的比活性　　B. $K_m$ 值与酶的浓度有关

C. $K_m$ 的单位是 mmol/min　　D. $K_m$ 值是酶的特征性常数之一

E. $K_m$ 越大，酶与底物亲和力越大

52. 关于 $K_m$ 的叙述，下列哪项是正确的

A. 与环境的 pH 无关
B. 是酶和底物的反应平衡常数
C. 是反映酶催化能力的一个指标
D. 是引起最大反应速度的底物浓度
E. 通过 $K_m$ 的测定可鉴定酶的最适底物

53. 当 [E] 不变，[S] 很低时，酶促反应速度与 [S]

A. 无关
B. 成正比
C. 成反比
D. 不成正比
E. 以上都不对

54. 关于酶的最适温度下列哪项是正确的

A. 与反应时间无关
B. 是酶的特征性常数
C. 是酶促反应速度最快时的温度
D. 是一个固定值与其他因素无关
E. 是指反应速度等于 50% $V_{max}$ 时的温度

55. 当底物浓度达到饱和后，如再增加底物浓度

A. 形成酶 – 底物复合物增多
B. 反应速度随底物的增加而加快
C. 增加抑制剂反应速度反而加快
D. 随着底物浓度的增加酶失去活性
E. 酶的活性中心全部被占据，反应速度不再增加

56. 关于乳酸脱氢酶同工酶的叙述正确的是

A. 5 种同工酶的理化性质相同
B. 5 种同工酶的电泳迁移率相同
C. 由 H 亚基和 M 亚基以不同比例组成
D. H 亚基和 M 亚基单独存在时均有活性
E. H 亚基和 M 亚基的一级结构相同，但空间结构不同

57. 关于非竞争性抑制的叙述，正确的是

A. 不影响 $V_{max}$
B. 酶与抑制剂结合后不影响与底物结合
C. 酶与抑制剂结合后不能与底物结合
D. 抑制剂与酶的活性中心结合
E. 抑制作用可通过增加底物浓度减弱或消除

58. 同工酶是指

A. 催化的化学反应相同
B. 酶的结构相同而存在部位不同
C. 催化不同的反应而理化性质相同
D. 催化相同的化学反应且理化性质也相同

E. 由同一基因编码翻译后的加工修饰不同

59. 可致 LDH5 水平升高的是

A. 心绞痛　　B. 肝硬化　　C. 心肌梗死

D. 肠结核　　E. 消化道溃疡

60. 下列含有核黄素的辅酶是

A. FMN　　B. HS-CoA　　C. $NAD^+$

D. $NAFP^+$　　E. TPP

61. 下列不属于含有 B 族维生素的辅酶的是

A. 磷酸吡哆醛　　B. 辅酶 A　　C. 细胞色素 C

D. 四氢叶酸　　E. 焦磷酸胺素

62. 下列辅酶含有维生素 PP 的是

A. FAD　　B. $NADP^+$　　C. CoQ

D. FMN　　E. FH4

63. 一碳单位代谢的辅酶是

A. 叶酸　　B. 二氢叶酸　　C. 四氢叶酸

D. NADPH　　E. NADH

64. $K_m$ 值是指反应速度为 1/2 $V_{max}$ 时的

A. 酶浓度　　B. 底物浓度　　C. 抑制物浓度

D. 激活剂浓度　　E. 产物浓度

65. 辅酶和辅基的差别在于

A. 辅酶为小分子有机物，辅基常为无机物

B. 辅酶与酶共价结合，辅基则不是

C. 经透析可使辅酶与酶蛋白分离，辅基则不能

D. 辅酶参与酶促反应，辅基则不参与

E. 辅酶含有维生素成分，辅基则不含

66. 辅酶在酶促反应中的作用是

A. 起着运载体的作用　　B. 维持酶的空间构象

C. 参与活性中心的组成　　D. 促进中间复合物的形成

E. 提供必需基团

67. 乳酸脱氢酶同工酶有

A. 2 种　　B. 3 种　　C. 4 种

D. 5 种　　E. 6 种

68. 有关酶的叙述，正确的是

A. 生物体内的无机催化剂

B. 催化活性都需要特异性辅酶

C. 对底物都有绝对专一性

D. 能显著降低反应活化能

E. 在体内发挥催化作用时，不受任何因素调控

69. 酶原通过蛋白酶水解激活，主要断裂的化学键是

A. 氢键　B. 二硫键　C. 疏水键

D. 离子键　E. 肽键

70. 有关酶竞争性抑制剂特点的叙述，错误的是

A. 抑制剂与底物结构相似

B. 抑制剂与底物竞争酶分子中的底物结合

C. 当抑制剂存在时，$K_m$ 值变大

D. 抑制剂恒定时，增加底物浓度，能达到最大反应速度

E. 抑制剂与酶分子共价结合

71. 酶的比活性是指

A. 在特定条件下，1min 内催化形成 1μmol 产物的酶量

B. 一定体积的酶制剂所具有的酶活性单位数

C. 一定重量的酶制剂所具有的酶活性单位数

D. 每毫克蛋白质所含的酶活性单位数

E. 每秒每个酶分子转换底物的微摩尔数

72. 有机磷农药中毒的发病机制主要是有机磷抑制了

A. 胆碱酯酶　B. 6- 磷酸葡萄糖脱氢酶　C. 细胞色素氧化酶

D. 糜蛋白酶　E. 乳酸脱氢酶

73. 为了防止酶失活，最好将酶制剂存放于

A. 80℃以上　B. 室温避光　C. 室温曝光

D. 0℃避光　E. 最适温度

74. 转氨酶的辅酶是

A. 磷酸吡哆醛　B. 焦磷酸硫胺素　C. 生物素

D. 四氢叶酸　E. 泛酸

75. 有机砷化合物对酶的抑制作用，可用下列哪种方法解毒

A. 加入过量的甲硫氨酸　B. 超滤　C. 加入过量的二巯基丙醇

D. 加入过量的 GSH　　E. 加入过量的半胱氨酸

76. 酶催化作用所必需的基团是指

A. 维持酶一级结构所必需的基团

B. 位于活性中心内、维持酶活性所必需的基团

C. 酶的亚基结合所必需的基团

D. 维持酶分子四级结构所必需的基团

E. 维持辅酶与酶蛋白结合所必需的基团

77. 金属离子作为辅因子的作用，错误的是

A. 可以中和电荷，减小静电斥力

B. 作为连接酶与底物的桥梁

C. 传递电子

D. 金属离子与酶的结合可以稳定酶的空间构象

E. 作为酶活性中心的结合基团参加反应

78. 有关酶活性测定的反应体系的叙述正确的是

A. 底物浓度达到 $K_m$ 即可

B. 反应时间必须在 120min 以上

C. 反应温度一般为 37°C

D. 反应体系中不应该用缓冲溶液

E. 反应体系必须加激活剂

79. 不能改变细胞内酶促反应速率的因素是

A. 酶的降解

B. 别构效应剂

C. 可逆的磷酸化

D. 特定抑制剂的存在

E. 底物和产物之间自由能的变化

80. 有关酶原激活的概念，正确的是

A. 初分泌的酶原即有酶活性

B. 酶原转变为酶是可逆反应过程

C. 无活性酶转变为有活性酶

D. 酶原激活无重要生理意义

E. 酶原激活是酶原蛋白质变性

81. 酶蛋白变性后其活性丧失，是因为

A. 酶蛋白的空间结构遭到破坏

B. 失去了激活剂

C. 酶蛋白的溶解度降低

D. 酶蛋白被完全降解为氨基酸

E. 酶蛋白的一级结构遭到破坏

82. 人体内维生素 D 的活性形式为

A. 25-OH-$D_3$

B. 1，25-（OH）$_2$-$D_3$

C. 24，5-（OH）$_2$-$D_3$

D. 1，24，25-（OH）$_3$-$D_3$

E. $1-OH-D_3$

83. 酶促反应的初速率

A. 与 $[E]$ 成正比　　B. 与 $[S]$ 无关　　C. 与温度成正比

D. 与 $[I]$ 成正比　　E. 与 $K_m$ 成正比

84. 关于体内酶促反应特点的叙述，错误的是

A. 具有高催化效率　　B. 温度对酶促反应速度没有影响

C. 可大幅度降低反应活化能　　D. 只能催化热力学上允许进行的反应

E. 具有可调节性

85. Michaelis-Menten 方程式是

A. $V=\frac{K_m+[S]}{V_{max}+[S]}$　　B. $V=\frac{V_{max}+[S]}{K_m+[S]}$　　C. $V=\frac{V_{max}[S]}{K_m+[S]}$

D. $V=\frac{K_m+[S]}{V_{max}[S]}$　　E. $V=\frac{K_m[S]}{V_{max}+[S]}$

86. 在底物足量时，生理条件下决定酶促反应速度的因素是

A. 酶含量　　B. 钠离子浓度　　C. 温度

D. 酸碱度　　E. 辅酶含量

87. 在酶动力学的双倒数图中，只改变斜率不改变横轴截距的抑制剂属于

A. 混合型抑制剂　　B. 竞争性抑制剂　　C. 反竞争性抑制剂

D. 不可逆性抑制剂　　E. 非竞争性抑制剂

88. 大多数别构酶具有的性质是

A. 别构位点结合不可逆的别构抑制剂

B. 别构激活剂与催化位点结合

C. 在没有效应物的时候，它们通常遵守米氏动力学

D. 由一个亚基组成

E. 在与底物结合的时候，具有协同效应

【A2 型题】

89. 患者，男，56 岁，6 小时前干活中突然出现剧烈胸痛，呈持续性，伴大汗、恶心、呕吐等症状，急诊就医。此时，若进行血清标志酶相关的辅助检查，首先应考虑下列哪种酶的变化

A. Mb　　B. LDH2　　C. $CK_2$

D. LDH1　　E. $CK_1$

90. 某患者已检查出有细菌感染，医生建议服用磺胺类药物，磺胺类药物的化学结构与对氨基苯甲酸（PABA）类似，影响了二氢叶酸的合成，因而使细菌生长和繁殖受到抑制，该抑制作用为

A. 竞争性抑制作用　　B. 可逆性抑制作用　　C. 非竞争性抑制作用

D. 不可逆抑制作用　　E. 反竞争性抑制作用

91. 患者，男，25 岁，饮酒后上腹痛 24h，呕吐，腹胀，血压 80/50mmHg，脉搏 120/min，血淀粉酶 1700U/L（Somogyi），最可能的诊断为

A. 急性胰腺炎　　B. 急性胃炎　　C. 急性肝炎

D. 急性心肌梗死　　E. 急性肾衰竭

92. 患者，男，25 岁，因与女朋友吵架，自服敌百虫约 100ml。服毒后自觉头晕、恶心、并伴有呕吐，呕吐物有刺鼻农药味。服药后 5h 家属才发现，出现神志不清，呼之不应，刺激反应差，立即送到当地医院就诊，经检查后，医生立即给予催吐洗胃，硫酸镁导泻，阿托品、解磷定静脉注射，患者渐渐好转。最可能的诊断是

A. 急性有机磷中毒　　B. 急性硫化氢中毒　　C. 急性巴比妥中毒

D. 急性苯中毒　　E. 急性氰化物中毒

【B1 型题】

组题：（93~97 题共用备选答案）

A. 递氢作用　　B. 转氨基作用　　C. 转移一碳单位

D. 转酰基作用　　E. 转移 $CO_2$ 作用

93.CoA 的作用

94.$NAD^+$ 的作用

95. 四氢叶酸的作用

96.FAD 的作用

97. 磷酸吡哆醛的作用

组题：（98~101 题共用备选答案）

A. 缀合酶　　B. 寡聚酶　　C. 单体酶

D. 单纯酶　　E. 多功能酶

98. 由于基因融合形成由一条多肽链组成却具有多种不同催化功能的酶是

99. 由酶蛋白和辅因子两部分组成的酶是

100. 只由氨基酸残基组成的酶是

101. 只由一条多肽链组成的酶是

组题：（102~107 题共用备选答案）

A. CK3　B. LDH5　C. LDH1

D. CK2　E. CK1

102. 肝中富含的 LDH 同工酶是

103. 心肌中富含的 LDH 同工酶是

104. 骨骼肌中富含的 LDH 同工酶是

105. 仅见于心肌，且含量很高的是

106. 脑组织中含量较高的 CK 同工酶是

107. 骨骼肌中含量较高的 CK 同工酶是

组题：（108~110 题共用备选答案）

A. 表观 $K_m$ 值增大，$V_{max}$ 不变　B. 表观 $K_m$ 值降低，$V_{max}$ 不变

C. 表观 $K_m$ 值不变，$V_{max}$ 增大　D. 表观 $K_m$ 值不变，$V_{max}$ 降低

E. 表观 $K_m$ 值和 $V_{max}$ 均降低

108. 反竞争性抑制剂的作用特点是

109. 竞争性抑制剂的作用特点是

110. 非竞争性抑制剂存在时，酶促反应动力学的特点是

组题：（111~114 题共用备选答案）

A. 丙二酸　B. 敌百虫　C. 路易士气

D. 二巯基丙醇　E. 琥珀酸

111. 琥珀酸脱氢酶的竞争性抑制剂为

112. 巯基酶被不可逆抑制剂抑制后的解毒剂为

113. 胆碱酯酶的抑制剂为

114. 有毒的砷化物为

组题：（115~117 题共用备选答案）

A. 维生素 $B_1$　B. 维生素 $B_2$　C. 维生素 $B_{12}$

D. 泛酸　E. 维生素 PP

115. FAD 中所含的维生素是

116. TPP 中所含的维生素是

117. 辅酶 A 中所含的维生素是

组题：（118~122 题共用备选答案）

A. 丙酮酸激酶　　B. HMG-CoA 还原酶　　C. 磷酸化酶
D. 丙酮酸羧化酶　　E. 柠檬酸合酶

118. 糖异生途径的关键酶是
119. 糖酵解途径的关键酶是
120. 三羧酸循环的关键酶是
121. 胆固醇合成的关键酶是
122. 糖原分解的关键酶是

组题：（123~125 题共用备选答案）

A. 酶的专一性　　B. 酶和底物相互诱导　　C. 底物改变酶的构象
D. 底物的浓度　　E. 酶含量

123. $K_m$ 值是指反应速率为 1/2 $V_{max}$ 时的
124. 在底物足量的条件下决定酶促反应速率的是
125. 酶的诱导契合学说指的是

## 二、名词解释

1. 酶的活性中心
2. 酶原
3. 酶
4. 缀合酶
5. 同工酶
6. 酶的共价修饰
7. 酶的抑制剂
8. 酶的最适 pH
9. 酶的最适温度
10. 酶的比活性

## 三、简答题

1. 当底物浓度远远超过酶的浓度，酶浓度增加一倍时，酶促反应速率和 $K_m$ 会发生哪些改变？
2. 什么是酶的竞争性抑制？利用竞争性抑制作用的原理阐明磺胺类药物的抑菌作用机制。
3. 影响酶促反应速率的因素有哪些？这些因素分别是如何发挥作用的？
4. 什么是全酶？在酶促反应中，酶蛋白与辅因子分别起什么作用？

5. 简述 $K_m$ 及 $V_{max}$ 的意义。
6. 什么是酶的别构调节？举例说明别构调节的作用机制。
7. 试述酶的共价修饰调节的特点。
8. 什么是酶原和酶原激活？说明酶原激活的生理意义。
9. 什么是同工酶？其检测有何临床意义？

## 四、病例分析

1. 患者，男，39 岁。1 天前晚餐后 2h 突发剧烈腹痛，为持续性全腹痛，放射至背部，伴恶心、呕吐，呕吐物为胃内容物，呕吐后疼痛无缓解，无头晕，无胸闷，无腹泻及便秘。体温 38.7℃，查血白细胞 $18.7 \times 10^9$/L[（4~10）$\times 10^9$/L]，血淀粉酶 928U/L（0~220U/L），腹部 B 超检查显示：肝内外胆管结石伴扩张、胰腺增大；腹部 CT 检查显示：胰腺体积增大，界限不清。诊断：急性胰腺炎。

（1）试简单说明该患者的发病机制。

（2）简述患者血淀粉酶数值升高的原因。

2. 患者，男，18 岁。因"腹痛、恶心、呕吐 1h"就诊。患者一个多小时前因家庭矛盾自服有机磷农药敌百虫约 180ml，15min 后出现头痛、恶心、呕吐、腹痛、多汗、流涕、流涎，家人发现后急送入院。体查发现患者嗜睡，皮肤湿冷，面部肌肉有抽搐，双侧瞳孔已缩小，呼吸有大蒜臭味。实验室检查：全血 ChE（胆碱酯酶）活力测定为 45%（正常值 >80%，50%~70% 为轻度中毒；30%~50% 为中度中毒；30% 以上为重度中毒。该患者为中度中毒）。明确诊断为有机磷中毒。

（1）有机磷农药敌百虫抑制了哪种酶，抑制机制是什么？

（2）有机磷农药中毒的机制是什么？

3. 患者，男，52 岁。胸闷、胸痛 3 天入院。近一周有受凉后感冒，咳嗽、咳痰，无发热。既往否认高血压病史，否认糖尿病、乙肝、结核病史。既往有吸烟、饮酒史，无药物过敏史。体检：体温 36.4℃，脉搏 52/min，呼吸 18/min，血压 86/60mmHg；神志清楚，体型肥胖。心界不大，心率 52/min，律齐，心音低钝。

辅助检查：入院后查电解质、凝血功能、血常规正常，查肌酸激酶 CK 1822U/L（50~310 U/L）、CK-MB 186U/L（0~25U/L）、LDH 680U/L（120~250U/L）、AST 220U/L（0~40U/L）。查心电图可见广泛心前区导联 ST 段弓背向上抬高伴 T 波倒置，Ⅱ、Ⅲ、aVF 导联可见 ST 段弓背向上抬高伴 Q 波形成，V5R 导联可见 ST 段弓背向上抬高。临床诊断为急性心肌梗死。

请问该疾病诊断的生化检查依据是什么？请简单加以说明解释。

（黎武略）

# 第四章
# 糖代谢

## 学习目标

1. 知识目标

（1）掌握：葡萄糖在体内的主要代谢途径；糖酵解、糖的无氧氧化、糖的有氧氧化、糖异生的基本过程、关键酶和生理意义；三羧酸循环的生理意义；血糖的概念及血糖的正常值；血糖的来源及去路。

（2）熟悉：磷酸戊糖途径的关键酶、重要产物和生理意义；糖原的合成与分解；Cori 循环的概念、反应过程及生理意义；几种激素（如胰岛素、糖皮质激素等）对血糖浓度的调节作用；高血糖、糖尿病、低血糖、低血糖昏迷的概念。

（3）了解：糖的消化吸收方式。

2. 能力目标

（1）能测定血糖含量并分析低血糖、高血糖及其成因。

（2）能通过糖尿病病例，分析糖尿病的类型及其可能的发病机制。

3. 思政目标

（1）让学生通过了解基因工程体外合成胰岛素等技术造福患者，强化“四个自信”，夯实基础知识，增强学生职业荣誉感。

（2）让学生了解行业动态，提高科学素养。

## 内容提要

人类食物中的糖主要以淀粉为主，糖以单糖形式被吸收进入血液，主要以肝糖原和肌糖原形式储存于体内。糖在体内的最重要的生理功能是氧化供能。

糖的分解代谢途径主要有三条，即糖的无氧氧化、糖的有氧氧化和磷酸戊糖途径。葡萄糖在缺氧条件下分解生成乳酸的过程称为糖的无氧氧化。糖的无氧氧化在细胞质中进行，分为糖酵解和丙酮酸还原生成乳酸两个阶段。该途径的关键酶是己糖激酶（肝中为葡糖激酶），磷酸果糖激酶和丙酮酸激酶。整个过程仅有一步脱氢反应，即 3- 磷酸甘油醛脱氢磷酸化生成 1，3- 二磷酸甘油酸。每分子葡萄糖经糖的无氧氧化净生成 2 分子 ATP，其产能方式为底物水平磷酸化。

糖的有氧氧化全过程分为糖酵解、丙酮酸氧化脱羧生成乙酰 CoA、三羧酸循环三个阶段，在细胞质及线粒体中进行。第一阶段的反应步骤与糖的无氧氧化相同，只是丙酮酸不再还原为乳酸。丙酮酸进入线粒体氧化脱羧生成乙酰 CoA，开始了线粒体阶段，乙酰 CoA 进入三羧酸循环彻底氧化。三羧酸循环由草酰乙酸和乙酰 CoA 缩合生成柠檬酸开始，经反复脱氢、脱羧再重新生成草酰乙酸，并生成 12 分子 ATP，加上丙酮酸转变为乙酰 CoA 的一次脱氢和一次脱羧，以及 3- 磷酸甘油醛的一次脱氢，再加上两步底物水平磷酸化产生的 ATP，每分子葡萄糖彻底氧化净生成 38（36）分子 ATP。糖的有氧氧化是体内产能最高的分解途径，三羧酸循环是三大营养素在体内彻底氧化的最终代谢通路；是三大营养素代谢联系和相互转变的枢纽。

磷酸戊糖途径的主要生理意义在于生成 5- 磷酸核糖和 NADPH。

糖原合成包括 4 步反应，糖原合酶为关键酶。糖原分解为葡萄糖的过程称为糖原的分解。肌肉组织中缺乏葡萄糖 -6- 磷酸酶，故肌糖原不能直接分解成葡萄糖。糖原分解的关键酶是磷酸化酶。

由非糖物质转变为葡萄糖或糖原的过程称为糖异生。肝脏是糖异生的主要器官。但糖酵解途径中有三步不可逆反应，糖异生过程中的四个关键酶能克服这些障碍，这四种酶为丙酮酸羧化酶、磷酸烯醇式丙酮酸羧激酶、果糖二磷酸酶和葡萄糖 -6- 磷酸酶。糖异生的生理意义在于空腹和饥饿时维持血糖浓度的恒定。

血液中的葡萄糖称为血糖。机体通过神经、激素、器官等调节血糖的浓度。胰岛素是降低血糖的激素，肾上腺素、胰高血糖素、糖皮质激素和生长素等是升高血糖的激素。

## 习　题

### 一、选择题

【A1 型题】

1. 糖最重要的生理功能是

A. 氧化供能　　B. 合成糖原　　C. 转变成脂肪　　D. 维持血糖浓度　　E. 构成组织成分

2. 人类从膳食中摄取的糖类主要是

A. 果糖　　B. 乳糖　　C. 蔗糖　　D. 麦芽糖　　E. 淀粉

3. 糖在体内消化吸收的主要部位是

A. 口腔　　B. 胃　　C. 小肠

D. 肝　　E. 胰

4. 关于糖代谢的叙述，正确的是

A. 食物中摄取的糖类主要是果糖

B. 体内吸收的主要形式是单糖

C. 体内运输的主要形式是果糖

D. 在体内分解代谢中主要的起始物质是糖原

E. 在消化道水解生成的单糖主要是乳糖

5. 关于糖无氧氧化的叙述，正确的是

A. 糖无氧氧化进行的条件是供氧充足

B. 糖无氧氧化进行的场所是线粒体

C. 糖无氧氧化是一个吸收能量的过程

D. 糖无氧氧化的最终产物是乳酸

E. 糖无氧氧化的最终产物是水和二氧化碳

6. 1 分子葡萄糖无氧氧化时可净生成几分子 ATP

A. 5　　B. 4　　C. 2

D. 3　　E. 1

7. 丙酮酸脱氢酶复合体中最终接受底物脱下的 2 个氢的辅因子是

A. 硫辛酸　　B. FAD　　C. TPP

D. $NAD^+$　　E. CoASH

8. 线粒体中底物水平磷酸化直接生成的高能化合物是

A. CTP　　B. GTP　　C. UTP

D. ATP　　E. TTP

9. 肌糖原中的 1 分子葡萄糖基在糖无氧氧化的过程中，可净生成 ATP 分子的数量是

A. 1　　B. 2　　C. 3

D. 4　　E.5

10. 在糖的无氧氧化过程中，由丙酮酸生成乳酸的生理意义在于

A. 防止丙酮酸积累

B. 生成乳酸为糖异生提供原料

C. 调节酸碱平衡防止碱中毒

D. 使肌糖原间接转变为葡萄糖

E. 使酵解生成的 NADH 再生成 $NAD^+$ 以利于糖无氧氧化的继续进行

11. 琥珀酸脱氢酶的辅基是

A. $NAD^+$　　B. FMN　　C. $NADP^+$

D. FAD　　E. CoQ

12. 正常人清晨空腹血糖浓度为（以 mmol/L 计）

A. 2.9~3.9　　B. 3.9~6.1　　C. 6.1~7.9

D. 7.9~8.1　　E. 8.9~9.9

13. 含有高能磷酸键的糖代谢中间产物是

A. 6- 磷酸果糖　　B. 3- 磷酸甘油醛　　C. 6- 磷酸葡萄糖

D. 1，6- 二磷酸果糖　　E. 1，3- 二磷酸甘油酸

14. 在糖原合成过程中，用作葡萄糖载体的是

A. CDP　　B. GDP　　C. ADP

D. dTDP　　E. UDP

15. 下列哪种激素可使血糖浓度下降

A. 糖皮质激素　　B. 胰高血糖素　　C. 胰岛素

D. 肾上腺素　　E. 生长激素

16. 下列哪一种酶与糖异生有关

A. 己糖激酶　　B. 葡糖激酶　　C. 磷酸果糖激酶

D. 葡萄糖 -6- 磷酸酶　　E. 6- 磷酸葡萄糖脱氢酶

17. 肌糖原分解不能直接补充血糖的原因是

A. 原分解的产物是乳酸　　B. 肌肉组织缺乏磷酸酶

C. 肌肉组织缺乏葡糖激酶　　D. 肌肉组织是贮存葡萄糖的器官

E. 肌肉组织缺乏葡萄糖 -6- 磷酸酶

18. 葡萄糖与甘油之间的代谢中间产物是

A. 乳酸　　B. 丙酮酸　　C.3- 磷酸甘油酸

D. 磷酸二羟丙酮　　E. 磷酸烯醇式丙酮酸

19. 参加万米长跑比赛后，人血液中显著增加的物质是

A. 草酰乙酸　　B. 乙酰乙酸　　C. 乳酸

D. 葡萄糖　　E. 丙酮酸

20. 三羧酸循环的限速酶是

A. 延胡索酸酶　　B. 柠檬酸合酶　　C. 顺乌头酸酶

D. 苹果酸脱氢酶　　E. 琥珀酸脱氢酶

21. 下列关于糖异生的描述中，不正确的是

A. 糖异生协助氨基酸代谢
B. 糖异生有利于乳酸的再利用
C. 糖异生有利于维持血糖浓度
D. 糖异生为葡萄糖转变为非糖物质
E. 丙酮酸羧化酶是糖异生的关键酶

22. 位于糖的无氧氧化、糖异生、磷酸戊糖途径、糖原合成和糖原分解各条代谢途径交汇点上的化合物是

A. 6- 磷酸果糖
B. 6- 磷酸葡萄糖
C. 1- 磷酸葡萄糖
D. 3- 磷酸甘油酸
E. 1，6- 二磷酸果糖

23. 红细胞中还原型谷胱甘肽不足易引起溶血，其原因是缺乏

A. 果糖二磷酸酶
B. 葡萄糖 -6- 磷酸酶
C. 葡糖激酶
D. 磷酸果糖激酶
E. 6- 磷酸葡萄糖脱氢酶

24. 进食后被吸收入血的单糖最主要的去路是

A. 转变为糖蛋白
B. 在体内转变为脂肪
C. 在组织器官中氧化供能
D. 在体内转变为部分氨基酸
E. 在肝、肌、脑等组织中合成糖原

25. 供氧充足时，下列哪个组织器官仍要通过糖的无氧氧化来获得能量

A. 肝
B. 肾
C. 肌肉
D. 脑组织
E. 成熟红细胞

26. 下列关于糖无氧氧化的描述中，正确的是

A. 不消耗 ATP
B. 最终产物是丙酮酸
C. 所有反应均可逆
D. 通过氧化磷酸化生成 ATP
E. 途径中催化各反应的酶都存在于胞液中

27. 糖无氧氧化途径中，第一个产能的反应是

A. 葡萄糖→ 6- 磷酸葡萄糖
B. 磷酸烯醇式丙酮酸→丙酮酸
C. 6- 磷酸果糖→ 1，6- 二磷酸果糖
D. 1，3- 二磷酸甘油酸→ 3- 磷酸甘油酸
E. 3- 磷酸甘油醛→ 1，3- 二磷酸甘油酸

28. 使血糖升高的激素是

A. 甲状旁腺素
B. 肾上腺素
C. 催产素
D. 降钙素
E. 胰岛素

29. 人体吸收糖的形式是

A. 多糖
B. 淀粉
C. 蔗糖
D. 单糖
E. 糖原

30. 糖的无氧氧化过程与糖的有氧氧化过程，共同经历了下列哪一阶段的反应

A. 糖酵解　　B. 丙酮酸还原为乳酸

C. 乳酸脱氢氧化为丙酮酸　　D. 丙酮酸氧化脱羧为乙酰 CoA

E. 乙酰 CoA 氧化为 $CO_2$ 和水

31. 下列有关肾上腺素作用的描述中，正确的是

A. 激活丙酮酸脱氢酶，促进丙酮酸分解为乙酰 CoA

B. 抑制 HSL，降低脂肪动员

C. 促进肝中糖异生作用

D. 促进糖原合成

E. 增强磷酸二酯酶活性，降低 cAMP 水平，抑制糖原分解

32. 下列关于丙酮酸氧化脱羧反应的描述，不正确的是

A. 反应在胞液中进行

B. 反应由丙酮酸脱氢酶复合体催化

C. 生成的乙酰 CoA 经三羧酸循环彻底氧化

D. 反应中脱氢的同时又脱羧，并产生了乙酰 CoA

E. 反应需要的辅因子有 TPP、FAD、$NAD^+$、HSCoA、硫辛酸

33. 三羧酸循环进行的场所是

A. 胞液　　B. 内质网　　C. 微粒体

D. 细胞核　　E. 线粒体

34. 三羧酸循环中，直接产能的反应是

A. 苹果酸→草酰乙酸　　B. 琥珀酸→延胡索酸

C. 琥珀酰 CoA →琥珀酸　　D. 异柠檬酸→ α－酮戊二酸

E. α－酮戊二酸→琥珀酰 CoA

35. 三羧酸循环中，为 FAD 提供氢的步骤是

A. 苹果酸→草酰乙酸　　B. 琥珀酸→延胡索酸

C. 延胡索酸→苹果酸　　D. α－酮戊二酸→琥珀酸

E. 异柠檬酸→ α－酮戊二酸

36. 三羧酸循环中能通过底物水平磷酸化直接生成的高能化合物是

A. CTP　　B. ATP　　C. UTP

D. GTP　　E. dTTP

37. 1 分子乙酰 CoA 进入三羧酸循环和氧化磷酸化彻底氧化可生成

A. $2CO_2+2H_2O+6ATP$　　B. $2CO_2+3H_2O+8ATP$　　C. $2CO_2+2H_2O+10ATP$

D. $2CO_2+4H_2O+10ATP$　　E. $3CO_2+4H_2O+12ATP$

38. 下列是三羧酸循环关键酶的是

A. 异柠檬酸脱氢酶　　B. 苹果酸脱氢酶　　C. 琥珀酸脱氢酶

D. 琥珀酸硫激酶　　E. 延胡索酸酶

39. 糖有氧氧化的主要生理意义是

A. 为机体合成代谢提供二氧化碳

B. 是为机体提供 5- 磷酸核糖的唯一途径

C. 是机体大多数组织细胞获能的主要方式

D. 是机体少数组织细胞获能的主要方式

E. 清除物质代谢产生的乙酰 CoA，以防其堆积

40. 下列关于磷酸戊糖途径的描述，正确的是

A. 是机体产生二氧化碳的主要方式

B. 可生成 NADPH，供合成代谢需要

C. 饥饿时葡萄糖经此途径代谢增强，以提供能量

D. 可生成 NADH，并主要通过呼吸链传递产生 ATP

E. 可生成 NADPH，并主要通过呼吸链传递产生 ATP

41. 6- 磷酸葡萄糖脱氢酶催化的反应中，直接的受氢体是

A. FAD　　B. FMN　　C. CoQ

D. $NAD^+$　　E. $NADP^+$

42. 下列哪种酶缺乏会引起红细胞中还原型谷胱甘肽（GSH）不足导致溶血

A. 果糖二磷酸酶　　B. 磷酸果糖激酶

C. 异柠檬酸脱氢酶　　D. 葡萄糖 -6- 磷酸酶

E. 6- 磷酸葡萄糖脱氢酶

43. 能够释放葡萄糖的器官是

A. 肺　　B. 肝　　C. 肌肉

D. 脑组织　　E. 脂肪组织

44. 除肝以外，体内还能进行糖异生的脏器是

A. 心　　B. 脾　　C. 肺

D. 肾　　E. 脑

45. 丙酮酸羧化酶是哪条代谢途径的关键酶

A. 糖异生　　B. 糖原合成　　C. 糖的无氧氧化

D. 糖的有氧氧化　　E. 磷酸戊糖途径

46. 运动后肌肉中产生的乳酸的主要去路是

A. 由肾排出
B. 再合成肌糖原
C. 被心肌摄取利用
D. 被红细胞摄取利用
E. 由血液运送到肝并异生为葡萄糖

47. 糖的无氧氧化与糖异生中共有的酶是

A. 醛缩酶
B. 己糖激酶
C. 丙酮酸激酶
D. 果糖二磷酸酶
E. 葡萄糖 -6- 磷酸酶

48. 糖原合成过程中的关键酶是

A. UDPG 焦磷酸化酶
B. 葡萄糖 -6- 磷酸酶
C. 己糖激酶
D. 糖原合酶
E. 分支酶

49. 能抑制糖异生的激素是

A. 胰岛素
B. 生长激素
C. 肾上腺素
D. 糖皮质激素
E. 胰高血糖素

50. 剧烈运动后发生肌肉酸痛的主要原因是

A. 局部乳酸堆积
B. 局部丙酮酸堆积
C. 局部二氧化碳堆积
D. 局部乙酰 CoA 堆积
E. 局部 ATP 堆积

51. 下列有关葡萄糖吸收机制的叙述中，正确的是

A. 由小肠黏膜细胞刷状缘上的非特异性载体转运
B. 肠黏膜细胞的胞饮作用
C. 逆浓度梯度的被动吸收
C. 简单的扩散吸收
E. 耗能的主动吸收

52. 严重肝病患者的肝糖原合成与分解、糖异生均受影响，因此其运动时易发生

A. 糖尿
B. 低血糖
C. 高血脂
D. 高血氨
E. 高血糖

53. 长期饥饿时，血糖的主要来源是

A. 甘油的异生
B. 肌糖原的分解
C. 肝糖原的分解
D. 肌肉蛋白质的降解
E. 食物的消化吸收

54. 调节血糖最主要的器官是

A. 脑
B. 肾
C. 肝
D. 胰
E. 肾上腺

55. 葡萄糖合成糖原时的活性形式是

A. GDPG　　B. CDPG　　C. UDPG

D. 6- 磷酸葡萄糖　　E. 1- 磷酸葡萄糖

56. 成熟红细胞仅靠糖的无氧氧化供给能量，因为成熟红细胞

A. 无氧　　B. 无 TPP　　C. 无 CoA

D. 无线粒体　　E. 无微粒体

57. 体内糖通过无氧氧化途径代谢所产生的终产物是

A. 丙酮　　B. 乳酸　　C. 丙酮酸

D. 草酰乙酸　　E. $CO_2$ 和 $H_2O$

58. 下列代谢途径中，主要在线粒体中进行的是

A. 糖酵解　　B. 糖异生　　C. 糖原合成

D. 三羧酸循环　　E. 磷酸戊糖途径

59. 无氧时葡萄糖氧化分解生成乳酸的过程是

A. 糖异生　　B. 糖有氧氧化　　C. 糖无氧氧化

D. 糖原合成途径　　E. 磷酸戊糖途径

60. 参与三羧酸循环的起始物是

A. 柠檬酸　　B. 琥珀酸　　C. 草酰乙酸

D. 延胡索酸　　E. 1，3- 二磷酸甘油酸

61. 下列不能异生为糖的是

A. 甘油　　B. 乳酸　　C. 脂肪酸

D. 氨基酸　　E. 丙酮酸

62. 1mol 丙酮酸在线粒体内彻底氧化生成 ATP 的摩尔质量是

A. 12　　B. 12.5　　C. 18

D. 21　　E. 24

63. 下列酶出现在呼吸链中的是

A. NADH 脱氢酶　　B. 苹果酸脱氢酶　　C. 丙酮酸脱氢酶

D. 葡萄糖 -6- 磷酸酶　　E. 6- 磷酸葡萄糖脱氢酶

64. 下列酶出现在三羧酸循环过程中的是

A. NADH 脱氢酶　　B. 苹果酸脱氢酶　　C. 丙酮酸脱氢酶

D. 葡萄糖 -6- 磷酸酶　　E. 6- 磷酸葡萄糖脱氢酶

65. 下列酶出现在磷酸戊糖通路中的是

A. NADH 脱氢酶　　B. 苹果酸脱氢酶　　C. 丙酮酸脱氢酶

D. 葡萄糖 -6- 磷酸酶　　E. 6- 磷酸葡萄糖脱氢酶

66. 1mol 丙酮酸通过糖异生生成葡萄糖可产生多少摩尔 ATP

A. 0　　B. 1　　C. 2

D. 3　　E. 4

67. 在肝内，糖的无氧氧化的主要功能是

A. 为糖异生提供原料　　B. 为糖有氧氧化提供丙酮酸

C. 为其他代谢提供合成原料　　D. 产生乳酸

E. 提供磷酸戊糖

68. 肝内糖异生活跃而肌内糖异生活性低是因为

A. 肌细胞内葡萄糖浓度总是较血糖低　　B. 肝有葡萄糖 -6- 磷酸酶，肌肉没有

C. 肝内不进行糖无氧氧化　　D. 缺少相应的运输载体

E. 肌细胞内不表达果糖双磷酸酶 -1

69. 下列酶出现在糖异生过程中的是

A. NADH 脱氢酶　　B. 苹果酸脱氢酶

C. 丙酮酸脱氢酶　　D. 葡萄糖 -6- 磷酸酶

E. 6- 磷酸葡萄糖脱氢酶

70. 下列有关于己糖激酶的描述，正确的是

A. 己糖激酶又称为葡糖激酶　　B. 它催化的反应基本上是可逆的

C. 使葡萄糖活化以便参加反应　　D. 催化反应生成 6- 磷酸果酸

E. 是糖无氧氧化途径的唯一关键酶

71. 在酶解过程中，催化产生 NADH 和消耗无机磷酸的酶是

A. 乳酸脱氢酶　　B. 3- 磷酸甘油醛脱氢酶

C. 醛缩酶　　D. 丙酮酸激酶

E. 烯醇化酶

72. 肝糖原合成中葡萄糖的载体是

A. CDP　　B. ADP　　C. UDP

D. TDP　　E. GDP

73. 乳酸循环所需的 NADH 主要来自

A. 三羧酸循环过程中产生

B. 脂酸 β - 氧化过程中产生

C. 糖无氧氧化过程中 3- 磷酸甘油醛脱氢产生

D. 磷酸戊糖途径产生的 NADH 经转氢生成

E. 谷氨酸脱氢产生

74. 出现糖尿时，全血血糖浓度至少为

A. 83.33mmol/L（1500mg/dl）
B. 66.67mmol/L（1200mg/dl）
C. 27.78mmol/L（500mg/dl）
D. 11.11mmol/L（200md/dl）
E. 8.89mmol/L（160mg/dl）

75. 下列关于三羧酸循环过程的描述，正确的是

A. 循环 1 周生成 4 对 NADH
B. 循环 1 周生成 2 分子 ATP
C. 乙酰 CoA 经三羧酸循环转化为草酰乙酸
D. 循环过程中消耗氧分子
E. 循环 1 周生成 2 分子 $CO_2$

76. 不参与三羧酸循环的化合物是

A. 柠檬酸
B. 草酰乙酸
C. 丙二酸
D. α－酮戊二酸
E. 琥珀酸

77. 食用新鲜蚕豆发生溶血性黄疸的患者，可能是由于以下哪种酶出现了缺陷

A. 3－磷酸甘油醛脱氢酶
B. 异柠檬酸脱氢酶
C. 琥珀酸脱氢酶
D. 6－磷酸葡萄糖脱氢酶
E. 6－磷酸葡萄糖酸脱氢酶

78. 下列关于参与三羧酸循环的酶，描述正确的是

A. 主要位于线粒体外膜
B. $Ca^{2+}$ 可抑制其活性
C. $NADH/NAD^+$ 比值增高是活性较高
D. 氧化磷酸的速率可调节其活性
E. 在血糖较低时，活性较低

79. 6－磷酸果糖激酶最强的变构激活剂是

A. 1，6－二磷酸果糖
B. 2，6－二磷酸果糖
C. AMP
D. ADP
E. ATP

80. 三羧酸循环的生理意义是

A. 合成胆汁
B. 提供能量
C. 提供 NADPH
D. 合成酮体
E. 参与脂蛋白代谢

81. 生命活动中能量的直接供体是

A. ATP
B. 磷酸肌酸
C. 葡萄糖
D. 氨基酸
E. 脂肪酸

82. 糖原分解首先生成的物质是

A. 葡萄糖
B. 1－磷酸果糖
C. 6－磷酸果糖
D. 1－磷酸葡萄糖
E. 6－磷酸葡萄糖

83. 直接生成时需要消耗能量的是

A. 葡萄糖　B. 1- 磷酸果糖　C. 6- 磷酸果糖

D. 1- 磷酸葡萄糖　E. 6- 磷酸葡萄糖

84. 分解后产能最多的是

A. 葡萄糖　B. 硬脂酸　C. 丙氨酸

D. ATP　E. 磷酸肌酸

85. 丙酮酸氧化脱羧生成的物质是

A. 丙酰 CoA　B. 乙酰 CoA　C. 羟甲基戊二酰 CoA

D. 乙酰 CoA　E. 琥珀酸 CoA

86. 正常细胞的糖无氧氧化过程中，有利于丙酮酸生成乳酸的条件是

A. 缺氧状态　B. 酮体产生过多　C. 缺少辅酶

D. 糖原分解过快　E. 酶活性降低

87. 发生了底物水平磷酸化的反应是

A. 葡萄糖→ 6- 磷酸葡萄糖　B. 6- 磷酸果糖→ 1，6- 二磷酸果糖

C. 3- 磷酸甘油醛→ 1，3- 二磷酸甘油醛　D. 琥珀酰 CoA →琥珀酸

E. 丙酮酸→乙酰 CoA

88. 体内合成脂肪酸的原料——乙酰 CoA 主要来自

A. 氨基酸氧化分解　B. 葡萄糖氧化分解　C. 脂肪酸氧化分解

D. 胆固醇氧化分解　E. 酮体氧化分解

89. 有关乳酸循环的描述，错误的是

A. 可防止乳酸在体内堆积　B. 最终从尿中排出乳酸

C. 使肌肉中的乳酸进入肝脏被异生成葡萄糖　D. 可防止机体酸中毒

E. 避免能源物质丢失

90. 下列哪种酶缺乏可引起蚕豆病

A. 葡萄糖 -6- 磷酸脱氢酶　B. 磷酸戊糖差向酶　C. 磷酸戊糖异构酶

C. 转酮基酶　E. 6- 磷酸葡萄糖酸脱氢酶

91. 丙酮酸脱氢酶复合体中不包括

A. $NAD^+$　B. FAD　C. TPP

D. 硫辛酸　E. 生物素

92. 在糖无氧氧化过程中，下列哪个酶催化的反应是不可逆的

A. 丙酮酸激酶　B. 醛缩酶　C. 磷酸丙糖异构酶

D. 烯醇化酶　E. 磷酸甘油酸激酶

93. 胰高血糖素能使血糖升高，下列哪一项是其升糖的原因之一

A. 促进脂肪动员　　B. 促进肌糖原分解　　C. 促进糖有氧氧化

D. 促进葡萄糖的转运　　E. 促进肝糖原合成

94. 下列与糖的无氧氧化途径无关的酶是

A. 磷酸烯醇式丙酮酸羧激酶　　B. 丙酮酸激酶

C. 醛缩酶　　D. 烯醇化酶

E. 己糖激酶

95. 下列关于糖有氧氧化的描述，错误的是

A. 肌中糖有氧氧化可抑制糖无氧氧化

B. 糖有氧氧化的产物是 $CO_2$ 及 $H_2O$

C. 机体所有的细胞都可以利用糖有氧氧化获取能量

D. 糖有氧氧化获得的能量比糖无氧氧化获得的能量多一些

E. 糖有氧氧化是细胞获取能量的主要方式

96. 2 分子丙氨酸异生为葡萄糖时，需消耗的高能磷酸键的数量是

A. 6　　B. 7　　C. 5

D. 3　　E. 4

97. 在糖无氧氧化的过程中，哪一种酶催化的反应是需要消耗能量的

A. 乳酸脱氢酶　　B. 磷酸己糖异构酶　　C. 磷酸甘油酸激酶

D. 丙酮酸激酶　　E. 葡糖激酶

98. 丙氨酸异生成葡萄糖时，其还原当量转移的正确方式是

A. α－磷酸甘油脱氢　　B. 琥珀酸脱氢

C. 苹果酸在胞质中脱氢生成草酰乙酸　　D. 胞质中乳酸脱氢

E. 胞质中 3- 磷酸甘油醛脱氢

99. 下列哪种酶与丙酮酸生成糖无关

A. 丙酮酸激酶　　B. 丙酮酸羧化酶

C. 磷酸烯醇式丙酮酸羧激酶　　D. 醛缩酶

E. 果糖双磷酸酶 -1

100. 关于糖原合成的叙述，错误的是

A. 糖原合成过程中有焦磷酸生成

B. 糖原合成的关键酶是糖原合酶

C. 从葡萄糖 -1- 磷酸合成糖原要消耗高能磷酸键

D. 葡萄糖的直接供体是 UDPG

E. α -1，6- 葡萄糖苷酶催化形成分支

101. 三羧酸循环需在有氧条件下进行，是因为

A. 循环的某些反应是以氧作为底物的　B. 还原型的因子需通过电子传递链被氧化

C. 产生了 $H_2O$　D. 有底物水平磷酸化

E. $CO_2$ 是该循环的产物之一

102. 在葡萄糖 -6- 磷酸脱氢酶催化的反应中，直接受氢体是

A. FMN　B. CoQ　C. NAD

D. NADP　E. FAD

103. 糖在动物体内的储存形式是

A. 葡萄糖　B. 乳糖　C. 糖原

D. 淀粉　E. 蔗糖

104. 磷酸戊糖途径的生理功能不包括

A. 参与胆固醇生物合成　B. 生成 $NADH+H^+$

C. 参与单加氧酶的催化作用　D. 参与核苷酸生物合成

E. 参与脂肪酸生物合成

105. 在下列酶促反应中，与 $CO_2$ 无关的反应是

A.6- 磷酸葡萄糖酸脱氢酶催化的反应　B. 丙酮酸羧化酶催化的反应

C. 异柠檬酸脱氢酶催化的反应　D. 丙酮酸脱氢酶催化的反应

E. 葡萄糖 -6- 磷酸脱氢酶催化的反应

106. 甘油异生成葡萄糖所需的关键酶是

A. 磷酸甘油激酶　B. 醛缩酶

C. 磷酸烯醇式丙酮酸羧激酶　D. 丙酮酸羧化酶

E. 葡萄糖 -6- 磷酸酶

107. 糖原的代谢异常主要是由于

A. 糖原合成过多　B. 淀粉分解过少　C. 缺乏相应的酶

D. 糖原分解过多　E. 吸收的淀粉过多

108. 柠檬酸对下列哪些酶有别构激活作用

A. 丙酮酸脱氢酶复合体　B. 乙酰 CoA 羧化酶

C. 葡糖激酶　D. 丙酮酸激酶

E. 6- 磷酸果糖激酶 -1

109. 体内葡萄糖代谢过程中通常无法生成的化合物是

A. 脂肪酸　B. 丙氨酸　C. 核糖

D. 胆固醇　　E. 乙酰乙酸

110. 与核酸合成密切相关的是下列哪条途径

A. 磷酸戊糖途径　　B. 糖原合成　　C. 多元醇途径

D. 糖异生　　E. 糖酵解

111. 糖原贮积症不会由于缺乏以下哪种酶而产生

A. 溶酶体 – α – 葡萄糖苷酶　　B. 己糖激酶　　C. 磷酸化酶

D. 葡萄糖 -6- 磷酸酶　　E. 分支酶

112. 丙酮酸不参与下列哪种代谢过程

A. 经异构酶催化生成丙酮　　B. 进入线粒体氧化供能　　C. 转变为乳酸

D. 异生成葡萄糖　　E. 转变为丙氨酸

113. 糖原分解所得到的初产物主要是

A. 葡萄糖 -1- 磷酸　　B. 蔗糖　　C. 葡萄糖

D. 葡萄糖 -6- 磷酸　　E. 麦芽糖

114. 在下列反应中，经三羧酸循环及氧化磷酸化能产生 ATP 最多的步骤是

A. 柠檬酸→异柠檬酸　　B. 异柠檬酸→ α – 酮戊二酸

C. α – 酮戊二酸→琥珀酸　　D. 琥珀酸→苹果酸

E. 苹果酸→草酰乙酸

115. 糖无氧氧化时下列哪一个代谢物提供 ~P 使 ADP 生成 ATP

A. 果糖 -1，6- 二磷酸　　B. 葡萄糖 -1- 磷酸

C. 葡萄糖 -6- 磷酸　　D. 1，3- 二磷酸甘油酸

E. 3- 磷酸甘油醛

116. 若摄入过多的糖，其在体内的去向不包括

A. 转变为非必需氨基酸　　B. 以糖原形式储存

C. 转变为必需氨基酸　　D. 补充血糖

E. 转变为脂肪

117. 下列哪种酶不是糖有氧氧化调节的关键酶

A. 丙酮酸脱氢酶复合体　　B. α – 酮戊二酸脱氢酶复合体

C. 丙酮酸激酶　　D. 丙酮酸羧化酶

E. 异柠檬酸脱氢酶

118. 下列哪种糖代谢途径既不生成也不消耗 ATP 或 UTP

A. 糖无氧氧化　　B. 糖原合成　　C. 糖异生

D. 糖有氧氧化　　E. 糖原分解

119. 下列物质中，哪种是人体不能消化的

A. 葡萄糖　B. 乳糖　C. 纤维素

D. 蔗糖　E. 果糖

120. 在动物组织中，从葡萄糖合成脂肪酸的重要中间产物是

A. 乙酰乙酸　B. UTP　C. 乙酰 CoA

D. 丙酮酸　E. α－磷酸甘油

121. 下列哪种酶帮助乙酰 CoA 对糖代谢进行调节

A. 激活丙酮酸脱氢酶复合体　B. 激活丙酮酸激酶

C. 抑制丙酮酸脱氢酶复合体　D. 抑制丙酮酸羧化酶

E. 抑制葡萄糖 -6- 磷酸酶

122. 乳酸循环是指

A. 肌内蛋白质降解生成丙氨酸，经血液循环至肝内重新转变为蛋白质

B. 肌内丙酮酸生成丙氨酸，肝内丙氨酸重新变成丙酮酸

C. 肌内葡萄糖无氧氧化生成乳酸，有氧时乳酸重新合成糖原

D. 肌内葡萄糖无氧氧化生成乳酸，经血液循环至肝内异生为葡萄糖供外周组织利用

E. 肌内蛋白质降解生成丙氨酸，经血液循环至肝内异生为糖原

123. 下列哪种物质缺乏可引起血液丙酮酸含量升高

A. 维生素 $B_6$　B. 叶酸　C. 维生素 $B_{12}$

D. 硫胺素　E. 生物素

124. 丙二酸能阻断糖的有氧氧化，因为它能

A. 阻断电子传递　B. 抑制琥珀酸脱氢酶

C. 抑制柠檬酸合成酶　D. 抑制 α－酮戊二酸脱氢酶

E. 抑制丙酮酸脱氢酶

125. 饥饿后进食时，摄入的葡萄糖是如何合成肝糖原的

A. 从门静脉经过肝的葡萄糖立即被肝摄取合成糖原

B. 先在肌肉合成糖原，以后再转移到肝

C. 葡萄糖在血液循环中，快速地被肝摄取并合成糖原

D. 可以直接合成糖原贮存

E. 在外周组织分解成三碳化合物，再运输至肝异生成糖原

126. 下列关于草酰乙酸的描述中，错误的是

A. 草酰乙酸是三羧酸循环的重要中间产物

B. 苹果酸脱氢酶可催化苹果酸生成草酰乙酸

C. 草酰乙酸可自由通过线粒体膜，完成还原当量的转移

D. 草酰乙酸参与脂肪酸的合成

E. 在糖异生过程中，草酰乙酸是在线粒体内产生的

127. 下列哪些物质是糖异生的原料

A. 甘油和丙氨酸　　B. 半乳糖和果糖

C. 乙酰 CoA 和琥珀酰 CoA　　D. GTP 和生物素

E. 蔗糖和乳糖

128. 磷酸果糖激酶 -1 的最强别构激活剂是

A. 果糖 -1，6- 二磷酸　　B. 果糖 -2，6- 二磷酸

C. ATP　　D. ADP

E. AMP

129. 乙醇可以抑制乳酸糖异生的原因是

A. 转变成乙酰 CoA 后抑制丙酮酸脱氢酶

B. 乙醇氧化时可与乳酸氧化成丙酮酸竞争 $NAD^+$

C. 氧化成乙醛，抑制醛缩酶

D. 转变成乙酰 CoA 后抑制丙酮酸羧化酶

E. 抑制磷酸烯醇式丙酮酸羧激酶

130. 乳酸脱氢酶在骨骼肌中主要是催化生成

A.3- 磷酸甘油醛　　B. 乳酸　　C. 磷酸烯醇式丙酮酸

D.3- 磷酸甘油酸　　E. 丙酮酸

131. 下列不属于肌组织中糖代谢特点的是

A. 肌内糖异生的能力很强

B. 剧烈运动时，肌组织可通过糖无氧氧化获得能量

C. 肌组织中的己糖激酶可磷酸化果糖

D. 肌糖原分解的产物为葡萄糖 -6- 磷酸

E. 肌糖原代谢的两个关键酶主要受肾上腺素的调节

132. 不能进入三羧酸循环氧化的物质是

A. 硬脂酸　　B. 胆固醇　　C. α – 磷酸甘油

D. 亚油酸　　E. 乳酸

133. 进食后被吸收入血的葡萄糖，最主要的去路是

A. 在肝、肌等组织中合成糖原　　B. 在体内转变为脂肪

C. 在体内转变为胆固醇　　D. 在体内转变为部分氨基酸

E. 在组织器官中氧化供能

134. 下列有关糖原磷酸化酶调节的描述中，正确的是

A. 葡萄糖可使磷酸化酶别构调节

B. 14 位丝氨酸被磷酸化时活性降低

C. 磷酸化的磷酸化酶无活性

D. 磷酸化酶构象在调节时不会改变

E. 依赖 cAMP 蛋白激酶直接使磷酸化酶磷酸化

135. 下列描述中不正确的是

A. 磷蛋白磷酸酶抑制剂磷酸化后失活

B. 有活性的磷酸化酶 b 激酶催化无活性的磷酸化酶 b 磷酸化

C. 无活性的磷酸化酶 b 激酶经磷酸化成为有活性的磷酸化酶 b 激酶

D. 磷酸化酶和糖原合酶的催化活性受磷酸化和去磷酸化的共价修饰

E. 磷酸化酶 a 经磷蛋白磷酸酶 -1 作用而失活

136. 合成糖原时，葡萄糖基的直接供体是

A. ADPG

B. 葡萄糖 -1- 磷酸

C. 葡萄糖 -6- 磷酸

D. UDPG

E. CDPG

137. 如 ATP/ADP 或 ATP/AMP 比值降低，可产生的效应是

A. 激活果糖双磷酸酶 -1

B. 抑制丙酮酸激酶

C. 激活 6- 磷酸果糖激酶 -1

D. 抑制丙酮酸脱氢酶

E. 抑制丙酮酸羧化酶

138. 正常空腹血糖浓度较恒定。葡萄糖主要在肝外各组织中被利用，葡萄糖虽然极易透过肝细胞膜，但是很少进入代谢途径。其主要原因是

A. 肝细胞葡糖激酶 $K_m$ 远远高于肝外组织的己糖激酶

B. 肝外各组织中均含有己糖激酶

C. 肝细胞中存在抑制葡萄糖转变或利用的因素

D. 己糖激酶受产物的反馈抑制

E. 血糖为正常水平

139. 下列哪种酶在糖无氧氧化和糖异生过程中都发挥催化作用

A. 丙酮酸羧化酶

B. 磷酸烯醇式丙酮酸羧激酶

C. 磷酸甘油酸激酶

D. 磷酸果糖激酶 -1

E. 丙酮酸激酶

140. 糖原分解中水解 α-1，6-糖苷键的酶是

A. 葡萄糖-6-磷酸酶　B. 葡聚糖转移酶　C. 脱支酶
D. 分支酶　E. 磷酸化酶

141. 淀粉经 α-淀粉酶作用后的主要产物是

A. 葡萄糖及极限糊精　B. 葡萄糖及蔗糖　C. 麦芽糖及蔗糖
D. 麦芽糖及极限糊精　E. 葡萄糖及麦芽糖

142. 有关葡萄糖磷酸化的叙述，错误的是

A. 葡糖激酶只存在于肝细胞和胰腺 β 细胞
B. 磷酸化反应受到激素的调节
C. 磷酸化后的葡萄糖能自由通过细胞膜
D. 己糖激酶催化葡萄糖转变成葡萄糖-6-磷酸
E. 己糖激酶有四种同工酶

143. 在有氧条件下，线粒体内下述反应中能生成 $FADH_2$ 的步骤是

A. 柠檬酸→α-酮戊二酸　B. α-酮戊二酸→琥珀酰 CoA
C. 异柠檬酸→α-酮戊二酸　D. 苹果酸→草酰乙酸
E. 琥珀酸→延胡索酸

144. 1 分子乙酰 CoA 经三羧酸循环氧化后的产物是

A. $CO_2+H_2O+ATP$　B. 草酰乙酸 $+CO_2$
C. 草酰乙酸 $+CO_2+H_2O$　D. $CO_2+$ 还原当量 $+GTP$
E. $CO_2+H_2O$

145. 在血糖偏低时，大脑仍可摄取葡萄糖而肝则不能，其原因是

A. 脑中己糖激酶的 $K_m$ 低　B. 血脑屏障在血糖低时不起作用
C. 胰高血糖素的作用　D. 肝中葡糖激酶的 $K_m$ 低
E. 胰岛素的作用

146. 乳酸异生成糖是在以下哪个位置

A. 内质网和线粒体　B. 线粒体和胞质
C. 过氧化物酶体　D. 微粒体和内质网
E. 高尔基体和胞质

147. 下列关于磷酸戊糖途径的描述，正确的是

A. 饥饿时葡萄糖经此途径代谢增加　B. 是体内生成葡萄糖醛酸的途径
C. 是葡萄糖分解代谢的主要途径　D. 可生成 NADPH 供合成代谢需要
E. 是体内产生 $CO_2$ 的主要来源

148. 直接参与底物水平磷酸化的酶是

A. 己糖激酶　　B. 醛缩酶　　C. 果糖激酶

D. 磷酸甘油酸激酶　　E. 磷酸果糖激酶 -1

149. 与生物转化第二相反应关系密切的是下列哪条途径

A. 多元醇途径　　B. 糖无氧氧化　　C. 磷酸戊糖途径

D. 糖异生　　E. 葡萄糖醛酸途径

150. 葡萄糖进入肌肉细胞后不能进行的代谢是

A. 糖无氧氧化　　B. 乳酸循环　　C. 糖有氧氧化

D. 糖原合成　　E. 糖异生

151. 下列关于三羧酸循环的叙述中，正确的是

A. 乙酰 CoA 可经草酰乙酸进行糖异生

B. 循环一周可生成 4 分子 NADH

C. 参与三羧酸循环的酶全部都位于线粒体的基质中

D. 循环一周可使 2 个 ADP 磷酸化生成 ATP

E. 琥珀酰 CoA 是 α－酮戊二酸氧化脱羧的产物

【B1 型题】

组题：（152~153 题共用备选答案）

A. 糖的有氧氧化　　B. 糖的无氧氧化

C. 2，3- 二磷酸甘油酸旁路　　D. 磷酸戊糖途径

E. 糖异生

152. 供应成熟红细胞能量的主要代谢途径是

153. 能调节成熟红细胞内血红蛋白的运氧能力的是

组题：（154~157 题共用备选答案）

A. 6- 磷酸葡萄糖脱氢酶　　B. 苹果酸脱氢酶

C. 丙酮酸脱氢酶　　D. NADH 脱氢酶

E. 葡萄糖 -6- 磷酸酶

154. 糖异生中的酶是

155. 三羧酸循环中的酶是

156. 磷酸戊糖通路中的酶是

157. 呼吸链中的酶是

组题：（158~162 题共用备选答案）

A. 果糖二磷酸酶 -1　　B. 6- 磷酸果糖激酶 -1
C. HMG-CoA 还原酶　　D. 磷酸化酶
E. HMG-CoA 合成酶

158. 糖异生途径中的关键酶是
159. 糖原分解途径中的关键酶是
160. 糖无氧氧化途径中的关键酶是
161. 胆固醇合成途径中的关键酶是
162. 参与酮体和胆固醇合成的酶是

组题：（163~166 题共用备选答案）

A. 糖的无氧氧化　　B. 糖的有氧氧化
C. 磷酸戊糖途径　　D. 乳酸循环
E. 2，3- 二磷酸甘油酸旁路

163. 成熟红细胞所需能量来自
164. 红细胞中 NADPH 主要来自
165. 成熟红细胞内没有的代谢途径是
166. 上述糖代谢过程中，其产物能调节血红蛋白与氧结合的是

## 二、名词解释

1. 糖原
2. 糖的无氧氧化
3. 糖的有氧氧化
4. 三羧酸循环
5. 糖酵解
6. 糖异生
7. 乳酸循环
8. 糖原合成
9. 肝糖原分解
10. 巴斯德效应
11. 瓦伯格效应
12. 血糖

## 三、简答题

1. 糖的无氧氧化有何生理意义？请用所学生化知识说明剧烈运动后肌肉酸痛的原因。
2. 三羧酸循环有何生理意义？
3. 为什么缺乏 6- 磷酸葡萄糖脱氢酶会引起蚕豆病？
4. 正常人血糖有哪些来源与去路？
5. 从反应的条件、终产物、部位、生成能量方面比较糖的无氧氧化与糖的有氧氧化。
6. 胰岛素是如何调节血糖水平的？
7. 人体是如何调节糖原的合成与分解的？

## 四、病例分析

黄某，女，58 岁，既往糖尿病病史 10 年。近月出现多饮、多尿、多食，体重下降明显。生化检查空腹血糖浓度 17.5mmol/L（参考值：3.89~6.1mmol/L），尿糖、尿酮阳性。诊断为“糖尿病”。

请用生化代谢知识分析该患者出现多尿、多饮、多食，体重明显下降的原因。

（兰　可）

# 第五章
# 生物氧化

## 学习目标

1. 知识目标

（1）掌握：生物氧化的概念及其特点，氧化磷酸化和底物水平磷酸化的概念；机体中能量生成的两种方式。

（2）熟悉：呼吸链的主要成分的作用，组成呼吸链的复合体的概念及其排列方式，高能化合物的概念及常见的高能化合物，氧化磷酸化的调节及其影响因素。

（3）了解：ATP 合酶、能量的释放和转移储存。

2. 能力目标

理解能量的生成和利用，应用有氧运动减脂及锻炼身体。

3. 思政目标

（1）了解解偶联剂理论与靶向药物开发等科研进展，树立学生为中华民族的伟大复兴而奋斗的信念，实现个人价值与社会价值的统一。

（2）培养学生树立崇尚科学、求真进取的正确价值观，增强职业荣誉感。

## 内容提要

机体将来自食物和体内的糖、脂肪和蛋白质等有机化合物进行一系列氧化分解，最终生成 $CO_2$ 和 $H_2O$ 并释放出能量的过程称为生物氧化。生物氧化的方式有脱氢、加氧和失电子反应。

电子传递链也称呼吸链，位于线粒体内膜，是由一系列递氢体和递电子体按照一定顺序排列而成的连锁反应体系。体内的氧化呼吸链有两条，即 NADH 氧化呼吸链和 $FADH_2$ 氧化呼吸链（琥珀酸氧化呼吸链），物质代谢过程中脱下的成对氢原子（2H）通过呼吸链最终与氧结合生成水，同时释放能量，偶联驱动 ADP 磷酸化生成 ATP 的过程，称为氧化磷酸化。P/O 比值指在氧化磷酸化过程中，每消耗 1/2mol $O_2$ 所生成的 ATP 的摩尔数。一对氢原子经 NADH 氧化呼吸链传递，P/O 比值约为 2.5；经 $FADH_2$

氧化呼吸链传递，P/O 比值约为 1.5。细胞质中的 NADH 转运到线粒体的方式主要有 α－磷酸甘油穿梭和苹果酸－天冬氨酸穿梭，成对氢经过这两种方式穿梭进入呼吸链后分别产生 1.5mol ATP 和 2.5mol ATP。影响氧化磷酸化的因素包括呼吸链抑制剂、解偶联剂、ATP 合酶抑制剂、甲状腺素、ATP/ADP 比值等。

水解时能释放大于 21kJ/mol 能量的化学键叫高能键，含有高能键的化合物称为高能化合物。体内最重要的高能化合物是 ATP。机体产生 ATP 的方式除氧化磷酸化外，还有底物水平磷酸化。后者指在分解代谢过程中，底物因脱氢、脱水等作用而使能量在分子内部重新分布，生成含高能键的高能化合物，而这些化合物直接将能量转移给 ADP（或 GDP），生成 ATP（或 GTP）的方式。生物体内能量的释放、储存和利用都以 ATP 为中心，除此之外，ATP 可在磷酸激酶的作用下生成磷酸肌酸，作为肌肉和脑组织中能量的主要储存形式。

除线粒体以外还有其他的氧化体系，其中以存在于微粒体和过氧化物酶体中的氧化体系最为重要。

## 习　题

### 一、选择题

【A1 型题】

1. 体内生物氧化最重要的场所是

A. 胞液　　B. 细胞膜　　C. 微粒体

D. 线粒体　　E. 高尔基体

2. 体内 $CO_2$ 的生成主要是由

A. 碳酸分解产生　　B. 有机酸脱羧产生

C. 代谢物脱氢产生　　D. 碳原子由呼吸链传递给氧生成

E. 碳原子与氧原子直接化合产生

3. 线粒体内不同底物脱下的 2H 经氧化呼吸链的汇合点在

A. 黄素酶　　B. 辅酶 Q　　C. 铁硫蛋白

D. 细胞色素　　E. 细胞色素酶

4. 在生物氧化过程中，以热能形式散发的能量约为

A. 40%　　B. 50%　　C. 60%

D. 30%　　E.80%

5. 在生物氧化过程中，所释放能量以化学形式储存的约为

A. 30%　　B. 40%　　C. 50%

D. 60%　　E. 70%

6. 在线粒体内，氧化磷酸化速度增加则

A. ATP 浓度下降　　B. ADP 浓度增高　　C. ADP/ATP 比值不变

D. ADP/ATP 比值增高　　E. ADP/ATP 比值下降

7. $NAD^+$ 在呼吸链中的作用是传递

A. 两个氧原子　　B. 两个电子　　C. 两个电子和两个氢离子

D. 一个电子和两个氢离子　　E. 两个电子和一个氢离子

8. 下列物质中不属于高能化合物的是

A. CTP　　B. 丙酮酸　　C. 磷酸肌酸

D. 乙酰 CoA　　E. 1，3-DPG

9. FMN 和 FAD 在呼吸链的作用是传递

A. 两个氧原子　　B. 一个电子　　C. 两个电子和两个氢离子

D. 一个电子和两个氢离子　　E. 两个电子和一个氢离子

10. 人体活动主要的直接供能物质是

A. UTP　　B. GTP　　C. ATP

D. 葡萄糖　　E. 磷酸肌酸

11. 呼吸链在生物体内的存在部位为

A. 细胞核　　B. 细胞膜　　C. 细胞质

D. 线粒体　　E. 高尔基体

12. 常见的解偶联剂是

A. 异戊巴比妥　　B. 硫化氢　　C. 一氧化碳

D. 寡霉素　　E. 二硝基苯酚

13. 氰化物中毒致死的原因是

A. 抑制 Cyt c　　B. 解偶联剂

C. 底物水平磷酸化抑制剂　　D. 呼吸链中 Cyt $aa_3$ 中电子传递抑制剂

E. 呼吸链中 Cyt b 中电子传递抑制剂

14. 调节氧化磷酸化速率的重要激素是

A. 胰岛素　　B. 生长激素　　C. 甲状腺激素

D. 肾上腺素　　E. 胰高血糖素

15. 人体内生成 ATP 的主要方式是

A. 三羧酸循环　　B. 氧化磷酸化　　C. 糖的磷酸化

D. 底物水平磷酸化　　E. 脂肪氧化

16. 下列含有高能磷酸键的化合物是

A. F-6-P　　B. 乙酰 CoA　　C. 烯醇式丙酮酸

D. 1，3- 二磷酸甘油酸　　E. 1，6- 二磷酸果糖

17. 线粒体内将电子直接传递给氧的传递体是

A. 辅酶 Q　　B. 细胞色素 c　　C. 细胞色素 b

D. 细胞色素 $c_1$　　E. 细胞色素 $aa_3$

18. 线粒体内，1mol 丙酮酸生成乳酸时脱下的一对氢经呼吸链传递可产生多少摩尔 ATP

A. 1.5　　B. 2.5　　C. 3

D. 1　　E. 2

19. 参与线粒体氧化呼吸链递氢递电子的维生素是

A. 泛酸　　B. 生物素　　C. 维生素 PP

D. 维生素 $B_1$　　E. 维生素 $B_6$

20. 下列哪种酶催化的反应属于底物水平磷酸化

A. 己糖激酶　　B. 丙酮酸激酶　　C. 乳酸脱氢酶

D. 丙酮酸脱氢酶　　E. 琥珀酸脱氢酶

21. 代谢物脱下的氢经 $FADH_2$ 氧化呼吸链传递可生成多少摩尔 ATP

A. 1　　B. 1.5　　C. 2.5

D. 3　　E. 3.5

22. 甲状腺激素对氧化磷酸化的影响，下列说法正确的是

A. ATP 分解的速度减慢　　B. ADP/ATP 比值降低

C. 氧化磷酸化速度减慢　　D. ATP 生成相应减少

E. ATP 合成与分解速率均加快

23. 容易被分离提取的细胞色素是

A. Cty b　　B. Cty c1　　C. Cty c

D. Cty a　　E. Cty a3

24. 有关氧化磷酸化的叙述，错误的是

A. 物质在氧化时伴有 ADP 磷酸化生成 ATP 的过程

B. 氧化磷酸化过程涉及两种呼吸链

C. 电子分别经两种呼吸链传递至氧均产生 2.5 分子 ATP

D. 氧化磷酸化过程存在于线粒体内

E. 氧化与磷酸化过程通过耦联产生

25. 氰化物中毒抑制剂抑制的是

A. 细胞色素 b　B. 细胞色素 c　C. 细胞色素 $c_1$

D. 细胞色素 $aa_3$　E. 辅酶 Q

26. 体内常见的高能磷酸化合物其磷酸酯键水解时释放的能量（kJ/mol）为

A. >11　B. >16　C. >25

D. >28　E. >31

27. 代谢物脱下的氢经 NADH 氧化呼吸链传递可生成多少摩尔 ATP

A. 1　B. 2　C. 2.5

D. 4　E. 5

28. 胞液 NADH 经苹果酸穿梭机制可得

A. 1 分子 ATP　B. 1.5 分子 ATP　C. 2.5 分子 ATP

D. 4 分子 ATP　E. 5 分子 ATP

29. 胞液 $NADH+H^+$ 经 α－磷酸甘油穿梭机制可得

A. 1 分子 ATP　B. 1.5 分子 ATP　C. 2.5 分子 ATP

D. 3 分子 ATP　E. 4 分子 ATP

30. 呼吸链电子传递过程中可直接被磷酸化的物质是

A. CDP　B. ADP　C. GDP

D. TDP　E. UDP

31. 来自丙酮酸的电子进入呼吸链的部位是

A. 泛醌 –Cyt c 还原酶　B. 琥珀酸－泛醌还原酶　C. CoQ

D. Cyt c 氧化酶　E. NADH– 泛醌还原酶

32. 体内细胞色素 C 直接参与的反应是

A. 生物氧化　B. 脂肪酸合成　C. 糖酵解

D. 肽键形成　E. 叶酸还原

33. 生物氧化通常是指生物体内的

A. 脱氢反应　B. 营养物质氧化生成 $H_2O$ 和 $CO_2$ 的过程

C. 加氢反应　D. 与氧分子结合的反应

E. 释出电子的反应

34. 关于细胞色素的叙述，正确的是

A. 所有细胞色素与线粒体内膜紧密结合　B. 都是递电子体

C. 各种细胞色素的辅基完全相同　D. 都受 $CN^-$ 与 CO 的抑制

E. 全部存在于线粒体中

35. 肌组织中能量贮存的主要形式是

A. GTP　　B. UTP　　C. 磷酸肌酸

D. CTP　　E. ATP

36. 参与药物毒物生物转化作用的细胞色素是

A. Cyt b562　　B. Cyt P450　　C. Cyt c

D. Cyt $c_1$　　E. Cyt $aa_3$

37. 在离体线粒体实验体系中加入某底物、ADP 和 Pi，测得 P/O 值为 1.4，该底物脱下的氢进入呼吸链最可能的部位是

A. CoQ　　B. Cyt c　　C. FMN

D. Cyt $aa_3$　　E. $NAD^+$

38.CO 中毒可导致细胞呼吸停止，作用机制是

A. 使物质氧化所释放的能量大部分以热能形式消耗

B. 阻断 Cyt b 与 Cyt $c_1$ 之间的电子传递

C. 阻断 Cyt $aa_3$ 与 $O_2$ 之间的电子传递

D. 具有解偶联作用

E. 阻断质子回流

39. 关于线粒体 DNA （mtDNA）的叙述，错误的是

A. 人 mtDNA 只编码 13 条多肽链

B. mtDNA 突变为母系遗传

C. mtDNA 缺乏蛋白质保护和损伤修复系统，易突变

D. mtDNA 是环状双螺旋结构

E. mtDNA 突变可影响氧化磷酸化

40. 以下关于化学渗透假说及 ATP 合成机制的陈述，错误的是

A. ATP 生成涉及 β 亚基的构象变化

B. 增加线粒体内膜外侧酸性可促进 ATP 合成

C. 质子回流驱动 ATP 的生成

D. 通过呼吸链将质子泵出线粒体

E. 线粒体内膜对质子不通透，其他离子可自由透过

41.1mol 苹果酸脱氢生成草酰乙酸，脱下的 $2H^+$ 通过电子传递链传递给 $O_2$ 生成 $H_2O$。在 KCN 存在时生成

A. 2.5mol ATP 和 1mol $H_2O$　　B. 1.5mol ATP 和 1mol $H_2O$

C. 无 ATP 和 $H_2O$ 生成　　D. 2.5mol ATP

E. 1.5mol ATP

42. 调节氧化磷酸化最主要的因素是

A. $O_2$　　B. ADP/ATP　　C. NADH

D. $FADH_2$　　E. Cyt $aa_3$

43. 在离体肝线粒体悬浮液中加入底物、ADP 和 Pi，此时电子传递快速完成，消耗氧，合成 ATP。然后依次加入寡霉素（阶段 1）和 2，4- 二硝基苯酚（阶段 2），下列描述正确的是

A. 阶段 2，氧耗和 ADP 磷酸化均停止

B. 阶段 1，氧耗增加，但 ADP 磷酸化停止

C. 阶段 2，氧耗增加，ADP 磷酸化仍进行

D. 阶段 1，氧耗不变，但 ADP 磷酸化停止

E. 阶段 2，氧耗增加，但 ADP 磷酸化停止

44. 能在线粒体内膜自由移动，消除电化学梯度的是

A. 抗霉素 A　　B. 鱼藤酮　　C. 寡霉素

D. 2，4- 二硝基苯酚　　E. ADP

45. 下列不属于线粒体呼吸链组分的是

A. FMN　　B. $NADP^+$　　C. Cyt c

D. FAD　　E. CoQ

46. 除含铁卟啉外，细胞色素 c 氧化酶还含有

A. Cu　　B. Zn　　C. Co

D. Mn　　E. Mg

47. 下列关于呼吸链的叙述，正确的是

A. 呼吸链各组分均存在于线粒体内膜中，构成 4 个呼吸链复合体

B. 每对氢原子通过呼吸链氧化时都生成 3 个 ATP

C. 呼吸链的电子传递方向从高电势流向低电势组分

D. 氧化与磷酸化解偶联后，呼吸链的电子传递就中断

E. 体内最普遍的呼吸链为 NADH 氧化呼吸链

48. 下列关于 ATP 合成机制的叙述，正确的是

A. β 亚基的构象保持不变　　B. 质子逆浓度梯度回流时驱动 ATP 合成

C. F1 单位具有 ATP 合酶活性　　D. F0 的作用仅是固定 F1 于线粒体内膜

E. F1 提供跨膜质子通道

49. 电子在细胞色素间传递的次序为

A. C → c → b → aa → $O_2$
B. c → c → b → $aa_3$ → $O_2$
C. $aa_3$ → b → c → c → $O_2$
D. c → b → q → aa → $O_2$
E. b → c → c → $a_3$ → $O_2$

50. 可抑制 ATP 合酶 F0 单位的物质是

A. 寡霉素
B. 抗霉素 A
C. 氰化物
D. 异戊巴比妥
E. 鱼藤酮

51. 不在线粒体中进行的代谢过程是

A. 糖酵解
B. 脂肪酸 β 氧化
C. 三羧酸循环
D. 氧化呼吸链电子传递
E. 氧化磷酸化

52. 体内 ATP 生成的主要方式是

A. 糖原分解
B. 氧化磷酸化
C. 底物水平磷酸化
D. 磷酸肌酸分解
E. 三羧酸循环

【A2 型题】

53. 蚕豆病是一种因 G-6-PD 缺乏而导致的遗传病，该病患者大量食用新鲜蚕豆后可发生急性血管内溶血。以下哪些不是该病患者发生溶血的原因

A. 红细胞遭到破坏
B. NADPH 生成减少
C. 还原型谷胱甘肽数量减少
D. 新鲜蚕豆含有蚕豆嘧啶等强氧化剂
E. 细胞色素 P450 单加氧酶活性下降

54. 拉夫特病是一种因线粒体异常而导致的疾病，主要临床表现之一为体重下降、骨骼肌萎缩无力。对该病患者肌组织进行电镜下活检，可见线粒体异常增大、嵴结构异常，经酶学检查可见线粒体 ATP 酶活性异常升高。这些证据提示患者体内线粒体氧化和磷酸化可能出现脱偶联。下列关于该患者的描述，正确的是

A. 氰化物不能抑制电子传递
B. 线粒体 ATP 水平异常升高
C. 线粒体电子传递速率很慢
D. 跨线粒体内膜的质子梯度加大
E. 患者表现为高基础代谢率和体温升高

55. 急性心肌梗死是指冠状动脉急性、持续性缺血缺氧所引起的心肌坏死。因组织缺氧，线粒体电子传递和氧化磷酸化被抑制，从而造成组织损伤。治疗后的再灌注可产生 ROS 而进一步加重组织损害。应用抗氧化剂可减少缺血再灌注损伤，保护机体。下列描述错误的是

A. ROS 主要通过线粒体呼吸链产生
B. SOD 可将超氧阴离子还原为 $H_2O_2$ 而灭活

C. 谷胱甘肽过氧化物酶可将 $H_2O_2$ 还原为 $H_2O$

D. 代谢物脱下的 2 个电子同时传递给氧时即可产生 ROS

E. ROS 可引起脂质、蛋白质和核酸等生物分子的氧化损伤

56. 患者，男，50 岁。因自服苦杏仁 250g，2h 后出现口舌麻木、恶心呕吐、腹痛、腹泻来院就诊。根据病史和临床症状考虑苦杏仁中毒。中医认为苦杏仁味苦、性温、有小毒，具有止咳平喘、润肺通便之功效，但大量服用会引起人体中毒。苦杏仁中含有苦杏仁苷（氰苷），水解后可产生氢氰酸，故食用过量或生食可引起氢氰酸中毒，抑制细胞呼吸，导致组织缺氧。下列描述正确的是

A. 氢氰酸可结合 Cyt $c_1$

B. 氢氰酸可结合 Cyt $a_3$

C. 可通过吸氧治疗逆转中毒症状

D. 只抑制呼吸链电子传递，不影响 ATP 生成

E. 呼吸链被阻断之前的组分均处于氧化态

57. 患者，女，28 岁。因心悸、怕热多汗，食欲亢进，消瘦无力，体重减轻来院就诊。体格检查：体温 37.2℃，脉率 99/min，眼球突出，脸裂增宽，双侧甲状腺弥漫性对称性肿大。基础代谢率 +57%（正常范围：-10%~+15%）。T3、T4 水平升高，甲状腺摄 $^{131}I$ 率增高。结合其他检查诊断为甲状腺功能亢进症。下列关于该患者基础代谢率增加的原因，解释有误的是

A. 甲状腺素可诱导解偶联蛋白表达

B.ATP 合成大于分解

C. 甲状腺素使 ATP 分解加速

D. 呼吸链电子传递加速

E. 甲状腺素可促进氧化磷酸化

【B1 型题】

组题：（58~59 题共用备选答案）

A. 存在 $H^+$ 通道

B. 存在单加氧酶

C. 结合 GDP 后发生构象改变

D. 具有 ATP 合酶活性

E. 含有寡霉素敏感蛋白

58. 线粒体内膜复合物 V 的 F1

59. 线粒体内膜复合物 V 的 F0

二、名词解释

1. 生物氧化

2. 呼吸链

3. 氧化磷酸化

4.P/O 比值

5. 底物水平磷酸化

## 三、简答题

1. 简述生物氧化的特点。

2. 简述呼吸链抑制剂对氧化磷酸化的影响。

## 四、病例分析

1. 患者，女，35 岁。2 个多月前无明显诱因出现乏力，心慌，怕热多汗，食欲亢进。3 周后发现颈部增粗，体重下降。查体：体温 37℃，脉搏 98/min，呼吸 19/min，血压 140/86mmHg。眼睑浮肿，双眼无突出，颈静脉怒张，甲状腺 2 度肿大，血管杂音（+）。辅助检查：游离三碘甲状腺原氨酸（FT3）12.9pmol/L（3.1~6.8pmol/L）、游离甲状腺素（FT4）46.7pmol/L（12~22pmol/L），促甲状腺激素（TSH）<0.005μU/ml（0.27~4.20μU/ml）。诊断：甲状腺功能亢进。

   请从生化代谢的角度阐述该患者出现食欲亢进、怕热多汗、乏力、消瘦的原因。

2. 某男青年，约 3h 前曾食用半生新鲜木薯 350~400g，半小时前开始恶心，并腹泻一次，后出现头晕及心悸而急诊入院。查体见呼吸浅快、轻度发绀，心率 116/min，血压 98/58mmHg，精神萎靡，腱反射减弱。诊断为生食木薯造成的急性氰化物中毒。

   请简述氰化物（CN-）引起“细胞窒息”（内窒息）的生化机制。

（兰　可）

# 第六章 脂质代谢

## 学习目标

1. 知识目标

（1）掌握：甘油三酯的合成与分解代谢；酮体代谢；软脂肪酸生物合成、胆固醇合成等的部位、合成原料、过程、关键酶；酮体生成与利用的生理意义及酮症酸中毒的机制；胆固醇在体内转化的概况；血脂与血浆脂蛋白的概念与组成；血浆脂蛋白的种类及功能；各类脂蛋白（CM、VLDL、LDL、HDL）的组成特点、来源（合成部位）及生理功能；载脂蛋白的概念、种类与功能。

（2）熟悉：脂类的概念、分类；脂肪及类脂的主要生理功能；必需脂肪酸；影响脂类储存与动员的激素；脂肪酸 β 氧化产生 ATP 的计算；脂肪的合成过程，血浆脂蛋白的代谢，甘油磷脂的种类。

（3）了解：脂肪的消化与吸收，脂肪酸的分类与命名，不饱和脂肪酸以及多价不饱和脂肪酸的重要衍生物。胆固醇合成的过程，合成的调节、分布、生理功能，以及胆固醇的转化。

2. 思政目标

减肥是大家普遍关注的问题。通过甘油三酯代谢的理论教学，培养学生辩证分析问题的能力，自觉抵制各种假冒伪劣保健品。引导学生树立正确的价值观，增强职业荣誉感。

## 内容提要

脂类是脂肪和类脂的总称。脂肪又称甘油三酯。类脂包括胆固醇、胆固醇酯、磷脂、糖脂等。甘油三酯的主要生理功能是储能供能，胆固醇和磷脂是构成生物膜的重要成分，参与细胞识别及信号传递，还是多种生物活性物质的前体。

脂类物质难溶于水，必须与蛋白质结合形成血浆脂蛋白才能在血浆中运输。用电泳法和密度分类法均可将血浆脂蛋白分为四类，各种血浆脂蛋白具有不同的生理功能。

脂肪酸在氧化分解前必须转变为极性较高的脂肪酰 CoA，后者以肉毒碱为载体通过线粒体膜进入线粒体。脂肪酸的 β－氧化包括脱氢、加水、再脱氢、硫解四步连续的反应。经多次重复上述四步反应，最后全部分解为乙酰 CoA。乙酰 CoA 大部分进入三羧酸循环彻底氧化并产生能量。

肝组织利用乙酰 CoA 生成酮体，但它本身不能利用酮体，只能通过血循环运输至肝外组织（如肌肉和脑组织）被氧化。当长期处于饥饿状态下，酮体成为大脑的主要供能物质。

甘油可在肝、肾等组织中利用。甘油可异生成糖，或参与甘油三酯和磷脂的合成，也可氧化供能。长链脂肪酸是以乙酰 CoA 为原料，在细胞液中逐步缩合成软脂酸，后者经加工改造可生成其他饱和与不饱和脂肪酸。人体不能合成亚油酸，必须从食物中摄取。亚油酸在体内可合成亚麻酸及花生四烯酸，后者是合成前列腺素的前体。肝脏和脂肪组织合成甘油三酯的能力最强。

磷脂可分为甘油磷脂和鞘磷酸，以甘油磷脂含量最多。甘油磷脂包括卵磷脂、脑磷脂、磷脂酰丝氨酸等。食物中胆碱供应不足或体内合成不足，可使卵磷脂合成减少，引起 VLDL 生成障碍导致脂肪肝。

胆固醇除由食物供应外，也能以乙酰 CoA 为原料经三阶段反应生成。胆固醇在体内不能彻底氧化分解供能，只能转化生成胆汁酸、类固醇激素和维生素 $D_3$，部分胆固醇可直接随胆汁进入肠道。

## 习　题

### 一、选择题

【A1 型题】

1. 胞质中合成脂肪酸的关键酶是

A. 肉碱脂酰转移酶 I　　B. 乙酰 CoA 羧化酶　　C. 脂酰 CoA 脱氢酶

D. 脂酰 CoA 合成酶　　E. HMG-CoA 还原酶

2. 下列化合物中，乙酰 CoA 羧化酶的别构拟制剂是

A. 柠檬酸　　B. ATP　　C. 乙酰 CoA

D. NADPH　　E. 长链脂酰 CoA

3. 合成 1 分子心磷脂至少需要多少分子活化的脂肪酸

A. 2　　B. 5　　C. 3

D. 4　　E. 1

4.HDL 含量最多的载脂蛋白是

A. ApoC　　B. ApoA Ⅰ　　C. ApoA Ⅱ

D. ApoE　　E. ApoD

5. 合成甘油磷脂除需要 ATP 供能外，还需要何种核苷酸作为活化因子

A. GTP　　B. UTP　　C. CTP

D. cGMF　　E. cAMP

6. 关于脂肪酸 β－氧化的叙述，正确的是

A. 脂酰 CoA 脱氢酶的辅酶是 $NAD^+$

B. 生成的乙酰 CoA 全部进入三羧酸循环彻底氧化

C. 软脂酸全部分解为乙酰 CoA 需要进行 8 次 β－氧化

D. 脂肪酸的活化伴有 AMP 的生成

E. 脂酰 CoA 进入线粒体内仅需肉碱脂酰转移酶

7. 前列腺素的合成前体是

A. 白三烯　　B. 亚油酸　　C. 软脂酸

D. 亚麻酸　　E. 花生四烯酸

8. 饲养实验动物时，若将断奶后的大鼠仅饲以碳水化合物和蛋白质，那么将引起该动物何种物质缺乏

A. 酮体　　B. 胆固醇　　C. 油酸

D. 甘油三酯　　E. 前列腺素

9. 脂肪酸和胆固醇生物合成的关键酶分别是

A. 脂酰 CoA 合成酶，HMG-CoA 合酶

B. 肉碱脂酰转移酶Ⅰ，卵磷脂：胆固醇酰基转移酶

C. 乙酰 CoA 羧化酶，HMG-CoA 裂解酶

D. 乙酰 CoA 羧化酶，HMG-CoA 还原酶

E. HMG-CoA 合酶，HMG-CoA 还原酶

10. 脂肪动员的关键酶是

A. PLP　　B. LCAT　　C. LPL

D. HSL　　E. HL

11. 在肠道中，帮助食物脂质消化吸收的非酶成分是

A. 胆碱　　B. 胆绿素　　C. 胆红素

D. 胆汁酸　　E. 胆固醇

12. 脂肪酸氧化分解不需要

A. 辅酶 A　　B. $NAD^+$　　C. FAD

D. $NADP^+$　　E. 肉碱

13. 脂蛋白中含蛋白成分最多的是

A. HDL　　B. IDL　　C. LDL

D. VLDL　　E. CM

14. 在脂肪酸 β－氧化、酮体生成、酮体利用及胆固醇合成代谢中均出现的是

A. 乙酰 CoA　　B. 甲羟戊酸　　C. HMG-CoA

D. β－羟丁酸　　E. 乙酰乙酸

15. 脂肪酸在肝的氧化产物不包括

A. 乙酰乙酸　　B. 丙酮　　C. 乙酰 CoA

D. 丙二酰 CoA　　E. $CO_2$

16. 肠道脂类的消化酶不包括

A. 胆固醇酯酶　　B. 脂蛋白脂肪酶　　C. 磷脂酶 $A_2$

D. 辅脂酶　　E. 胰脂酶

17. 关于载脂蛋白功能的描述，不正确的是

A. Apo AⅡ可激活肝脂肪酶活性

B. LCAT 依赖 ApoAⅠ的激活

C. ApoB 100 和 ApoE 均可参与 LDL 受体的识别

D. ApoCⅠ激活脂蛋白脂肪酶活性

E. ApoB 100 是 LDL 的主要载脂蛋白

18. 一分子硬脂酸（十八碳饱和脂肪酸）通过 β－氧化彻底分解为 $CO_2$ 和 $H_2O$ 可净生成多少分子 ATP

A. 106　　B. 124　　C. 120

D. 30　　E. 32

19. 下列有关酮体的叙述，错误的是

A. 合成酮体的起始物质是乙酰 CoA　　B. 酮体包括乙酰乙酸、β－羟丁酸和丙酮

C. 机体仅在病理情况下才生成酮体　　D. 肝可以生成酮体，但不能氧化酮体

E. 酮体是肝分解脂肪酸生成的特殊产物

20. 分解后不能生成乙酰 CoA 的是

A. 花生四烯酸　　B. 亮氨酸　　C. 葡萄糖

D. 酮体　　E. 胆固醇

21. 已知 LDL 和 HDL 的密度分别为 1.006~1.063g/ml 和 1.063~1.21g/ml。若将血浆密度调至 6g/ml 后超速离心 20h，上浮脂蛋白中

A. 只有 CM、VLDL 和 LDL　　B. 只有 CM 和 VLDL

C. 只有 CM 和 LDL　　D. 只有 LDL 和 VLDL

E. 只有 CM

22. 以乙酰 CoA 为原料合成胆固醇的主要步骤是

A. 乙酰 CoA →鲨烯→ HMG-CoA →甲羟戊酸→胆固醇

B. 乙酰 CoA → HMG-CoA →甲羟戊酸→鲨烯→胆固醇

C. 乙酰 CoA → HMG-CoA →鲨烯→甲羟戊酸→胆固醇

D. 乙酰 CoA →甲羟戊酸→鲨烯→ HMG-CoA →胆固醇

E. 乙酰 CoA →甲羟戊酸→ HMG-CoA →鲨烯→胆固醇

23. 关于软脂酸合成的叙述，错误的是

A. 生物素是参与合成的辅因子之一

B. 脂肪酸分子中全部碳原子均由丙二酸单酰 CoA 提供

C. 合成过程中消耗 ATP

D. 合成时需要大量的 NADPH 参与

E. 脂肪酸合成酶系存在于胞质中

24. 脂肪酸的 β－氧化过程中不生成

A. $FADH_2$　　B. 脂酰 CoA　　C. 乙酰 CoA

D. NADPH　　E. $NADH+H^+$

25. 以胆固醇为前体能够合成

A. 胆红素　　B. 前列腺素　　C. 白三烯

D. 羊毛固醇　　E. 维生素 $D_3$

26. 低密度脂蛋白的主要生理功能是

A. 转运外源性胆固醇从肠道至外周组织　　B. 转运外周组织多余的胆固醇回到肝

C. 转运内源性胆固醇从肝至外周组织　　D. 转运内源性甘油三酯从肝至外周组织

E. 转运外源性甘油三酯从肠道至外周组织

27. 血浆中催化生成胆固醇酯储存于 HDL 的酶是

A. LPL　　B. 肉碱脂酰转移酶　　C. LCAT

D. 脂酰 CoA 合成酶　　E. ACAT

28. 脂肪大量动员时，肝内生成的乙酰 CoA 主要转变为

A. 丙二酰 CoA　　B. 葡萄糖　　C. 酮体

D. 脂肪酸　　E. 胆固醇

29. 下列哪种载脂蛋白可激活卵磷脂：胆固醇酰基转移酶（LCAT）

A. ApoB 100　　B. ApoC Ⅰ　　C. ApoB 48

D. ApoC Ⅱ　　E. ApoA Ⅰ

30. 下列关于脂肪组织甘油三酯脂肪酶的叙述，错误的是

A. 胰岛素使其去磷酸化而失活

B. 此酶属于脂蛋白脂肪酶类

C. 其所催化的反应是甘油三酯水解的限速步骤

D. 胰高血糖素可促使其磷酸化而激活

E. 催化储存于脂肪组织的甘油三酯水解

31. 完全在线粒体内进行的是

A. 酮体生成　　B. 葡萄糖有氧氧化　　C. 糖异生

D. 软脂酸的合成　　E. 蛋白质的合成

32. 脂肪动员时，脂肪酸在血中的运输形式是

A. 乳糜微粒　　B. 与 β－球蛋白结合　　C. 与 Y 蛋白结合

D. 极低密度脂蛋白　　E. 与清蛋白结合

33. 不参与肝细胞甘油三酯合成的底物是

A. 脂酰 CoA　　B. CDP－甘油二酯　　C. 3－磷酸甘油

D. 磷脂酸　　E. 甘油二酯

34. 合成胆固醇的限速酶是

A. HMG 还原酶　　B. HMG CoA 还原酶　　C. HMG CoA 合酶

D. HMG 合成酶与裂解酶　　E. HMG 合成酶与还原酶

35. 在肝内最先合成的酮体是

A. 羟甲基戊二酸　　B. β－羟丁酸　　C. 甲羟戊酸

D. 乙酰乙酸　　E. 乙酰 CoA

36. 肝合成内源性甘油三酯时，甘油部分的主要来源是

A. 酮体分解生成的丙酮　　B. 脂肪动员生成的游离甘油分子

C. 磷脂分解产生的 3－磷酸甘油　　D. 葡萄糖分解生成的 3－磷酸甘油

E. 葡萄糖分解生成的乙酰 CoA

37. 脂肪酸分解与葡萄糖分解的共同中间产物是

A. 乳酸　　B. 乙酰乙酸　　C. 乙酰 CoA

D. 磷酸二羟丙酮　　E. 丙酮酸

38. 下列关于甘油磷脂合成的叙述，正确的是

A. 全身各组织细胞均可合成　　B. 脂肪酸均来自糖代谢

C. 不需 ATP 的参与　　D. 磷脂酰胆碱主要由 CDP－甘油二酯途径合成

E. 乙醇胺由 Met 脱羧而来

39. 不参与胆固醇生物合成的酶是

A. 硫解酶　B. HMG-CoA 裂解酶　C. HMG-CoA 还原酶

D. HMG-CoA 合酶　E. 鲨烯合酶

40. 脂肪动员的关键酶是

A. 脂蛋白脂肪酶　B. 磷脂酶　C. 胰脂酶

D. 肝脂肪酶　E. 甘油三酯脂肪酶

41. 脂酰 CoA 进入线粒体的机制是

A. 丙氨酸 - 葡萄糖循环　B. α - 磷酸甘油穿梭　C. 嘌呤核苷酸循环

D. 肉碱穿梭　E. 苹果酸 - 天冬氨酸穿梭

42. 下列激素中，能抑制脂肪动员的激素是

A. 胰高血糖素　B. 促肾上腺皮质激素　C. 肾上腺素

D. 促甲状腺素　E. 前列腺素 $E_2$

43. 下列关于磷脂酶的叙述，错误的是

A. $PLA_2$ 水解卵磷脂可生成必需脂肪酸

B. $PLB_2$ 水解溶血磷脂中甘油 1 位上的酯键

C. 不同磷脂酶作用的部位均是酯键

D. PLD 水解磷脂的直接产物中有磷脂酸

E. PLA1 的水解产物为溶血磷脂 2

44. 正常人空腹时血中检测不到

A. VLDL　B. HDL　C. IDL

D. LDL　E. CM

45.ApoB 48 只存在于哪种血浆脂蛋白中

A. HDL　B. VLDL　C. LDL

D. IDL　E. CM

46. 下列有关乙酰 CoA 羧化酶的叙述，错误的是

A. 磷酸化修饰使其活性增强　B. 柠檬酸使其激活

C. 此酶存在于胞质中　D. 是脂肪酸合成过程的关键酶

E. 长链脂酰 CoA 使其抑制

47. 脂蛋白经琼脂糖电泳后，从负极到正极的排列顺序依次是

A. CM、VLDL、LDL、HDL　B. HDL、LDL、VLDL、CM

C. HDL、VLDL、LDL、CM　D. CM、HDL、VLDL、LDL

E. CM、LDL、VLDL、HDL

48. 关于胆固醇合成的叙述，正确的是

A. 主要在胞质及内质网上合成
B. 胰高血糖素可增加胆固醇的合成
C. HMG-CoA 裂解酶是关键酶
D. 原料乙酰 CoA 主要来自脂肪酸 β-氧化
E. 肾上腺是体内合成胆固醇的最主要场所

49. 在组成上富含外源性甘油三酯的脂蛋白是

A. LDL
B. CM
C. HDL
D. IDL
E. VLDL

50. 能将 1 分子卵磷脂水解为 1 分子甘油二酯和 1 分子磷酸胆碱的磷脂酶是

A. PLA1
B. PLC
C. $PLB_2$
D. PLD
E. $PLA_2$

51. 下列有关酮体的叙述，正确的是

A. 酮体的主要成分是乙酰 CoA
B. HMG-CoA 还原酶是酮体合成的关键酶
C. 酮体在肝合成
D. 酮体全是酸性物质
E. 酮体只能在肌组织利用

52. 合成卵磷脂时，取代基的活化形式是

A. CTP-胆碱
B. UDP-胆碱
C. UDP-乙醇胺
D. CDP-乙醇胺
E. CDP-胆碱

53. 关于脂肪酸合成代谢的叙述，正确的是

A. 合成过程主要在线粒体中进行
B. 需要 NADH 提供还原当量
C. 脂肪组织是合成脂肪酸的主要场所
D. 肉碱脂酰转移酶 I 是脂肪酸合成的关键酶
E. 原料乙酰 CoA 主要来自糖代谢

54. 下列关于血浆脂蛋白功能的叙述，正确的是

A. VLDL 主要转运内源性胆固醇
B. HDL 是 ApoB 的储备库
C. HDL 的主要功能是从肝脏转运多余胆固醇至外周组织
D. CM 主要转运外源甘油三酯及胆固醇酯
E. IDL 是 LDL 代谢的中间产物

55. 脂酰 CoA β-氧化的反应顺序是

A. 脱氢、加水、硫解、再脱氢
B. 硫解、再脱氢、脱氢、加水

C. 脱氢、加水、再脱氢、硫解　　D. 脱氢、硫解、加水、再脱氢
E. 脱氢、硫解、再脱氢、加水

56. 下列功能中，载脂蛋白不具备的是
A. 作为脂蛋白受体的配体　　B. 激活肝外 LPL
C. 激活 LACT　　D. 稳定脂蛋白结构
E. 激活脂肪组织的脂肪酶

57. 人体内源性甘油三酯的主要合成部位是
A. 肾　　B. 小肠　　C. 肌
D. 肝　　E. 脂肪组织

58. 胆固酸在体内的最主要代谢去路是
A. 在皮肤转变为维生素 $D_3$　　B. 在性腺转变为激素
C. 在细胞内氧化分解为 $CO_2$ 和水　　D. 在外周组织转变为胆红素
E. 在肝中转变成胆汁酸

59. 下列激素中，可抑制脂肪动员和脂肪分解的是
A. 去甲肾上腺素　　B. 促肾上腺皮质激素
C. 胰高血糖素　　D. 胰岛素
E. 肾上腺素

60. 下列属于脂肪酸 β－氧化的关键酶是
A. 肉碱脂酰转移酶 Ⅰ　　B. HMG－CoA 还原酶　　C. 精氨酸代琥珀酸合成酶
D. HMG－CoA 合酶　　E. 乙酰 CoA 羧化酶

61. 脂肪组织中的甘油三酯被脂肪酶水解为游离脂肪酸和甘油，并释放入血供其他组织氧化利用的过程称为
A. 脂质吸收　　B. 脂肪储存　　C. 脂蛋白合成
D. 脂肪动员　　E. 脂肪消化

62. 参与脂肪酸活化的酶是
A. 甘油三酯脂肪酶　　B. 硫解酶　　C. 脂蛋白脂肪酶
D. 脂酰 CoA 合成酶　　E. HMG－CoA 合酶

63. 胆固醇是下列哪一种化合物的前体
A. CoA　　B. 泛醌　　C. 维生素 A
D. 维生素 D　　E. 维生素 E

64. 下列说法中正确的是
A. CM 是转运内源性脂肪的工具　　B. VLDL 是转运外源性脂肪的工具

C. CM 是转运内源性胆固醇的工具

D. LDL 是将胆固醇运至肝外的工具

E. HDL 是将肝外组织的脂肪运送到肝脏的工具

65. 长期严重饥饿时脑组织的能量主要来自

A. 酮体的氧化　　B. 甘油的氧化　　C. 葡萄糖的氧化

D. 脂肪酸的氧化　　E. 氨基酸的氧化

66. 下面有关酮体的叙述正确的是

A. 糖尿病不会引起酮症酸中毒

B. 酮体不能通过血脑屏障进入脑组织

C. 酮体是肝输出脂类能源的一种形式

D. 酮体包括 β – 羟丁酸、乙酰乙酸和丙酮酸

E. 酮体是糖代谢障碍时体内才能生成的一种产物

67. 下列有关于酮体的叙述不正确的是

A. 酮体不溶于水　　B. 酮体是肝内生成肝外利用

C. 酮体是体内正常的代谢产物　　D. 严重糖尿病患者血酮体水平升高

E. 酮体包括乙酰乙酸、β – 羟丁酸和丙酮

68. 正常血浆脂蛋白按密度由低→高顺序的排列为

A. CM → VLDL → IDL → LDL　　B. CM → VLDL → LDL → HDL

C. VLDL → CM → LDL → HDL　　D. VLDL → LDL → IDL → HDL

E. VLDL → LDL → HDL → CM

69. 胆固醇生物合成所涉及的亚细胞结构是

A. 线粒体与质膜　　B. 胞质与溶酶体　　C. 胞质与内质网

D. 线粒体与内质网　　E. 胞质与高尔基复合体

70. 肝在脂类代谢中不具有的作用是

A. 酮体的生成　　B. LDL 的生成　　C. VLDL 的生成

D. 胆汁酸的生成　　E. HDL 的生成

71. 下列磷脂中哪个含胆碱

A. 卵磷脂　　B. 脑苷脂　　C. 心磷脂

D. 磷脂酸　　E. 脑磷脂

72. 脂肪肝的主要病因是

A. 食入脂肪过多　　B. 食入过量糖类食品　　C. 肝内脂肪合成过多

D. 肝内脂肪分解障碍　　E. 肝内脂肪运出障碍

73. 脂肪酸彻底氧化的产物是

A. 乙酰 CoA　　B. 丙酰 CoA

C. 脂酰 CoA　　D. $H_2O$、$CO_2$ 及释出的能量

E. 乙酰 CoA，$FADH_2$ 及 $NADH+H^+$

74. 脂肪酸 β－氧化、酮体生成及胆固醇合成的共同中间产物是

A. HMG-CoA　　B. 乙酰 CoA　　C. 乙酰乙酸

D. 乙酰 CoA　　E. 甲基二羟戊酸

75. 参与脂肪酸合成的乙酰 CoA 主要来自

A. 酮体　　B. 脂酸　　C. 胆固醇

D. 葡萄糖　　E. 丙氨酸

76. 脂肪酸合成的关键酶是

A. 硫解酶　　B. 乙酰转移酶　　C. 丙酮酸羧化酶

D. 丙酮酸脱氢酶　　E. 乙酰 CoA 羧化酶

77. 胆固醇的生理功能不包括

A. 氧化供能　　B. 转化为胆汁酸　　C. 转变为维生素 $D_3$

D. 参与构成生物膜　　E. 转化为类固醇激素

78. 胆固醇含量最高的是

A. CM　　B. LDL　　C. IDL

D. HDL　　E. VLDL

79. 含甘油三酯最多，含胆固醇最少的脂蛋白是

A. CM　　B. LDL　　C. HDL

D. IDL　　E. VLDL

80. 蛋白质含量最高的脂蛋白是

A. CM　　B. LDL　　C. HDL

D. IDL　　E. VLDL

81. 转运内源性甘油三酯及胆固醇的血浆脂蛋白是

A. CM　　B. LDL　　C. IDL

D. HDL　　E. VLDL

82. 将肝外的胆固醇向肝内运输的是

A. CM　　B. LDL　　C. IDL

D. HDL　　E. VLDL

83. 可防止动脉粥样硬化的血浆脂蛋白是

A. CM　B. LDL　C. IDL

D. HDL　E. VLDL

84. 生物膜中含量最多的脂类是

A. 磷脂　B. 糖脂　C. 胆固醇

D. 蛋白质　E. 甘油三酯

85. 脂酸 β－氧化的部位是

A. 胞液　B. 线粒体　C. 细胞核

D. 内质网　E. 微粒体

86. 控制长链脂酰 CoA 进入线粒体氧化的因素是

A. 脂酰 CoA 的含量　B. 脂酰 CoA 脱氢酶的活性

C. 脂酰 CoA 合成酶的活性　D. 肉碱脂酰转移酶 Ⅰ 的活性

E. 肉碱脂酰转移酶 Ⅱ 的活性

87. 体内胆固醇和脂酸合成所需的氢来自

A. $FMNH_2$　B. $FADH_2$　C. $CoQH_2$

D. NADH　E. NADPH

88. 脂酰 CoA 每进行 1 次 β－氧化，由脱氢产生的 ATP 数为

A. 4　B. 6　C. 7

D. 8　E. 9

89. 必需脂肪酸包括

A. 油酸　B. 软脂酸　C. 亚油酸

D. 硬脂酸　E. 月桂酸

90. 要真实反映血脂的情况，常在

A. 饭后 2h 采血　B. 饭后 3~6h 采血　C. 饭后 8~10h 采血

D. 饭后 12~14h 采血　E. 饭后 24h 采血

【A2 型题】

91. 患者，男，42 岁。运动时发现有间歇性跛行。家族病史显示其父有心血管病史。体检发现黄斑瘤和双侧肌腱黄色瘤。实验室检测显示血浆胆固醇（++），LDL-C（+++）。根据以上信息推断患者可能有何种缺陷

A. ApoA Ⅰ　B. 脂酰 CoA 合成酶　C. LACT

D. 胆固醇酯转运蛋白　E.ApoB 100 受体

92. 14 岁少年。患有渐进性肌疲劳和抽筋。内科实验室检测未发现有低血糖，胰高血

糖素刺激下的脂肪动员正常。肌活检发现，肌细胞的胞质内有大量异常脂质填充空泡，成分分析空泡内脂质成分主要为甘油三酯。通过以上结果分析，该少年体内最有可能缺乏

A. 肌糖原磷酸化酶　　B. 肝细胞糖原磷酸化酶　　C. ApoB 100 受体
D. 肉碱　　E. 糖原脱支酶

93. 患者，男，35 岁。有反复性胰腺炎、发疹性黄色瘤病史。实验室检测发现血浆乳糜微粒含量（++），甘油三酯水平（+++），请根据上述特征推断可能是由什么基因缺陷所致

A. HMG–CoA 还原酶　　B. LDL 受体　　C. ApoB100 受体
D. 脂蛋白脂肪酶　　E. ApoB 48

94. 5 岁男孩被查出脂肪性腹泻和腹胀，血浆甘油三酯和胆固醇水平正常，但血浆电泳结果显示，β – 脂蛋白和前 β – 脂蛋白的条带均缺失，该患者最有可能的遗传缺陷基因是

A. LCAT　　B. LDL 受体　　C. ApoA Ⅰ
D. ApoB　　E. ApoC Ⅱ

95. 患者，男，45 岁。长期饮酒。最近体检，诊断为中度脂肪肝。经遗传疾病基因筛查，未发现有易感基因缺陷。其致病原因可能是饮酒造成的肝脂代谢功能障碍，分析其可能出现的脂蛋白代谢障碍是

A. IDL 合成障碍　　B. HDL 代谢加强　　C. CM 合成减少
D. LDL 代谢减弱　　E. VLDL 分泌减少

【B1 型题】

组题：（96~99 题共用备选答案）

A. HMG–CoA　　B. β – 酮脂酰 CoA　　C. Δ2 烯脂酰 CoA
D. β – 羟脂酰 CoA　　E. 丙二酸单酰 CoA

96. 脂酰 CoA 脱氢酶的产物是
97. 硫解酶的底物是
98. 乙酰 CoA 羧化酶的产物是
99. 酮体合成和胆固醇合成过程中均生成的中间产物是

组题：（100~102 题共用备选答案）

A. Ⅴ型　　B. Ⅳ型　　C. Ⅱ b 型
D. Ⅱ a 型　　E. Ⅰ型

100. 乳糜微粒含量升高，引起血浆甘油三酯和胆固醇水平均上升的高脂血症类型是
101. 低密度脂蛋白含量升高，引起血浆胆固醇水平上升的高脂血症类型是
102. 仅单纯性甘油三酯水平升高（胆固醇水平正常）的高脂血症类型是

组题：（103~105 题共用备选答案）

A. 胆固醇酯酶　B. 磷脂酶 $A_2$　C. 胰脂酶
D. 脂蛋白脂肪酶　E. 胆汁酸

103. 在肠道中催化食物甘油三酯水解的是
104. 催化红细胞膜分解并产生溶血磷脂的是
105. 被 ApoC Ⅱ激活并促进 CM 和 VLDL 中甘油三酯水解的是

组题：（106~109 题共用备选答案）

A. LDL　B. IDL　C. VLDL
D. CM　E. HDL

106. 甘油三酯含量最高的是
107. 其血浆含量与动脉粥样硬化发生成反比的是
108. 主要负责从肝向外周组织运输胆固醇的是
109. 电泳时出现在前 β 带位置的是

组题：（110~113 题共用备选答案）

A. 3- 磷酸甘油　B. 乙酰乙酸　C. 甲羟戊酸
D. 溶血磷脂　E. 鞘氨醇

110. 参与胆固醇生物合成的五碳化合物是
111. 饥饿时，大脑利用的主要能源物质是
112. 可作为神经酰胺合成前体的是
113. 同时可参与甘油三酯和磷脂合成的物质是

组题：（114~117 题共用备选答案）

A. HMG-CoA 合酶　B. 乙酰 CoA 羧化酶　C. HMG-CoA 还原酶
D. HMG-CoA 裂解酶　E. 脂酰 CoA 合成酶

114. 胆固醇合成的关键酶是
115. 脂肪酸合成的关键酶是

116. 在酮体合成和胆固醇合成时均出现的是

117. 甘油三酯合成和分解均涉及

## 二、名词解释

1. 必需脂肪酸
2. 脂肪动员
3. 血脂
4. 柠檬酸－丙酮酸循环
5. 脂肪酸 β－氧化
6. 酮体
7. 血浆脂蛋白
8. 载脂蛋白
9. 胆固醇逆向转运
10. 高脂蛋白血症

## 三、简答题

1. 简述脂类的生理功能。
2. 简述脂肪动员的过程和关键酶调节。
3. 用超速离心法可将脂蛋白分为几类？简述主要血浆脂蛋白的合成部位及生理功能。
4. 简述胆固醇在体内主要代谢去路。
5. 简述胆固醇合成的关键反应及调节。
6. 简述 LDL 和 HDL 与动脉粥样硬化的关系。
7. 何谓酮体？简述酮体的生成、分解及生理意义。
8. 为什么人摄入过量的糖容易导致肥胖？

## 四、病例分析

1. 患者男，45 岁。因例行体检 B 超提示脂肪肝就诊。患者 5 年来因工作原因应酬较多，平均每天饮酒 150~200g。近半年偶感右上腹不适，无乙肝病史。查体：身高 168cm，体重 75kg。肝肋下 1cm 可触及，柔软无压痛。实验室检查：HBV 血清免疫学检查（－），ALT 89U/L（0~40U/L）；AST 36U/L（0~40U/L）；TG 3.17mmol/L（0.56~1.7mmol/L）；TC 6.38mmol/L（2.8~5.7mmol/L）；空腹血糖 5.5mmol/L（3.9~6.1mmol/L）。B 超报告提示脂肪肝（中度）。

请从脂类代谢角度分析长期大量饮酒诱发脂肪肝的原因。

2. 患者，女，7 岁。因突然昏倒 1h 就诊。1 周来患儿偶感不适，乏力，多饮多尿，昏迷前一天出现头晕、恶心，无发热。体检该患儿昏迷状，心率 105/min，呼吸 30/min，血压92/60mmHg，四肢末梢凉，呼吸深大，呼出气体呈烂苹果味。实验室检查：血糖35mmol/L（空腹血糖正常值为3.9~6.1mmol/L）；动脉血气分析pH 7.05（7.35~7.45）；血酮体强阳性；二氧化碳结合力5mmol/L（21~28mmol/L）；尿素氮12mmol/L（1.7~8.3mmol/L）；血钾5.8mmol/L（3.5~5.5mmol/L）；肌酐160μmol/L（36.00~132μmol/L）；尿糖（++++）；尿酮体（++++）。医生结合临床症状和检查结果诊断为糖尿病。

（1）该糖尿病患者出现了什么并发症？

（2）请从生化代谢的角度阐明该并发症的发生机制。

（莫　莉　韦丽华　任传伟　李园园　吕敏捷）

# 第七章

# 蛋白质的消化吸收和氨基酸代谢

## 学习目标

1. 知识目标

（1）掌握：氨基酸和蛋白质的生理功能；营养必需氨基酸的概念和种类；氮平衡的概念及三种关系；蛋白酶在消化中的作用；氨基酸的吸收；蛋白质的腐败作用；转氨基作用的概念、主要转氨酶（GPT、GOT）的名称及其催化的反应；氧化脱氨基、联合脱氨基作用；体内氨的来源、转运与去路；尿素合成的部位、原料及生理意义、尿素合成限速酶；氨基酸的脱羧基作用；一碳单位的概念、来源、载体和意义；甲硫氨酸循环；SAM、PAPS 的功能；苯丙氨酸、酪氨酸在体内代谢的主要产物的名称及生理功能。

（2）熟悉：蛋白质的营养价值，蛋白质互补作用及腐败作用的概念，氨基酸的来源与去路，α－酮酸代谢。

（3）了解：蛋白水解酶作用的特点，蛋白质消化的过程，氨对机体的毒性作用，肝性脑病及其防治的生化机制，一碳单位的互变，支链氨基酸的代谢。

2. 思政目标

解读临床实验室检查的意义和项目选择的必要性，培养学生医患沟通的能力，在今后的工作实践中减少医患矛盾，引导学生关注行业动态，崇尚科学，培养学生求真、进取的学习态度。

## 内容提要

蛋白质是细胞的重要组成成分，机体的各种重要的生理活动都离不开蛋白质的参与。充足的蛋白质供给能维持组织细胞的生长、更新和修补，还能为机体提供能量。氮平衡可以间接反映机体内蛋白质的代谢情况。食物中蛋白质营养价值的高低主要看摄入蛋白质所含的必需氨基酸数量、种类和比例是否与人体蛋白质相近。所以，某些营养价值较低的食物混合食用时，所含必需氨基酸种类能互相补充从而提高其营养价值，这就是蛋白质的互补作用。

外源性蛋白质在胃和小肠经消化生成氨基酸和寡肽后被吸收，消化过程消除种属特异性和抗原性，防止过敏、毒性反应。内源性氨基酸主要来自体内组织蛋白质降解以及少量合成的氨基酸。氨基酸在人体内，除合成新的组织蛋白质和转化成其他含氮化合物外，还能以脱氨基作用或脱羧基作用进行分解代谢。脱氨基作用主要有三种形式：氧化脱氨基、转氨基和联合脱氨基。体内脱氨基的主要方式是联合脱氨基作用，同时它也是体内合成非必需氨基酸的主要途径。

体内的氨主要来源于氨基酸脱氨基和胺类的分解，其次是肠道吸收和肾脏产生。氨在血液中以丙氨酸及谷氨酰胺的形式转运，大多数的氨由肝经鸟氨酸循环合成尿素，排出体外。机体在正常情况下，氨的来源与去路达到动态平衡状态。但肝功能严重受损时，鸟氨酸循环受阻，氨不能及时转变为尿素，血氨水平会升高。此时脑中的 α-酮戊二酸将会被大量消耗来生成谷氨酸再合成谷氨酰胺以去除多余的氨，这会减弱三羧酸循环的进行，导致脑组织缺乏 ATP，严重时会导致昏迷，称为肝性脑病。

脱羧酶的辅酶和转氨酶的辅酶都是磷酸吡哆醛（维生素 $B_6$ 分磷酸酯），有些氨基酸可通过脱羧基作用生成相应的胺类。一碳单位是指某些氨基酸在分解过程中形成的只含有一个碳原子的有机基团。一碳单位以四氢叶酸（$FH_4$）为载体，能作为原料参与核酸的合成，将蛋白质代谢与核酸代谢联系起来。S-腺苷甲硫氨酸（SAM）由甲硫氨酸接受腺苷后生成，是体内最重要的甲基直接供体。半胱氨酸可生成活性硫酸根（PAPS）。以苯丙氨酸和酪氨酸为原料可产生儿茶酚胺、黑色素和甲状腺素，另外可产生假神经递质。

## 习　题

### 一、选择题

【A1 型题】

1. 转氨酶的辅酶中含有下列哪种维生素

A. 维生素 $B_1$　　B. 维生素 $B_{12}$　　C. 维生素 $B_6$

D. 维生素 PP　　E. 维生素 $B_2$

2. 不能通过转氨基作用脱去氨基的是

A. 亮氨酸　　B. 赖氨酸　　C. 丝氨酸

D. 甲硫氨酸　　E. 谷氨酸

3. 体内产生 PAPS 的主要来源是

A. 甲硫氨酸　　B. 赖氨酸　　C. 酪氨酸

D. 半胱氨酸　　E. SAM

4. 关于多巴胺的描述中，下列哪项是错误的

A. 本身不是神经递质　　B. 在肾上腺髓质和神经组织中产生

C. 由酪氨酸代谢生成　　D. 帕金森病患者多巴胺生成减少

E. 是儿茶酚胺类激素

5. 由 SAM 提供的活性甲基实际来源于

A. $N^5$– 亚氨甲基四氢叶酸　　B. $N^5$，$N^{10}$– 亚甲基四氢叶酸

C. $N^5$，$N^{10}$– 次甲基四氢叶酸　　D. $N^5$– 甲基四氢叶酸

E. $N^{10}$– 甲酰四氢叶酸

6. 可激活胰蛋白酶原的是

A. 胆汁酸　　B. 糜蛋白酶　　C. 肠激酶

D. 盐酸　　E. 二肽酶

7. 精氨酸酶主要存在于哪种组织

A. 小肠　　B. 肾　　C. 肝

D. 血浆　　E. 脑

8. 下列哪种氨基酸不属于人体必需氨基酸

A. 酪氨酸　　B. 亮氨酸　　C. 甲硫氨酸

D. 苯丙氨酸　　E. 赖氨酸

9. 下列关于多巴的描述中，哪项是错误的

A. 本身不是神经递质　　B. 可生成多巴胺

C. 是儿茶酚胺类激素　　D. 是肾上腺素生物合成的中间产物之一

E. 由酪氨酸代谢生成

10. 下列氨基酸中，属于生糖兼生酮的是

A. 组氨酸　　B. 甘氨酸　　C. 赖氨酸

D. 苏氨酸　　E. 亮氨酸

11. 体内氨的储存及运输形式是

A. 组氨酸　　B. 谷氨酰胺　　C. 谷胱甘肽

D. 精氨酸　　E. 天冬酰胺

12. 关于 L– 谷氨酸脱氢酶的叙述哪项是错误的

A. 在心肌中活性低　　B. 催化可逆反应

C. 催化生成游离的氨　　D. 在骨骼肌中活性很高

E. 辅酶是烟酰腺嘌呤二核苷酸

13. 下列哪种蛋白质消化酶不属于胰液酶

A. 弹性蛋白酶　　B. 氨肽酶　　C. 羧肽酶

D. 胰蛋白酶　　E. 糜蛋白酶

14. 精氨酸分解的产物除了尿素外，还有 1 分子

A. 延胡索酸　　B. 瓜氨酸　　C. 天冬氨酸

D. 谷氨酸　　E. 鸟氨酸

15. 哪种物质不是由 SAM 提供甲基

A. 肾上腺素　　B. 胆碱　　C. 肉碱

D. 肌酸　　E. 乙醇胺

16. 必需氨基酸不包括

A. Tyr　　B. Leu　　C. Lys

D. Trp　　E. Met

17. 下列哪种氨基酸脱羧后能生成使血管扩张的活性物质

A. 赖氨酸　　B. 精氨酸　　C. 谷氨酰胺

D. 组氨酸　　E. 谷氨酸

18. 下列关于甲硫氨酸的叙述，哪项是错误的

A. S- 腺苷甲硫氨酸上的甲基能转移生成肾上腺素等化合物

B. $N^5$-$CH_3$-$FH_4$ 可向同型半胱氨酸提供甲基

C. S- 腺苷甲硫氨酸是甲基的直接供体

D. S- 腺苷甲硫氨酸是甲硫氨酸的活性形式

E. 由于人体能合成甲硫氨酸，故它是非必需氨基酸

19. 下列氨基酸中哪一种不能提供一碳单位

A. 酪氨酸　　B. 组氨酸　　C. 甘氨酸

D. 色氨酸　　E. 丝氨酸

20. 下列哪种不能转变为其他的一碳单位

A. $N^{10}$- 甲酰四氢叶酸　　B. $N^5$- 甲基四氢叶酸

C. $N^5$- 亚氨甲基四氢叶酸　　D. $N^5$，$N^{10}$- 次甲基四氢叶酸

E. $N^5$，$N^{10}$- 亚甲基四氢叶酸

21. 体内哪种氨基酸代谢后可转变为 $NAD^+$

A. 酪氨酸　　B. 色氨酸　　C. 半胱氨酸

D. 苯丙氨酸　　E. 甲硫氨酸

22. 苯丙氨酸和酪氨酸代谢缺陷时可能导致

A. 苯丙酮酸尿症，白化病
B. 尿黑酸症，蚕豆病
C. 苯丙酮酸尿症，蚕豆病
D. 白化病，蚕豆病
E. 镰状细胞贫血，蚕豆病

23. 用亮氨酸喂养实验性糖尿病犬时，哪种物质从尿中排出增多

A. 非必需氨基酸
B. 葡萄糖
C. 乳酸
D. 脂肪
E. 酮体

24. 能够解氨毒的组织除肝外还有

A. 肾
B. 肺
C. 小肠
D. 脾
E. 心

25.AST（GOT）活性最高的组织是

A. 肝
B. 心肌
C. 肾
D. 脑
E. 骨骼肌

26. 催化 $CO_2$、$NH_3$ 缩合形成氨基甲酰磷酸反应的酶及其分布是

A. 氨基甲酰磷酸合成酶Ⅱ，内质网
B. 氨基甲酰磷酸合成酶Ⅱ，线粒体
C. 氨基甲酰磷酸合成酶Ⅱ，胞质
D. 氨基甲酰磷酸合成酶Ⅰ，线粒体
E. 氨基甲酰磷酸合成酶Ⅰ，胞质

27. 以下哪种物质不是由酪氨酸合成的

A. 黑色素
B. 去甲肾上腺素
C. 嘧啶
D. 甲状腺素
E. 肾上腺素

28. 胺氧化酶在哪种组织中含量最高

A. 骨骼肌
B. 肝
C. 心肌
D. 脾
E. 肾

29. 氨基酸脱羧的产物是

A. α－酮酸和氨
B. 氨和二氧化碳
C. 草酰乙酸和氨
D. α－酮酸和胺
E. 胺和二氧化碳

30. 体内重要的转氨酶均涉及

A. L-Ala 与乳酸的互变
B. L-Asp 与草酰乙酸的互变
C. L-Asp 与延胡索酸的互变
D. L-Ala 与丙酮酸的互变
E. L-Glu 与 α－酮戊二酸的互变

31. 氨在血中主要是以下列哪种形式运输的

A. 天冬氨酸
B. 天冬酰胺
C. 谷胱甘肽
D. 谷氨酸
E. 谷氨酰胺

32. CPS-Ⅰ和 CPS-Ⅱ都能催化氨基甲酰磷酸的合成，氨基甲酰磷酸可参与尿素和嘧啶核苷酸的合成，下列叙述中哪一项是正确的
    A. CPS-Ⅱ参与尿素的合成
    B. CPS-Ⅰ可作为细胞增殖的指标，CPS-Ⅱ可作为肝细胞分化的指标
    C. N-乙酰谷氨酸是 CPS-Ⅱ的别构激活剂
    D. CPS-Ⅰ参与嘧啶核苷酸的合成
    E. N-乙酰谷氨酸是 CPS-Ⅰ的别构激活剂
33. N-乙酰谷氨酸是下列哪种酶的激活剂
    A. 精氨酸酶　　B. 鸟氨酸氨基甲酰转移酶
    C. 谷氨酰胺合成酶　　D. 精氨酸代琥珀酸合成酶
    E. 氨基甲酰磷酸合成酶 I
34. 关于鸟氨酸循环，下列哪一项是错误的
    A. 氨基甲酰磷酸合成所需的酶存在于肝线粒体
    B. 每合成 1mol 尿素需消耗 4 个高能磷酸键
    C. 循环中生成的瓜氨酸不参与天然蛋白质的合成
    D. 尿素由精氨酸水解而得
    E. 循环的发生部位是肝线粒体
35. 丙氨酸和 α-酮戊二酸经谷丙转氨酶（丙氨酸转氨酶）和下述哪种酶的连续作用才能产生游离氨
    A. AST　　B. 谷氨酸脱羧酶　　C. 谷氨酸脱氢酶
    D. 腺苷酸脱氨酶　　E. ALT
36. $FH_4$ 合成受阻时可迅速影响哪种物质的合成
    A. 糖　　B. 磷脂　　C. 脂肪
    D. DNA　　E. 蛋白质
37. 下列哪组维生素参与联合脱氨基作用
    A. 叶酸，维生素 $B_2$　　B. 维生素 $B_1$，维生素 $B_2$　　C. 泛酸，维生素 $B_6$
    D. 维生素 $B_6$，维生素 PP　　E. 维生素 $B_1$，维生素 $B_6$
38. 骨骼肌中脱下的氨在血中的运输形式是
    A. 尿素　　B. 尿酸　　C. 丙氨酸
    D. $NH_3$　　E. 谷氨酸
39. 我国营养学会推荐的成人每天蛋白质的需要量是
    A. 80g　　B. 60~70g　　C. 无须补充

D. 30~50g　　E. 20g

40. 在氨基酸代谢库中，游离氨基酸总量最高的组织是

A. 脑　　B. 血液　　C. 骨骼肌

D. 肝　　E. 肾

41. 尿素合成的中间产物是氨基甲酰磷酸，与此物质合成有关的亚细胞结构是

A. 高尔基体　　B. 胞质　　C. 细胞核

D. 内质网　　E. 线粒体

42. 氨由骨骼肌通过血液向肝进行转运的过程是

A. 鸟氨酸循环　　B. γ－谷氨酰基循环　　C. 甲硫氨酸循环

D. 柠檬酸－丙酮酸循环　　E. 丙氨酸－葡萄糖循环

43. 按照氨中毒学说，肝性脑病是由于 $NH_3$ 引起脑

A. 磷酸戊糖旁路受阻　　B. 尿素合成障碍　　C. 脂肪堆积

D. 糖酵解减慢　　E. 三羧酸循环减慢

44. 儿茶酚胺是由哪个氨基酸转化生成的

A. 赖氨酸　　B. 谷氨酸　　C. 脯氨酸

D. 色氨酸　　E. 酪氨酸

45. 肾中产生的氨主要来自

A. 氨基酸的联合脱氨基作用　　B. 谷氨酰胺水解

C. 谷氨酸氧化脱氨　　D. 尿素的水解

E. 铵盐分解

46. 切除犬的哪一个器官可使其血中尿素水平显著升高

A. 胃　　B. 肝　　C. 胰腺

D. 脾　　E. 肾

47. 尿素合成的别构酶是

A. 精氨酸酶　　B. 氨基甲酰磷酸合成酶Ⅰ　　C. 精氨酸代琥珀酸合成酶

D. 氨基甲酰磷酸合成酶Ⅱ　　E. 鸟氨酸氨基甲酰转移酶

48. 血液非蛋白氮中含量最多的物质是

A. 尿酸　　B. 肌酐　　C. 尿素

D. 蛋白质　　E. 肌酸

49. 关于胃蛋白酶描述错误的是

A. 属于外肽酶　　B. 具有凝乳作用　　C. 以酶原的方式分泌

D. 可由盐酸激活　　E. 由胃黏膜主细胞产生

50. 饥饿时不被用作糖异生原料的物质是

A. 丙氨酸　　B. 苏氨酸　　C. 乳酸
D. 亮氨酸　　E. 甘油

51. 尿素循环中能自由通过线粒体膜的物质是

A. 尿素和鸟氨酸　　B. 氨基甲酰磷酸　　C. 精氨酸和延胡索酸
D. 精氨酸代琥珀酸　　E. 鸟氨酸和瓜氨酸

52. 尿素合成中鸟氨酸氨基甲酰转移酶催化

A. 从瓜氨酸到精氨酸　　B. 从鸟氨酸到瓜氨酸　　C. 从精氨酸到瓜氨酸
D. 从精氨酸到鸟氨酸　　E. 从瓜氨酸到鸟氨酸

53. 经转氨基作用可生成草酰乙酸的氨基酸是

A. 甘氨酸　　B. 谷氨酸　　C. 苏氨酸
D. 丙氨酸　　E. 天冬氨酸

54. 肝是合成尿素的唯一器官，这是因为肝细胞含有

A. 谷丙转氨酶（丙氨酸转氨酶）　　B. 葡萄糖 -6- 磷酸酶
C. 精氨酸酶　　D. 谷草转氨酶（天冬氨酸转氨酶）
E. 谷氨酸脱氢酶

55. 脑中氨的主要解毒方式是生成

A. 天冬酰胺　　B. 尿酸　　C. 尿素
D. 谷氨酰胺　　E. 丙氨酸

56. 体内氨的主要去路是

A. 生成铵盐　　B. 生成非必需氨基酸　　C. 合成尿素
D. 参与合成核苷酸　　E. 生成谷氨酰胺

57. 下列哪种 α－氨基酸相应的 α－酮酸是三羧酸循环的中间产物

A. 谷氨酸　　B. 丙氨酸　　C. 缬氨酸
D. 赖氨酸　　E. 鸟氨酸

58. 支链氨基酸的分解主要发生在

A. 肝　　B. 脑　　C. 骨骼肌
D. 心肌　　E. 肾

59. 氨基酸分解产生的 $NH_3$ 在体内主要的储存形式是

A. 谷氨酰胺　　B. 天冬酰胺　　C. 天冬氨酸
D. 赖氨酸　　E. 谷氨酸

60. 体内合成甲状腺素、儿茶酚胺的基本原料是

A. Thr　　B. Lys　　C. Trp

D. His　　E. Tyr

61. 以下哪项不是血氨的代谢去路

A. 合成尿素　　B. 合成肌酸　　C. 合成谷氨酰胺

D. 合成含氮化合物　　E. 合成非必需氨基酸

62. 促进鸟氨酸循环的氨基酸是

A. 甘氨酸　　B. 天冬氨酸　　C. 谷氨酸

D. 丙氨酸　　E. 精氨酸

63. 属于外肽酶的是

A. 糜蛋白酶　　B. 二肽酶　　C. 胰蛋白酶

D. 弹性蛋白酶　　E. 羧基肽酶

64. 酪氨酸在体内不能转变生成的是

A. 苯丙氨酸　　B. 甲状腺素　　C. 黑色素

D. 肾上腺素　　E. 多巴胺

65. 鸟氨酸经脱羧基作用生成

A. 精脒　　B. 瓜氨酸　　C. 精胺

D. 组胺　　E. 腐胺

66. 在鸟氨酸循环中，直接生成尿素的前体产物是

A. 鸟氨酸　　B. $NH_3$　　C. 瓜氨酸

D. 精氨酸代琥珀酸　　E. 精氨酸

67. 关于肾小管分泌氨的叙述哪项是错误的

A. 碱性尿不利于分泌 $NH_3$　　B. 酸性尿有利于分泌 $NH_3$

C. 碱性利尿药可能导致血氨升高　　D. $NH_3$ 可与 $H^+$ 结合成 $NH_4^+$

E. $NH_3$ 较 $NH_4^+$ 难以被重吸收

68. 可经脱氨基作用直接生成 α－酮戊二酸的氨基酸是

A. 谷氨酸　　B. 甘氨酸　　C. 天冬氨酸

D. 谷氨酰胺　　E. 苏氨酸

69. 生物体内氨基酸脱氨基的主要方式是

A. 联合脱氨基作用　　B. 氧化脱氨基作用　　C. 非氧化脱氨基作用

D. 直接脱氨基作用　　E. 转氨基作用

70. 哺乳动物解除氨的毒性并排泄氨的主要形式是

A. 丙氨酸　　B. 尿素　　C. 碳酸铵

D. 尿酸　　E. 谷氨酰胺

71. 下列哪种物质仅由肝合成

A. 脂肪酸　　B. 糖原　　C. 血浆蛋白

D. 尿素　　E. 胆固醇

72. 合成 1 分子尿素消耗

A. 4 个高能磷酸键的能量　　B. 6 个高能磷酸键的能量

C. 5 个高能磷酸键的能量　　D. 2 个高能磷酸键的能量

E. 3 个高能磷酸键的能量

73. 下列哪种物质属于神经递质

A. 5- 羟色胺　　B. 组胺　　C. 苯乙醇胺

D. 腐胺　　E. 章胺

74. 胰液中的蛋白水解酶最初以酶原形式存在的意义是

A. 防止分泌细胞被消化　　B. 延长蛋白质消化时间

C. 抑制蛋白质的分泌　　D. 促进蛋白酶的分泌

E. 保证蛋白质在一定时间内发挥消化作用

75. ALT（GPT）活性最高的组织是

A. 心肌　　B. 肝　　C. 肾

D. 脑　　E. 骨骼肌

76. 甲硫氨酸循环中需要

A. 维生素 $B_{12}$　　B. 磷酸吡哆胺　　C.CoA

D. 生物素　　E. 维生素 $B_6$

77. 心肌梗死时血清中哪些酶的活性升高

A. $LDH_5$、ALT（GPT）　　B. $LDH_5$、AST（GOT）　　C. $LDH_1$、ALT（GPT）

D. ALT、AST　　E. $LDH_1$、AST（GOT）

78. 下列哪种物质是体内硫酸根的活性形式

A. 硫辛酸　　B. SAM　　C. $NAD^+$

D. FAD　　E. PAPS

79. 用 $^{15}NH_4Cl$ 饲养动物猴，检测肝中不含 $^{15}N$ 的物质是

A. 氨基甲酰磷酸　　B. 瓜氨酸　　C. 精氨酸

D. 鸟氨酸　　E. 尿素

80. 下列哪组反应是在线粒体中进行的

A. 精氨酸生成 NO 的反应　　B. 鸟氨酸与氨基甲酰磷酸反应

C. 精氨酸生成反应　　D. 精氨酸水解生成尿素的反应
E. 瓜氨酸与天冬氨酸反应

81. 正常时体内氨的主要来源是
A. 谷氨酰胺水解　　B. 氨基酸脱氨
C. 肾小管泌氨　　D. 尿素分解
E. 消化道吸收

82. 下列物质在体内氧化成 $CO_2$ 和 $H_2O$ 时，同时产生 ATP，哪种产生的 ATP 最多
A. 谷氨酸　　B. 草酰乙酸　　C. 乳酸
D. 甘油　　E. 丙酮酸

83. 牛磺酸是由哪个氨基酸转化生成的
A. 半胱氨酸　　B. 色氨酸　　C. 组氨酸
D. 赖氨酸　　E. 谷氨酸

84. 在三羧酸循环和尿素循环中存在的共同中间产物是
A. $\alpha$－酮戊二酸　　B. 天冬氨酸　　C. 草酰乙酸
D. 琥珀酸　　E. 延胡索酸

85. 下列哪种酶缺乏可引起苯丙酮酸尿症
A. 尿黑酸氧化酶　　B. 苯丙氨酸羟化酶　　C. 苯丙氨酸转氨酶
D. 酪氨酸转氨酶　　E. 酪氨酸酶

86. 负氮平衡见于
A. 营养充足的婴幼儿　　B. 晚期癌症患者　　C. 健康成年人
D. 营养充足的孕妇　　E. 疾病恢复期

87. 去甲肾上腺素可来自
A. 苏氨酸　　B. 色氨酸　　C. 脯氨酸
D. 酪氨酸　　E. 赖氨酸

88. 下列选项中，符合蛋白酶体降解蛋白质特点的是
A. 不需要泛素参与　　B. 需要酸性蛋白酶
C. 要消耗 ATP　　D. 主要降解外来的蛋白质
E. 是原核生物蛋白质降解的主要途径

89. 一碳单位是合成下列哪个物质所需的原料
A. 糖　　B. 脑磷脂　　C. 酮体
D. 脂肪　　E. 脱氧胸苷酸

90. 下列哪一组氨基酸全是人体必需氨基酸

A. 亮氨酸、脯氨酸、半胱氨酸、酪氨酸　B. 缬氨酸、谷氨酸、苏氨酸、异亮氨酸
C. 苏氨酸、甲硫氨酸、丝氨酸、色氨酸　D. 苯丙氨酸、赖氨酸、甘氨酸、组氨酸
E. 甲硫氨酸、赖氨酸、色氨酸、缬氨酸

91. 与氨基酸吸收有关的循环是
A. 嘌呤核苷酸循环　B. 甲硫氨酸循环
C. 核糖体循环　D. 丙氨酸－葡萄糖循环
E. γ－谷氨酰基循环

92. 关于腐败作用的叙述哪项是错误的
A. 腐败作用形成的产物不能被机体利用
B. 腐败能产生有毒物质
C. 肝功能低下时，腐败产物易引起中毒
D. 是指肠道细菌对蛋白质及其产物的代谢过程
E. 形成假神经递质的前体

93. 甲基的直接供体是
A. 氨基甲酰磷酸　B. 甲硫氨酸　C. 胆碱
D. S- 腺苷甲硫氨酸　E. 四氢叶酸

94.SAM 被称为活性甲硫氨酸，是因为它含有
A. 高能磷酸键　B. 活性甲基　C. 高能硫酯键
D. 活性—SH　E. 活泼肽键

95. 氨基转移不是氨基酸脱氨基的主要形式，是因为
A. 转氨酶活力弱　B. 只是转氨基，没有游离氨产生
C. 转氨酶的辅酶易缺乏　D. 转氨酶在体内分布不广泛
E. 转氨基作用的特异性不强

96. 下列哪种氨基酸缺乏可引起氮的负平衡
A. 谷氨酸　B. 天冬氨酸　C. 苏氨酸
D. 精氨酸　E. 丙氨酸

97. 脑中 γ－氨基丁酸是哪个氨基酸脱羧生成的
A. 谷氨酰胺　B. 天冬氨酸　C. 酪氨酸
D. 谷氨酸　E. 组氨酸

98. 临床上对高血氨患者做结肠透析时常用
A. 中性透析液　B. 强酸性透析液　C. 强碱性透析液
D. 弱碱性透析液　E. 弱酸性透析液

99. 精氨酸酶是一种

A. 氧化酶　　B. 合成酶　　C. 转移酶

D. 水解酶　　E. 裂解酶

100. 孕妇体内的氮平衡状态是

A. 可能出现多种情况　　B. 摄入氮≤排出氮　　C. 摄入氮 < 排出氮

D. 摄入氮 = 排出氮　　E. 摄入氮 > 排出氮

101. 下列对转氨基作用的叙述哪项是不正确的

A. 转氨基作用也是体内合成非必需氨基酸的重要途径之一

B. 与氧化脱氨基联合，构成体内主要脱氨基方式

C. 转氨酶的辅酶是焦磷酸硫胺素

D. 体内有多种转氨酶

E. 转氨酶主要分布于细胞内，血清中的活性很低

102. 与氨基酸脱氨基无关的酶是

A. L- 氨基酸氧化酶　　B. 谷丙转氨酶（丙氨酸转氨酶）

C. 谷草转氨酶（天冬氨酸转氨酶）　　D. 天冬氨酸氨基甲酰转移酶

E. L- 谷氨酸脱氢酶

103. S- 腺苷甲硫氨酸的重要作用是

A. 生成同型半胱氨酸　　B. 合成四氢叶酸　　C. 提供甲基

D. 生成腺苷酸　　E. 补充甲硫氨酸

104. 在尿素合成过程中，下列哪步反应需要 ATP

A. 精氨酸→鸟氨酸 + 尿素

B. 瓜氨酸 + 天冬氨酸→精氨酸代琥珀酸

C. 精氨酸代琥珀酸→精氨酸 + 延胡索酸

D. 草酰乙酸 + 谷氨酸→天冬氨酸 + $\alpha$ - 酮戊二酸

E. 鸟氨酸 + 氨基甲酰磷酸→瓜氨酸 + 磷酸

105. 体内转运一碳单位的载体是

A. 生物素　　B. SAM　　C. 叶酸

D. 维生素 $B_{12}$　　E. 四氢叶酸

106. 下列哪个酶的先天性缺陷可引起白化病

A. 酪氨酸酶　　B. 苯丙氨酸羟化酶　　C. 黑色素酶

D. 脯氨酸羟化酶　　E. 色氨酸羟化酶

107. 静脉输入谷氨酸钠可治疗

A. 白血病　　B. 再生障碍性贫血　　C. 高血钾
D. 高血氨　　E. 巨幼红细胞贫血

108. 在鸟氨酸循环中，合成尿素的第二分子氨来源于

A. 天冬酰胺　　B. 谷氨酸　　C. 天冬氨酸
D. 谷氨酰胺　　E. 游离氨

109. 下列物质中不为氨基酸的合成提供碳链骨架的是

A. α－酮戊二酸　　B. 草酰乙酸　　C. 5- 磷酸核糖
D. 琥珀酸　　E. 丙酮酸

110. 下列哪种氨基酸在体内不能合成，必须靠食物供给

A. 半胱氨酸　　B. 甘氨酸　　C. 丝氨酸
D. 精氨酸　　E. 缬氨酸

111. 急性肝炎时血清中哪些酶的活性可见升高

A. LDH5、ALT（GPT）　　B. LDH1、AST（GOT）　　C. CK
D. LDH5、AST（GOT）　　E. LDH1、ALT（GPT）

112. 鸟氨酸循环的限速酶是

A. 氨基甲酰磷酸合成酶Ⅱ　　B. 精氨酸代琥珀酸合成酶
C. 鸟氨酸氨基甲酰转移酶　　D. 精氨酸代琥珀酸裂解酶
E. 氨基甲酰磷酸合成酶Ⅰ

113. 肝硬化伴上消化道出血患者血氨升高，主要与哪项血氨来源途径有关

A. 肌组织产氨增多　　B. 肠道蛋白分解产氨增多
C. 肾产氨增多　　D. 肠道尿素产氨增多
E. 组织蛋白分解产氨增多

114. 食物蛋白质的互补作用是指

A. 动物和植物蛋白质混合食用，提高营养价值
B. 脂肪与蛋白质混合食用，提高营养价值
C. 糖、脂肪、蛋白质混合食用，提高营养价值
D. 几种蛋白质混合食用，提高营养价值
E. 糖与蛋白质混合食用，提高营养价值

115. 氨中毒的主要原因是

A. 肾衰竭排出障碍　　B. 氨基酸在体内分解代谢增强
C. 合成谷氨酰胺减少　　D. 肝功能损伤，不能合成尿素
E. 肠道吸收氨过量

116. 维生素 $B_{12}$ 缺乏时，$N^5$–$CH_3$–$FH_4$ 的 –$CH_3$ 不能转交给

A. Met　　B. S– 腺苷同型半胱氨酸　　C. SAM

D. 同型半胱氨酸　　E. Gly

117. 消耗性患者体内的氮平衡状态是

A. 摄入氮≥排出氮　　B. 摄入氮 = 排出氮　　C. 可能出现多种情况

D. 摄入氮 > 排出氮　　E. 摄入氮 < 排出氮

118. 丙氨酸 – 葡萄糖循环在骨骼肌和肝细胞内均利用了

A. ALT　　B. AST　　C. PFK

D. L– 谷氨酸脱氢酶　　E. L– 谷氨酸脱羧酶

119. 蛋白质的消化酶主要来源于

A. 胰腺　　B. 肝　　C. 胃

D. 胆囊　　E. 小肠

120. 肌酸的合成原料是

A. 精氨酸和鸟氨酸　　B. 鸟氨酸和甘氨酸　　C. 鸟氨酸和瓜氨酸

D. 精氨酸和甘氨酸　　E. 精氨酸和瓜氨酸

121. α – 酮酸的代谢不产生

A. ATP　　B. 非必需氨基酸　　C. $NH_3$

D. $CO_2$　　E. $H_2O$

122. 以下哪个不是血氨的来源

A. 肾小管细胞内谷氨酰胺分解　　B. 肠腔尿素分解产生的氨

C. 转氨基作用　　D. 氨基酸脱氨

E. 肠道细菌代谢产生的氨

123. 体内某些胺类在生长旺盛组织（如胚胎、肿瘤）中含量较高，可调节细胞生长，该胺是

A. 牛磺酸　　B. 5– 羟色胺　　C. 组胺

D. GABA　　E. 多胺

124. 在代谢的研究中，第一个被阐明的循环途径是

A. 卡尔文循环　　B. 丙氨酸循环　　C. 乳酸循环

D. 三羧酸循环　　E. 尿素循环

125. 蛋白质的消化与吸收主要在

A. 口腔　　B. 胃　　C. 小肠

D. 肝脏　　E. 结肠

126. 转氨基作用生成谷氨酸的 α－酮酸是

A. 丙氨酸　B. 丙酮酸　C. 谷氨酸

D. 草酰乙酸　E. α－酮戊二酸

127. 有关氮平衡的正确叙述是

A. 氮的总平衡常见于儿童

B. 氮的正平衡、氮的负平衡均常见于正常成人

C. 氮平衡实质上表示每日核酸进出人体的量

D. 每日摄入的氮量少于排出的氮量，称为氮的负平衡

E. 氮平衡能反映体内各种物质总体代谢情况

128. 下列哪个属于一碳单位

A. 甲基　B. 丝氨酸　C. 甘氨酸

D. 色氨酸　E. 二氧化碳

129. 某人日食用蛋白质为 50g，排出氮的量为 80g，应属于

A. 氮的正平衡　B. 氮的负平衡　C. 氮的总平衡

D. 正常代谢　E. 蛋白合成 = 蛋白质水解

130. 苯丙酮酸尿症的发生是由于

A. 酪氨酸酶的缺陷　B. 苯丙氨酸转氨酶缺陷

C. 苯丙氨酸羟化酶缺陷　D. 苯丙氨酸羧化酶缺陷

E. 酪氨酸羟化酶缺陷

131. 高血氨引起昏迷的主要原因是

A. 血糖过低　B. 血中酪氨酸增多

C. 肠道胺类物质增多　D. 血中芳香氨基酸增多

E. 脑中氨增高使脑细胞中 α－酮戊二酸减少

132. 氨在肝细胞中主要合成的物质是

A. 糖　B. 尿素　C. 氨基酸

D. 蛋白质　E. 脂肪酸

133. 急性肝炎患者，血清丙氨酸转氨酶（ALT）升高的机制是

A. 肝脏代谢增强，酶的生成增加

B. 肝细胞有炎症时，酶蛋白分解减少

C. 肝细胞有炎症时酶不能从胆道排泄反流入血

D. 肝炎患者蛋白分解增强，丙氨酸转氨酶（ALT）代偿性增加

E. 炎性刺激肝细胞膜通透性增加或肝细胞破坏使酶释放入血增多

134. 蛋白质营养价值的高低主要取决于

A. 氨基酸的数量　　B. 蛋白质的数量

C. 必需氨基酸的数量　　D. 必需氨基酸的种类、数量及比例

E. 非必需氨基酸的种类、数量及比例

135. 合成尿素的过程是

A. 鸟氨酸循环　　B. 甲硫氨酸循环

C. γ－谷氨酰胺循环　　D. 嘌呤核苷酸循环

E. 丙氨酸－葡萄糖循环

136. 氨基酸转氨酶的辅酶含有

A. 维生素 $B_6$　　B. 维生素 $B_{12}$　　C. 维生素 PP

D. 四氢叶酸　　E. 四氢生物蝶呤

137. 发生病变会引起血中 ALT 升高最常见的器官是

A. 脑　　B. 心　　C. 肝

D. 肾　　E. 肺

138. 下列哪一类氨基酸不含必需氨基酸

A. 碱性氨基酸　　B. 酸性氨基酸　　C. 极性中性氨基酸

D. 芳香族基酸　　E. 支链氨基酸

139. 下列哪种酶在氨基酸氧化脱氨基作用中最重要

A. 甘氨酸氧化酶　　B. L- 谷氨酸脱氢酶　　C. 色氨酸羟化酶

D. L- 氨基酸氧化酶　　E. D- 氨基酸氧化酶

140. 不产生游离氨的脱氨基方式是

A. 转氨基作用　　B. 氧化脱氨基作用　　C. 联合脱氨基作用

D. 嘌呤核苷酸循环　　E. 尿素酶的水解作用

141. 氨基酸转氨基过程中氨基的传递体是

A. 辅酶 A　　B. 生物素　　C. $NAD^+$

D. 磷酸吡哆醛　　E. 四氢叶酸

142. 心肌梗死时，血清中哪种酶活性升高

A. 谷氨酸脱氢酶　　B. 谷氨酸氧化酶　　C. 谷氨酸脱羧酶

D. 丙氨酸转氨酶（ALT）　　E. 天冬氨酸转氨酶（AST）

143. 联合脱氨基作用是

A. 脱氢作用与脱氨基作用联合　　B. 转氨基作用与鸟氨酸循环联合

C. 鸟氨酸循环与氧化脱氨基作用联合　　D. 转氨基作用与氧化脱氨基作用联合

E. 鸟氨酸循环与嘌呤核苷酸循环联合

144. 氨在体内最重要的代谢途径是

A. 合成氨基酸　B. 生成铵盐　C. 合成尿素

D. 生成谷氨酰胺　E. 合成嘌呤、嘧啶

145. 对高血氨患者的错误处理是

A. 低蛋白饮食　B. 口服乳果糖酸化肠道

C. 静脉补充酸性利尿药　D. 使用肥皂水灌肠清理肠道

E. 口服抗生素抑制肠菌繁殖

146. 作为降血氨药物的精氨酸，其药理作用是

A. 促进三羧酸循环　B. 促进鸟氨酸循环

C. 促进转氨基作用　D. 促进铵盐的生成

E. 促进嘌呤核苷酸循环

147. 参与鸟氨酸循环的氨基酸有

A. 亮氨酸　B. 瓜氨酸　C. 色氨酸

D. 缬氨酸　E. 甘氨酸

148. 营养必需氨基酸是指

A. 在体内可由糖转变生成

B. 在体内可由脂肪酸转变生成

C. 在体内能由其他氨基酸转变生成

D. 在体内不能合成，必须从食物获得的氨基酸

E. 在体内可以由固醇类物质转变生成

149. 在心肌和骨骼肌中氨基酸脱氨基的主要方式是

A. 转氨基作用　B. 嘌呤核苷酸循环　C. 联合脱氨基作用

D. 还原脱氨基作用　E. 氧化脱氨基作用

150. 哺乳动物组织中唯一能以相当高的速率进行氧化脱氨反应的氨基酸是

A. 谷氨酸　B. 缬氨酸　C. 丝氨酸

D. 丙氨酸　E. 天冬氨酸

151. 联合脱氨基作用是指以下哪种酶催化反应的联合

A.ALT 与谷氨酸脱氢酶联合　B. 转氨酶与谷氨酸脱氢酶联合

C. 氨基酸氧化酶与谷氨酸脱氢酶联合　D. 氨基酸氧化酶与谷氨酸脱羧酶联合

E. 腺苷酸脱氨酶与谷氨酸脱羧酶联合

152. 尿素合成的部位是

A. 脑　　B. 肾　　C. 心
D. 肝　　E. 肠

153. 鸟氨酸循环的意义主要在于

A. 运输氨　　B. 贮存氨　　C. 合成瓜氨酸
D. 合成鸟氨酸　　E. 解除氨毒性

154. 脑中生成的 γ－氨基丁酸是

A. 一种兴奋性神经递质　　B. 一种抑制性神经递质
C. 可作为间接供能物质　　D. 5－羟色氨酸脱羧生成
E. 天冬氨酸脱羧生成

155. 糖、脂肪、氨基酸氧化分解时，进入三羧酸循环的主要物质是

A. 丙酮酸　　B. α－酮酸　　C. 乙酰 CoA
D. 异柠檬酸　　E. α－酮戊二酸

156. 氨基酸脱羧酶的辅酶含有

A.$VitB_1$　　B.$VitB_6$　　C.$VitB_{12}$
D.VitPP　　E. 四氢叶酸

【A2 型题】

157.1947 年，Jervis 对受试者进行了苯丙氨酸负荷实验。发现正常人肝组织上清液能将苯丙氨酸转变为酪氨酸，但 PKU 患者的肝组织缺乏这种功能，从而揭示了 PKU 发病的生化基础是肝苯丙氨酸的代谢障碍。请问 PKU 患者缺乏的这种功能主要涉及以下哪种酶

A. 苯丙氨酸羟化酶　　B. 酪氨酸羟化酶　　C. 酪氨酸转氨酶
D. 苯丙氨酸脱羧酶　　E. 苯丙氨酸转氨酶

158. 厌食症患者肌组织活力降低，肌蛋白降解，为肝合成葡萄糖提供糖异生的碳骨架，但下列哪种氨基酸仍留在肌细胞中为肌细胞提供能量

A. Asp　　B. Glu　　C. Leu
D. Ala　　E. Thr

159.3 月龄男婴曾癫痫发作，且进行性加重，出现肌张力减弱、表情迟缓、抬头困难。检测显示婴儿出现乳酸酸中毒，血液乳酸和丙酮酸含量为正常人的 7 倍，皮肤成纤维细胞中丙酮酸羧化酶活性仅为正常水平的 1%。作为医生你会推荐以下哪种氨基酸口服治疗

A. 丝氨酸　　B. 赖氨酸　　C. 谷氨酸
D. 亮氨酸　　E. 丙氨酸

160. 一名1岁的小女孩被妈妈带到儿科门诊。与同龄孩子相比，此女孩生长延迟、肌张力减退，另外其部分皮肤和头发颜色变浅，汗液和尿液均散发出难闻的鼠尿味。最可能的诊断是

A. 白癜风　B. 尿黑酸症　C. 侏儒症

D. 白化病　E. 苯丙酮酸尿症

161. 7个月男童，3~4个月能抬头，现7个月不能独坐，不会爬，对逗笑反应迟钝。单纯母乳喂养，未添加辅食，男童母亲为素食者。男童本月前曾在当地医治（肌注维生素 $B_{12}$1支，2次）。实验室检查：外周血红细胞大小不等，易见变形红细胞及红细胞碎片。血叶酸13.5ng/ml（3~17ng/ml），血维生素 $B_{12}$ 为1161pg/ml（140~960pg/ml）。该男童最有可能诊断为何种物质缺乏导致的症状

A. 维生素 $B_1$　B. 维生素 $B_{12}$　C. 叶酸

D. Fe　E. 维生素 $B_6$

162. 患者，男，40岁。既往慢性乙型肝炎7年，肝硬化3年，入院前3~4天因饮食不节制，出现一过性腹泻，未在意。入院前20min，在社区医院静脉注射甘利欣时突然神志不清，伴抽搐2min而入院。入院后查血氨为100μg/dl。入院诊断：肝性脑病、肝硬化失代偿期，慢性乙型肝炎。入院后给予谷氨酸钠、谷氨酸钾、六合氨基酸静脉注射以及补钾等处理。请问其中六合氨基酸溶液中不应包含下列哪种氨基酸

A. L-谷氨酸　B. L-亮氨酸　C. L-精氨酸

D. L-缬氨酸　E. L-酪氨酸

163. 一小男孩发生车祸，经过手术治疗后，将在医院进行长时间的恢复。营养师为其制订了针对性饮食计划，其中特别包括一种非营养必需氨基酸的补充，请问是下列哪种氨基酸

A. 精氨酸　B. 丙氨酸　C. 酪氨酸

D. 丝氨酸　E. 甘氨酸

164. 一名女患者被怀疑为维生素 $B_{12}$ 缺乏，正在等待进一步的血液检查结果。请问下列哪一项可能与假设诊断不符

A. 叶酸水平正常　B. 巨幼红细胞增多　C. 苯丙酮酸水平升高

D. 红细胞减少　E. 同型半胱氨酸水平升高

165. 一名婴儿被诊断出苯丙氨酸羟化酶基因缺陷，该缺陷可导致苯丙酮酸尿症，这类婴儿需在饮食上严格控制，下面哪种非必需氨基酸需在食物中补充

A. 丝氨酸　B. 天冬氨酸　C. 酪氨酸

D. 丙氨酸　E. 甘氨酸

【B1 型题】

组题：（166~168 题共用备选答案）

A. FAD　B. PAPS　C. $NAD^+$　D. SAM　E. FMN

166. 可提供甲基的是

167. 谷氨酸脱氢酶的辅酶是

168. 可提供硫酸基团的是

组题：（169~175 题共用备选答案）

A. 酸性氨基酸　B. 芳香族氨基酸　C. 支链氨基酸　D. 含硫氨基酸　E. 碱性氨基酸

169. 代谢可产生 PAPS 的是

170. 只含有非必需氨基酸的是

171. 代谢可产生组胺的氨基酸属于

172. 体内代谢可产生少量烟酸的氨基酸属于

173. 肠道中蛋白质腐败可产生尸胺的氨基酸属于

174. 严重肝功能障碍时可产生假神经递质的氨基酸属于

175. 可产生维持蛋白质空间结构的二硫键的氨基酸属于

组题：（176~177 题共用备选答案）

A. 肝　B. 肾　C. 红细胞　D. 淋巴细胞　E. 白细胞

176. 尿素生成的场所是

177. 血清清蛋白生物合成的场所是

组题：（178~182 题共用备选答案）

A. 乳酸循环　B. 柠檬酸 – 丙酮酸循环　C. 鸟氨酸循环　D. 三羧酸循环　E. 丙氨酸 – 葡萄糖循环

178. 尿素的产生是通过

179. 糖彻底氧化供能是通过

180. 能够为机体合成脂肪酸提供乙酰 CoA 的是

181. 将肌组织中的氨以无毒形式运送到肝的是

182. 肌组织进行糖酵解时避免代谢产物堆积于局部的方式的是

组题：（183~186 题共用备选答案）

A. 丙氨酸 – 葡萄糖循环
B. γ – 谷氨酰基循环
C. 尿素循环
D. 甲硫氨酸循环
E. 柠檬酸 – 丙酮酸循环

183. 参与氨基酸吸收的循环是
184. 需谷胱甘肽参与的循环是
185. 在肌组织中，氨的运输方式是
186. 在细胞内，提供活性甲基的方式是

组题：（187~189 题共用备选答案）

A. 5– 羟色胺
B. 牛磺酸
C. γ – 氨基丁酸
D. 组胺
E. 多胺

187. His 脱羧的产物是
188. Glu 脱羧的产物是
189. Cys 氧化脱羧的产物是

组题：（190~193 题共用备选答案）

A. 赖氨酸
B. 甲硫氨酸
C. 丝氨酸
D. 谷氨酸
E. 酪氨酸

190. 生酮氨基酸是
191. 去甲肾上腺素合成的原料是
192. γ – 氨基丁酸合成的原料是
193. 经代谢转变能提供一碳单位的氨基酸是

组题：（194~196 题共用备选答案）

A. 谷氨酸
B. 鸟氨酸
C. 瓜氨酸
D. 天冬氨酸
E. 精氨酸代琥珀酸

194. Arg 直接分解的产物是鸟氨酸
195. 两种氨基酸的缩合产物是精氨酸代琥珀酸
196. 直接为尿素循环提供—$NH_2$ 的是天冬氨酸

组题：（197~199 题共用备选答案）

A. $NAD^+$　　B. 维生素 $B_{12}$　　C. 磷酸吡哆醛

D. 维生素 $B_6$　　E. 维生素 PP

197. L– 谷氨酸脱氢酶的辅酶是

198. 转氨酶的辅酶是

199. $N^5$–$CH_3$–$FH_4$ 转甲基酶的辅酶是

组题：（200~204 题共用备选答案）

A. 细胞膜　　B. 蛋白酶体　　C. 细胞质

D. 线粒体　　E. 溶酶体

200. 精氨酸水解产生尿素的反应部位是

201. 氨基甲酰磷酸合成酶 I 存在的部位是

202. 氨基甲酰磷酸合成酶 Ⅱ 存在的部位是

203. γ – 谷氨酰基转移酶存在于小肠上皮细胞的部位是

204. 氨基酸吸收载体存在于小肠上皮细胞的部位是

组题：（205~207 题共用备选答案）

A. Tyr　　B. Ala　　C. Trp

D. Arg　　E. Cys

205. PAPS 的前体氨基酸是

206. 儿茶酚胺来源于

207. 鸟氨酸循环中出现

## 二、名词解释

1. 氨基酸代谢库
2. 氮平衡
3. 蛋白质的互补作用
4. 蛋白质的腐败作用
5. 营养必需氨基酸
6. 转氨基作用
7. 联合脱氨基作用
8. 生糖氨基酸
9. 生酮氨基酸

10. 生糖兼生酮氨基酸

11. 高氨血症

12. 一碳单位

## 三、简答题

1. 简述蛋白质消化的生理意义。
2. 简述一碳单位的定义、来源及生理意义。
3. 简述“丙氨酸－葡萄糖循环”的生理意义。
4. 简述体内氨基酸的来源与去路。
5. 简述高血氨对脑组织毒性的作用机制。
6. 谷氨酸经代谢可生成哪些物质?
7. 简述血氨的来源和去路。
8. 根据你学到的知识，说明B族维生素在氨基酸代谢中有哪些重要作用。
9. 《中国居民膳食指南》中提出合理的饮食要注意荤素搭配、粗细搭配，试从蛋白质营养价值角度阐述这样做的好处。

## 四、病例分析

患者，男，56岁。2010年发现肝硬化，当地医院间断治疗。2012年12月因服用某种“治肝药”后于12月22日出现神志不清、呕吐，于12月25日因昏迷入院。实验室检查血氨87.3μmol/L（47~65μmol/L），部分肝功结果如下表所示。

请用氨基酸代谢知识分析该患者出现神志不清、呕吐、昏迷的原因。

肝功检查项目及参考值

| 简称 | 中文名 | 结果 | 单位 | 参考值 |
| --- | --- | --- | --- | --- |
| ALT | 丙氨酸氨基转移酶 | 92 | U/L | 0~40 |
| AST | 天冬氨酸氨基转移酶 | 71 | U/L | 0~40 |
| TBIL | 总胆红素 | 88.6 | μmol/L | 3.4~17.1 |
| DBIL | 直接胆红素 | 46.3 | μmol/L | 0~3.4 |
| ALB | 白蛋白 | 29 | g/L | 40~50 |
| GLB | 球蛋白 | 45 | g/L | 20~45 |

（莫　莉　张锋雷　覃　莉　王　晋　周　丹　温敏霞）

# 第八章

# 核苷酸代谢

## 学习目标

1. 知识目标

（1）掌握：嘌呤核苷酸的合成原料、重要的中间产物、终产物和关键酶，嘧啶核苷酸的合成原料、重要的中间产物、终产物和关键酶，体内重要核苷酸的相互转化。

（2）熟悉：核苷酸的生物学作用，嘌呤核苷酸、嘧啶核苷酸的从头合成途径，嘌呤核苷酸、嘧啶核苷酸的补救合成途径，嘌呤核苷酸、嘧啶核苷酸分解代谢的终产物，脱氧核苷酸的生成，嘌呤核苷酸、嘧啶核苷酸代谢与临床疾病的关系，抗代谢药物的作用机制及临床意义。

（3）了解：核酸的消化吸收，合成途径的调节及生理意义，嘌呤、嘧啶核苷酸分解代谢的基本过程。

2. 能力目标

通过学习痛风病例，分析痛风的发病机制。

3. 思政目标

（1）通过了解痛风的发病机制，强化“四个自信”，夯实基础知识，增强学生职业荣誉感，提高学生为人民服务的意识。

（2）帮助学生了解行业动态，提高科学素养。

## 内容提要

人体内的核苷酸主要由机体细胞自身合成。体内嘌呤核苷酸的合成代谢有两种形式：从头合成途径、补救合成途径。从头合成是指利用磷酸核糖、氨基酸、一碳单位及 $CO_2$ 等原料，经一系列酶促反应合成核苷酸的途径。补救途径是指利用体内游离的碱基或核苷，经过简单的反应合成核苷酸的途径。嘌呤核苷酸的抗代谢物主要是一些嘌呤、氨基酸和叶酸等的类似物，它们通过竞争性抑制或以假乱真的方式抑制合成代谢中的酶，干扰和阻断嘌呤核苷酸合成，从而阻止核酸和蛋白质的生物合成。抗代谢物可用于肿瘤的治疗。嘌呤核苷酸的分解代谢主要在肝、小肠和肾中进行。AMP 分解产生次黄嘌呤，GMP 分解产生鸟嘌呤，两者都能在酶的催化下生成黄嘌呤，最终生成尿酸。黄嘌呤氧化酶是尿酸生成的关键酶。尿酸难溶于水，痛风患者就是由于血中尿酸含量过高，以结晶形式析出，沉积在关节和软骨等处，导致关节炎、尿路结石及肾脏疾病。临床上常用别嘌呤醇抑制尿酸生成，治疗痛风。

嘧啶核苷酸的合成代谢也分为两个途径：从头合成途径、补救合成途径。嘧啶核苷酸的分解代谢主要在肝中进行，最后得到乙酰 CoA 和琥珀酰 CoA 进入三羧酸循环彻底氧化分解，生成的 $CO_2$ 和 $H_2O$ 则转化为尿素排出体外。

## 习　题

### 一、选择题

【A1 型题】

1. 嘌呤核苷酸补救合成主要在哪些组织中进行
   A. 肝　B. 肾　C. 脑　D. 心　E. 小肠
2. 体内可直接还原生成脱氧核苷酸的是
   A. 三磷酸腺苷　B. 二磷酸腺苷　C. 核糖　D. 一磷酸腺苷　E. 核糖核苷
3. 人体内直接催化尿酸生成的酶是
   A. 尿酸氧化酶　B. 黄嘌呤氧化酶　C. 酰苷脱氢酶　D. 鸟嘌呤脱氢酶　E. 以上都不对
4. 谷氨酰胺 –PRPP 氨基转移酶催化的反应是
   A. 从甘氨酸合成嘧啶环
   B. 从磷酸核糖焦磷酸生成磷酸核糖胺
   C. 从次黄嘌呤核苷酸生成腺嘌呤核苷酸
   D. 从次黄嘌呤核苷酸生成鸟嘌呤核苷酸
   E. 从核糖 –5– 磷酸生成磷酸核糖焦磷酸
5. 嘌呤核苷酸和嘧啶核苷酸合成中都需要的氨基酸是
   A. 甘氨酸　B. 丙氨酸　C. 缬氨酸　D. 色氨酸　E. 天冬氨酸
6. 次黄嘌呤 – 鸟嘌呤磷酸核糖转移酶参与的反应是
   A. 嘧啶核苷酸补救合成　B. 嘌呤核苷酸分解代谢　C. 嘌呤核苷酸从头合成

D. 嘧啶核苷酸从头合成　E. 嘌呤核苷酸补救合成

7. 治疗痛风有效的别嘌呤醇

A. 可抑制黄嘌呤氧化酶　B. 可抑制腺苷脱氢酶　C. 可抑制尿酸氧化酶
D. 可抑制鸟嘌呤脱氢酶　E. 以上都不对

8. 不属于嘧啶分解代谢终产物的是

A. $CO_2$　B. β－丙氨酸　C. 尿酸
D. β－氨基异丁酸　E. $NH_3$

9. 阿糖胞苷干扰核苷酸代谢的机制是

A. 抑制胸苷酸合成酶　B. 抑制核糖核苷酸还原酶　C. 抑制二氢乳清酸脱氢酶
D. 抑制胞苷酸合成酶　E. 抑制二氢叶酸还原酶

10. 胸腺嘧啶在体内分解的主要产物是

A. 天冬氨酸　B. 一氢尿嘧啶　C. 二氢尿嘧啶
D. $NH_3$+$CO_2$+β－丙氨酸　E. $NH_3$+$CO_2$+β－氨基异丁酸

11. 在体内分解产生 β－氨基异丁酸的核苷酸是

A. UMP　B. TMP　C. AMP
D. CMP　E. IMP

12. 氮杂丝氨酸干扰核苷酸合成，因为它与

A. 丝氨酸结构类似　B. 甘氨酸结构类似　C. 天冬氨酸结构类似
D. 谷氨酰胺结构类似　E. 天冬酰胺结构类似

13. 下列氨基酸中参与体内嘧啶核苷酸合成的是

A. 甘氨酸　B. 天冬氨酸　C. 谷氨酸
D. 天冬酰胺　E. 精氨酸

14. 嘌呤核苷酸合成时，由 IMP 转变成 AMP 所需的氨基来自

A. 谷氨酸　B. 甘氨酸　C. 谷氨酰胺
D. 天冬氨酸　E. 氨基甲酰磷酸

15. 人体内嘌呤核苷酸从头合成最活跃的组织是

A. 小肠黏膜　B. 肝　C. 胸腺
D. 骨髓　E. 脑

16. 在嘧啶核苷酸合成中，合成嘧啶环的原料是

A. 谷氨酰胺和甘氨酸　B. 天冬氨酸和甘氨酸
C. 天冬氨酸和谷氨酰胺　D. 谷氨酸和氨基甲酰磷酸
E. 天冬氨酸和氨基甲酰磷酸

17. 嘌呤核苷酸和嘧啶核苷酸从头合成所需的共同原料是

A. 甘氨酸　B. 谷氨酰胺　C. 一碳单位
D. 5– 磷酸核糖　E. 氨基甲酰磷酸

18. 谷氨酰胺中的酰胺基为核苷酸合成提供的元素是

A. 胸腺嘧啶核苷酸上的两个氮原子　B. 嘌呤环上的两个氮原子
C. 腺嘌呤上的氨基　D. 嘧啶环上的两个氮原子
E. 尿嘧啶核苷酸上的两个氮原子

19. 脱氧核糖核苷酸的生成方式主要是

A. 由核苷还原　B. 直接由核糖还原　C. 由三磷酸核苷还原
D. 由二磷酸核苷还原　E. 由一磷酸核苷还原

20. 体内核糖核苷酸还原成脱氧核糖核苷酸所需的供氢体是

A. GSH　B. $FADH_2$　C. $FMNH_2$
D. NADH　E. NADPH

21. 下列途径中与核酸合成关系最为密切的是

A. 三羧酸循环　B. 糖异生　C. 糖酵解
D. 尿素循环　E. 磷酸戊糖途径

22. 人类排泄的嘌呤代谢终产物是

A. 氨　B. 尿酸　C. 尿素
D. 黄嘌呤　E. 次黄嘌呤

23. 嘌呤核苷酸从头合成的正性调节分子是

A. 二磷酸腺苷　B. 5′– 磷酸核糖　C. 次黄嘌呤核苷酸
D. 腺嘌呤核苷酸　E. 鸟嘌呤核苷酸

24. 痛风患者的血液中，下列哪种物质含量升高

A. 尿素　B. 肌酐　C. 尿酸
D. 黄嘌呤　E. 次黄嘌呤

25. 嘌呤核苷酸从头合成时首先生成

A. GM　B. AMP　C. IMP
D. ATP　E. GTP

26. 患者，男，51 岁。近 3 年来出现关节炎症状和尿路结石，进食肉类食物时，病情加重。该患者发生的疾病涉及的代谢途径是

A. 糖代谢　B. 脂代谢　C. 嘌呤核苷酸代谢
D. 嘧啶核苷酸代谢　E. 氨基酸代谢

27. 关于嘧啶核苷酸分解的叙述，错误的是

A. 胸腺嘧啶与胞嘧啶分解的产物不同

B. DNA 损伤时机体 β – 氨基异丁酸排出量降低

C. 胞嘧啶与尿嘧啶有相同的分解途径

D. 嘧啶的分解代谢主要在肝中进行

E. 分解过程中涉及脱氨脱羧等反应

28. 下列哪种物质含量异常可作为痛风的诊断指标

A. 嘧啶　B. 嘌呤　C. β – 氨基丁酸

D. 尿酸　E. β – 丙氨酸

29. 参与嘌呤核苷酸从头合成的氨基酸有

A. 鸟氨酸　B. 谷氨酸　C. 天冬酰胺

D. 天冬氨酸　E. 丙氨酸

30. 最直接联系糖代谢与核苷酸合成的物质是

A. 葡糖 1，6– 二磷酸　B. 葡萄糖　C. 核糖 –5– 磷酸

D. 葡糖 –1– 磷酸　E. 葡糖 –6– 磷酸

31. 不是嘌呤核苷酸从头合成的直接原料是

A. 甘氨酸　B. 天冬氨酸　C. 谷氨酸

D. $CO_2$　E. 一氧化碳

32. 下列不受氨甲蝶呤抑制的生物化学过程是

A. 四氢叶酸合成　B. DNA 复制　C. 嘧啶碱合成

D. 嘌呤碱合成　E. 蛋白质合成

33. 下列物质中为胸腺嘧啶体内合成提供甲基的是

A. 胆碱　B. $N^5$，$N^{10}$– 亚甲基四氢叶酸

C. $N^{10}$– 甲酰四氢叶酸　D. $N^3$，$N^{10}$– 次甲基二氢叶酸

E. 腺苷甲硫氨酸

34. 结构与氮杂丝氨酸类似因而作为核苷酸合成干预靶点的氨基酸是

A. 天冬氨酸　B. 甘氨酸　C. 谷氨酰胺

D. 天冬酰胺　E. 丝氨酸

【A2 型题】

35. 患者，女，48 岁。近 3 年来出现关节疼痛伴低热，伴发尿路结石。1 周前，大量进食肉类食物后病情明显加重前来就诊。血清中尿酸水平升高。初步诊断为痛风。下列能够导致痛风的主要原因是

A. 嘌呤核苷酸分解异常
B. 嘧啶核苷酸合成异常
C. 嘌呤核苷酸合成异常
D. 嘧啶核苷酸代谢调节异常
E. 嘧啶核苷酸分解异常

36. 患者，女，9 岁。智力低下，行为举止异常，经常自咬手指及口唇。近年来关节肿痛并伴有尿路结石。初步诊断为 Lesch-Nyhan 综合征。目前认为该患者体内缺乏的酶是

A. 乳清酸磷酸核糖转移酶
B. 天冬氨酸转氨甲酰酶
C. 次黄嘌呤 - 鸟嘌呤磷酸核糖转移酶
D. 磷酸核糖焦磷酸合成酶
E. 次黄嘌呤脱氢酶

37. 患者，女，25 岁。怀孕 6 个月进行产前 B 超检测时发现胎儿脑部发育不全，出现脊柱裂。初步考虑胎儿为神经管畸形。目前认为该患者体内缺乏的物质是

A. 核黄素
B. 视黄醛
C. 烟酸
D. 泛酸
E. 叶酸

38. 患者，男，19 岁。以面色苍白、乏力前来就诊。该患者身材矮小、智力低下。尿液中乳清酸水平升高。血象检测显示：骨髓代偿性增生，巨幼红细胞 >10%。血清中叶酸及维生素 $B_{12}$ 水平正常。初步诊断为乳清酸尿症。目前认为该患者体内缺乏的酶是

A. 乳清酸磷酸核糖转移酶
B. 氨甲酰磷酸合成酶Ⅱ
C. 天冬氨酸转氨甲酰酶
D. 二氢乳清酸酶
E. 氨甲酰转移酶

【B1 型题】

组题：（39~41 题共用备选答案）

A. 抑制二氢叶酸还原酶
B. 抑制黄嘌呤氧化酶
C. 抑制胸苷酸合酶
D. 抑制核糖核苷酸还原酶
E. 胸苷激酶

39. 5- 氟尿嘧啶治疗肿瘤的机制是
40. 阿糖胞苷治疗肿瘤的机制是
41. 甲氨蝶呤治疗肿瘤的机制是

组题：（42~44 题共用备选答案）

A. IMP
B. AMP
C. GMP
D. UMP
E. cAMP

42. 人体内合成嘧啶核苷酸时首先合成的是

43. 腺苷酸分解时首先生成的是

44. 腺嘌呤磷酸核糖转移酶催化嘌呤补救合成的产物是

## 二、名词解释

1. 抗代谢物

2. 核苷酸的从头合成

## 三、简答题

1. 在核苷酸合成代谢中，何谓补救合成途径？嘌呤核苷酸和嘧啶核苷酸补救合成途径中有哪些关键酶？补救合成途径的生理意义有哪些？

2. 简述嘌呤核苷酸生物合成的原料来源以及特点。

3. 进食大量富含核蛋白的食物将促进机体内的核苷酸从头合成，该说法是否正确？为什么？

## 四、病例分析

病例：患者，男，50岁。6年前在一次饮酒后，突然发生右足趾、足背肿痛，难以入睡，局部灼热红肿。服用消炎止痛药1周后疼痛缓解。之后每于饮酒或劳累、受寒之后，疼痛剧增。2天前午夜突发右足趾肿痛，难以入睡，遂到医院就诊。生化检查：血尿酸918μmol/L（150.00~416.00μmol/L）。X线检查：右足跖骨骨头处出现溶骨性缺损。

试从生化角度分析该患者尿酸高而导致关节肿痛的原因和用别嘌醇治疗痛风的机制。

（姚裕群）

# 第九章 DNA的合成

## 学习目标

1. 知识目标

（1）掌握：DNA复制的基本特征；参与原核生物DNA复制的模板，底物，酶类（DNA聚合酶，解螺旋酶，DNA拓扑异构酶，引物酶及DNA连接酶）及单链DNA结合蛋白；复制的半不连续性和冈崎片段，领头链和随从链。

（2）熟悉：复制叉、DNA生物合成过程，逆转录现象和逆转录酶。

（3）了解：半保留复制的实验依据，参与真核生物DNA复制的物质，真核生物的端粒和端粒酶。

2. 能力目标

（1）能提取、检测样品中的DNA。

（2）会使用DNA数据库。

3. 思政目标

（1）通过了解DNA随机复制错误累积与肿瘤病因的相关性以及所占的比例，培养学生对大众进行健康教育的能力。让学生传播保护环境、改变不良习惯以及培养健康生活方式的重要性，让学生树立努力降低发展中国家多种恶性肿瘤发病率的信心。

（2）强化“四个自信”，帮助学生树立正确的价值观，增强学生职业荣誉感。

（3）鼓励学生密切关注行业动态，崇尚科学，求真、进取。

## 内容提要

DNA是生物界主要的遗传物质。以DNA为模板，按照碱基互补配对原则将遗传信息由亲代传给子代，即进行DNA的复制。DNA复制的基本特征有：半保留复制、半不连续复制、双向复制。原核生物DNA复制与真核生物DNA复制均包括起始、延长和终止三个阶段，但真核生物的DNA复制过程更为复杂。DNA也可进行损伤修复。

某些病毒的 RNA 也是遗传信息的载体，也可复制，逆转录是 RNA 病毒遗传信息的复制方式。通过逆转录，还可将遗传信息传递给 DNA。在基因工程里，可用逆转录酶制备 cDNA。

## 习　题

### 一、选择题

【A1 型题】

1. DNA 的半保留复制是指

A. 两个子代 DNA 的前导链来自母链

B. 两个子代 DNA 的随后链是新合成的

C. 两个子代 DNA 的前导链和随后链都是新合成的

D. 复制生成的两个子代 DNA 分子中，一半来自母链，一半是新合成

E. 复制生成的两个子代 DNA 分子中，各有一条链来自母链，另一条是新合成

2. DNA 序列：3′…TAGACTAAACCAAGT…5′，相应 mRNA 序列为

A. 5′…AUCUGAUUUGGUUCA…3′　　B. 5′…ATCTGATTTGGTTCA…3′

C. 5′…ACUUGGUUUAGUCUA…3′　　D. 5′…CGAGUCGGGAACCUG…3′

E. 5′…CCAGUCGGGTTCCUG…3′

3. 反转录是指

A. 以 DNA 为模板，合成 RNA 的过程　　B. 以 DNA 为模板，合成 DNA 的过程

C. 以 RNA 为模板，合成 RNA 的过程　　D. 以 RNA 为模板，合成 DNA 的过程

E. 以 RNA 为模板，合成蛋白质的过程

4. 现有 $^{15}N$ 标记 DNA 双链，当以 $^{14}NH_4Cl$ 作氮源复制 DNA 时，产生子代 DNA 分子 $^{14}N:^{15}N$ 为 7∶1 的是

A. 第二代　　B. 第四代　　C. 第五代

D. 第三代　　E. 第一代

5.FEN1 的功能是

A. 真核细胞的 SSB　　B. 切除真核细胞冈崎片段上的 RNA 引物

C. 调节真核细胞 DNA 复制的起始　　D. 参与原核细胞 DNA 复制的校对

E. 参与同源重组

6. 紫外线对 DNA 的损伤主要是

A. 引起碱基置换　　B. 导致碱基缺失　　C. 发生碱基插入

D. 使磷酸二酯键断裂　　E. 形成嘧啶二聚物

7. 不参与 DNA 复制的酶是

A. 解旋酶　B. 拓扑酶　C. 引物酶

D. DNA 连接酶　E. 核酶

8. 以下哪些代谢过程需要以 RNA 为引物

A. DNA 复制　B. 转录　C. RNA 复制

D. 翻译　E. 反转录

9. 关于 DNA-pol Ⅲ 的叙述错误的是

A. 复制延长中催化核苷酸聚合　B. 有 5′→3′ 聚合酶活性

C. 由 10 种亚基组成不对称异源二聚体　D. 有 5′→3′ 外切酶活性

E. 有 3′→5′ 外切酶活性

10. 关于 DNA 的半不连续合成，错误的说法是

A. 前导链是连续合成的

B. 随从链是不连续合成的

C. 不连续合成的片段为冈崎片段

D. 随从链的合成迟于前导链的合成

E. 前导链和随从链合成中均有一半是不连续合成的

11. 能直接以 DNA 为模板合成的物质是

A. hnRNA　B. 反式作用因子　C. 引物酶

D. 调节蛋白　E. 转录因子

12. 关于 DNA 复制保真性的叙述，错误的是

A. 严格的碱基配对原则　B. DNA-pol 对碱基的选择性

C. DNA-pol 对模板的依赖性　D. DNA-pol 对模板的高亲和性

E. DNA-polI 的即时校读功能

13. 合成 DNA 的原料是

A. ATP、GTP、CTP、TTP　B. AMP、GMP、CMP、TTP

C. dATP、dGTP、dCTP、dTTP　D. dAMP、dGMP、dCMP、dTMP

E. dATP、dGTP、dCTP、dUTP

14. 下列关于复制的叙述错误的是

A. 子链一条延伸的方向是 5′→3′，另一条延伸的方向是 3′→5′

B. 模板链的方向是 3′→5′

C. 子链走向与模板链走向相反

D. 子链的延伸方向是 5′→3′

E. 形成 3′，5′- 磷酸二酯键

15. 反转录的遗传信息流向是

A. DNA → DNA　　B. DNA → RNA　　C. RNA → DNA
D. RNA →蛋白质　　E. RNA → RNA

16.DNA 连接酶催化连接反应需要

A. GTP　　B. CTP　　C. TTP
D. UTP　　E. ATP

17. 紫外光辐射对 DNA 的损伤主要使 DNA 分子中一条链上相邻嘧啶碱基之间形成二聚体，其中最易形成的二聚体是

A. U—C　　B. T—U　　C. C—C
D. T—T　　E. G—G

18.DNA 复制起始时能辨认起始点的是

A. DnaG 蛋白　　B. DnaB 蛋白　　C. DnaA 蛋白
D. 引物酶　　E. DnaC 蛋白

19. 具有核酸外切酶作用的酶有

A. 连接酶　　B. 拓扑异构酶　　C. DNA 聚合酶
D. 反向转录酶　　E. RNA 聚合酶

20. 关于 DNA-pol Ⅰ的叙述，错误的是

A. 由 1 条多肽链组成　　B. 有 5′ → 3′ 外切酶活性
C. 有 3′ → 5′ 外切酶活性　　D. 复制延长中催化核苷酸聚合
E. 有 5′ → 3′ 聚合酶活性

21. 复制中 RNA 引物的作用是

A. 提供 3′-OH 末端供 dNTP 加入　　B. 使冈崎片段延长
C. 协助解螺旋酶作用　　D. 参与构成引发体
E. 活化 SSB

22. 关于 DNA 复制的叙述正确的是

A. 由 RNA 指导的 DNA 聚合酶参与
B. 以四种核糖核苷三磷酸为原料
C. 由 DNA 指导的 DNA 聚合酶参与
D. 只有一条链进行复制，故称为半保留复制
E. 子代 DNA 的碱基序列与亲代 DNA 基本相同

23. DNA 连接酶的作用是

A. 合成 RNA 引物

B. 将双螺旋解旋

C. 除去引物，填补空缺

D. 使 DNA 形成超螺旋结构

E. 使双链 DNA 上单链缺口的两个末端相连接

24. 复制中 RNA 引物的作用是

A. 提供 3′-OH 末端供 dNTP 加入

B. 使冈崎片段延长

C. 参与构成引发体

D. 维持 DNA 单链状态

E. 协助解螺旋酶作用

25. 关于原核生物 DNA-pol 的叙述正确的是

A. DNA-pol Ⅲ 有 5′ → 3′ 外切酶活性

B. DNA-pol Ⅲ是催化复制延长的酶

C. DNA-pol Ⅰ的比活性最高

D. DNA-pol Ⅱ校读复制中的错误

E. DNA-pol Ⅰ酶分子是二聚体

26. DNA 合成时，引物切除后留下的空隙，催化 DNA 小片段合成来填补的酶是

A. 连接酶

B. 引物酶

C. 反转录酶

D. RNA 聚合酶

E. DNA 聚合酶

27. 2009 年诺贝尔生理学/医学奖被授予美国的 Elizabeth H.Blackbum、Carol W.Greider 和 Jack W.Szostak，使他们获奖的科学成就是发现

A. 转肽酶是一种核酶

B. Caspase 参与细胞凋亡的机制

C. 端粒和端粒酶保护染色体的机制

D. 研制成功抗艾滋病毒的疫苗

E. 逆转录酶催化逆转录的机制

28. 反意义链是

A. DNA 复制时作为模板的一条链

B. 以 DNA 链为模板合成的一条 RNA 链

C. 基因的 DNA 双链中，转录时不能作为 mRNA 合成模板的那条单链

D. DNA 双链中能指导蛋白质合成的一条链

E. 基因的 DNA 双链中，转录时作为 mRNA 合成模板的那条单链

29.DNA 复制时，以 5′-TAGA-3′ 为模板，合成产物的互补结构为

A. 5′-ATCT-3′

B. 5′-AUCU-3′

C. 5′-TCTA-3′

D. 5′-UCUA-3′

E. 5′-GCGA-3′

30. 以下有关端粒酶的描述，错误的是

A. 是一种逆转录酶

B. 协助线性染色体的合成

C. 向 DNA 链的 5′ 端添加端粒
D. 识别单链 DNA 中 G 丰富区
E. 其 RNA 组分是合成 DNA 片段的模板

31. 冈崎片段

A. 是因为 DNA 复制太快而产生
B. 由于复制中有缠绕打结而生成
C. 复制完成后，冈崎片段被水解
D. 因为有 RNA 引物，就有冈崎片段
E. 由于复制与解链方向相反，在随从链生成

32. 关于 DNA-pol Ⅰ 的叙述错误的是

A. 具有 3′→5′ 外切酶活性，水解错配碱基
B. 填补切除引物出现的空隙
C. 具有 5′→3′ 外切酶活性，可切除突变片段
D. 具有 5′→3′ 外切酶活性，能切除引物
E. 催化随后链的延长

33. 模板 DNA 的碱基序列是 3′- TGCAGT-5′，其转录出 RNA 碱基序列是

A. 5′-AGGUCA-3′
B. 5′-ACGUCA-3′
C. 5′-UCGUCU-3′
D. 5′-ACGTCA-3′
E. 5′-ACGUGT-3′

34. 在 DNA 复制中，拓扑异构酶的作用是

A. 解开 DNA 双链
B. 稳定和保护单链 DNA
C. 催化 RNA 引物合成
D. 辨认起始点
E. 松弛 DNA 链

35. DNA 复制时，下列哪一种酶是不需要的

A. 解链酶
B. DNA 连接酶
C. 拓扑异构酶
D. 限制性内切酶
E. DNA 指导的 DNA 聚合酶

36. 复制中维持 DNA 单链状态的蛋白质是

A. DnaC
B. DnaB
C. SSB
D. DnaA
E. DnaG

37. DNA 复制时，模板序列 5′-TAGA-3′，将合成下列哪种互补结构

A. 5′-TCTA-3′
B. 5′- ATCA-3′
C. 5′- UCUA-3′
D. 5′- GCGA-3′
E. 5′- TCUA-3′

38. DNA 复制中的引物是

A. 由 DNA 为模板合成的 DNA 片段
B. 由 RNA 为模板合成的 RNA 片段
C. 由 DNA 为模板合成的 RNA 片段
D. 由 RNA 为模板合成的 RNA 片段

E. 引物仍存在于复制完成的DNA链中

39. 在DNA复制中RNA引物起到作用是

A. 使DNA聚合酶活化并使RNA双链解开

B. 提供5′末端作为合成新DNA链的起点

C. 提供5′末端作为合成新RNA链的起点

D. 提供3′-OH末端作为合成新DNA链的起点

E. 提供3′-OH末端作为合成新RNA链的起点

40. 下列关于DNA复制中化学反应的叙述，错误的是

A. 形成3′，5′-磷酸二酯键
B. 新链走向与模板链走向相反
C. 新链走向与模板链走向相同
D. 新链的延伸方向是5′→3′
E. 模板链的走向是3′→5′

41. 能以RNA为模板催化合成与RNA互补的DNA（cDNA）的酶称为

A.DNA为聚合酶Ⅰ
B.DNA为聚合酶Ⅱ
C.DNA为聚合酶Ⅲ
D.RNA聚合酶
E. 反转录酶

42. 下列关于逆转录酶的叙述错误的是

A. 能生成cDNA双链
B. 可以DNA为模板聚合dNTP
C. 促使新合成DNA转入宿主细胞
D. 水解杂化双链中的RNA
E. 可以RNA为模板聚合dNTP

43. DNA复制时，子链的合成是

A. 两条链均为3′→5′
B. 两条链均为5′→3′
C. 两条链均为连续合成
D. 两条链均为不连续合成
E. 一条链5′→3′，另一条链3′→5′

44. 产生冈崎片段的原因是

A. 解螺旋酶引起的
B.RNA引物过短
C. 复制与解链方向相反
D. 拓扑异构酶造成的
E. 多个复制起始点

45. DNA拓扑异构酶不能

A. 松弛DNA
B. 切开DNA
C. 解开DNA两条链
D. 解连环体
E. 改变DNA的超螺旋状态

46. 反转录过程中需要的酶是

A. 核酸酶
B. DNA指导的DNA聚合酶
C. RNA指导的RNA聚合酶
D. DNA指导的RNA聚合酶
E. RNA指导的DNA聚合酶

47. 人类基因组比大肠杆菌基因组大 700 倍左右，然而人类基因组复制的时间仅比大肠杆菌基因组复制长 6~8 倍，这是因为

A. 人染色体 DNA 上具有多个复制起始区，大肠杆菌只有一个

B. 人基因组的许多序列在复制中直接跳过去，因为只有 3%~5% 的序列编码蛋白质

C. 人类基因组的 GC 含量低，两条链更容易解链

D. 组蛋白的存在提高了人染色体 DNA 的复制速率

E. 人染色体 DNA 复制经过整个细胞周期，而大肠杆菌的 DNA 复制每小时启动一次

48. DNA 上某段有意义链碱基顺序为 5′- ACTAGTCAG-3′，转录后的 mRNA 上相应的碱基顺序为

A. 5′-TGATCAGTC-3′　　B. 5′-UGAUCAGUC-3′

C. 5′-CUGACUAGU-3′　　D. 5′-CTGACTAGT-3′

E. 5′-CUGACUTGU-3′

49. 关于真核生物 DNA-pol 的叙述正确的是

A. DNA-polv β 在线粒体内

B. DNA-pol δ 相当于原核生物 DNA-pol Ⅰ

C. DNA-pol α 相当于原核生物 DNA-pol Ⅲ

D. DNA-pol ε 起修复和填补引物空缺的作用

E. DNA-pol γ 有校读、修复作用

50. 紫外线照射对 DNA 分子的损伤并形成二聚体主要发生在下列哪对碱基之间

A. A-T　　B. T-T　　C. T-C

D. C-C　　E. U-C

51. 端粒酶的组成成分是

A. DNA 聚合酶 + 底物　　B. 逆转录酶 +RNA　　C. DNA 聚合酶 +RNA

D. RNA 聚合酶 + 辅基　　E. DNA 修复酶 + 引物

52. 端粒酶在添加第一个核苷酸时被它用作引物的是

A. NTP 和 dNTP 的混聚物　　B. 蛋白质　　C. 端粒酶不需要引物

D. RNA　　E. DNA

53. 真核细胞的 PCNA 在功能上相当于原核生物 DNApol Ⅲ的

A. γ 亚基　　B. ε 亚基　　C. δ 亚基

D. β 亚基　　E. α 亚基

54. 在真核细胞 DNA 复制中

A. 复制过程贯穿整个细胞周期

B. 复制泡一旦形成，解旋酶便从 DNA 上解离

C. FENI 和引物去除有关

D. 只有一个复制起始点，只形成一个复制体

E. 冈崎片段长度为 1000~2000 个核苷酸

55. 与 DNA 修复过程缺陷有关的疾病是

A. 卟啉症　　B. 着色性干皮病　　C. 黄疸

D. 痛风症　　E. 苯丙酮尿症

56. 复制时，① DNA-pol Ⅲ；②解螺旋酶；③引物酶；④ SSB；⑤ DNA 连接酶作用的顺序是

A. ②④⑤③①　　B. ②③⑤①④　　C. ②④③①⑤

D. ①②③④⑤　　E. ②③④①⑤

57. 关于 DNA 聚合酶的叙述，错误的是

A. 需模版 DNA　　B. 需引物 RNA　　C. 延伸方向为 5′ → 3′

D. 以 NTP 为原料　　E. 具有 3′ → 5′ 外切酶活性

58. 关于复制的叙述错误的是

A. 后随链的复制方向是 3′ → 5′　　B. 连接酶作用时需 ATP

C. 随从链生成冈崎片段　　D. 前导链复制与解链方向一致

E. 拓扑酶作用时可能需要 ATP

59. 参与维持 DNA 复制保真性的因素是

A. 密码的简并性

B. DNA 的双向复制

C. 氨酰 -tRNA 合成酶对氨基酸的高度特异性

D. DNA 的 SOS 修复

E. DNA 聚合酶的核酸外切酶活性

60. 关于“编码链”的描述正确的是

A. 有些 DNA 分子没有“编码链”

B. 编码链的阅读方向是 3′ → 5′

C. DNA 双链中只有一条是编码链

D. 编码链对任何一个基因的转录都是不变的

E. 编码链是指某种基因转录时，作为模板的那条 DNA 链的互补链

61. DNApol 催化的反应不包括

A. 填补切除修复的缺口　　B. DNA 延长中 3′-OH 与 5′-P 反应

C. 切除错配的核苷酸 D. 两个单核苷酸的聚合
E. 切除引物后填补缺口

62. RNA 指导的 DNA 合成称
A. 复制 B. 转录 C. 逆转录
D. 翻译 E. 整合

63. 关于端粒酶的叙述错误的是
A. 含有 RNA 模板 B. 有逆转录酶活性
C. 催化子链 DNA 反向延长 D. 催化模板链 DNA 的延长
E. 是 RNA- 蛋白质复合物

【A2 型题】

（64~65 题共用题干）

引起 AIDS 的 HIV 等逆转录病毒，其遗传信息是以 RNA 储存的。逆转录酶可以合成病毒基因组的 DNA 拷贝。脱氧胸腺嘧啶核苷类似物 AZT 被用于 AIDS 的治疗，在其糖基的 3′ 位上有一个叠氮基团可以被磷酸化，与 dTTP 竞争掺入到逆转录中。一旦被掺入，便会终止链的合成。

64.DNA 聚合酶的校读功能使 AZT 干扰细胞 DNA 复制的概率比干扰病毒复制要低得多，这样就为治疗提供了可能。这种维持 DNA 合成保真性的校读活性
A. 是 DNA 聚合酶的 3′ → 5′ 核酸外切酶功能
B. 需要一种从 DNA 聚合酶中分化出来的酶
C. 在原核细胞中是独立于聚合酶活性之外的
D. 存在于原核细胞而真核细胞中没有
E. 仅在合成完成之后出现

65. 延伸链被终止，是因为
A. AZT 没有游离的 3′-OH
B. 类似物导致延伸链扭曲，抑制逆转录酶
C. AZT 的存在可以抑制逆转录酶的校读功能
D. dTTP 无法加入延伸链中
E. 类似物不能与 RNA 形成氢键

（66~67 题共用题干）

干扰拓扑异构酶是抑制 DNA 复制的一种方法，针对大肠杆菌促旋酶（Ⅱ型拓扑异构酶）的抗生素可以抑制其催化活性。拓扑异构酶毒性剂可以阻止磷酸二酯键的再

连接。这些化合物被用于治疗感染（如诺氟沙星、蛇床子素等）和化疗（如依托泊苷、多柔比星等）。

66. 以下有关双链 DNA 断裂的描述，哪一项是错误的

A. 可以引起突变或者基因表达的异常调节

B. 拓扑异构酶毒性剂引起蛋白质 –DNA 共价连接

C. 与哺乳动物中的异源二聚体有关

D. 同源重组时均发生 DNA 双链的断裂和再连接

E. 可涉及非同源重组

67. 促旋酶

A. 消除负超螺旋

B. 先形成、后封闭双链上的暂时性缺口

C. 真核、原核细胞都有

D. 含有 ATP 酶的亚基，可以水解 ATP 以形成新的磷酸二酯键

E. 增加环绕数

二、名词解释

1. 半不连续复制
2. 冈崎片段
3. 引发体
4. 复制叉
5. 逆转录酶
6. 半保留复制

三、简答题

1. 比较真核生物染色体 DNA 的复制与原核生物基因组 DNA 复制的不同。
2. 试述参与原核生物 DNA 复制过程所需的物质及其作用。
3. 简述真核生物染色体端粒的功能，端粒酶如何催化延长端粒。
4. 简述逆转录的基本过程，逆转录现象的发现在生命科学研究中有何重大价值。

（张筱晨）

# 第十章 RNA 的合成

## 学习目标

1. 知识目标

（1）掌握：复制与转录的主要区别，转录、不对称转录、模板链、编码链的概念，原核生物 RNA 聚合酶全酶、核心酶的组成和作用，原核生物的转录起始、方向，真核基因的断裂基因、内含子、外显子的概念。

（2）熟悉：原核生物 RNA 聚合酶与模板辨认结合，原核生物转录起始、延长和两类转录终止过程的特点，mRNA、tRNA 与 rRNA 转录后加工修饰。

（3）了解：真核生物 RNA 聚合酶的主要类型和产物，启动子的结构特点，真核细胞转录起始、延长、终止的概况。

2. 能力目标

学生能根据 DNA 链的模板链或有意链转录出正确的 RNA 链。

3. 思政目标

（1）通过分析 mRNA 在蛋白质合成中的作用，了解 mRNA 疫苗，它与我们国家自主研发的灭活疫苗的区别，辩证分析疫苗的优缺点。使学生树立为中华民族的伟大复兴而奋斗的信念，激发学生的爱国热情和民族自豪感。

（2）强化“四个自信”。

（3）帮助学生树立正确的价值观，增强职业荣誉感。

（4）鼓励学生密切关注行业动态，崇尚科学，求真、进取。

## 内容提要

在生物界，RNA 合成有两种方式。其中最主要的方式为转录，以 DNA 为模板，以 5′- 三磷酸核糖核苷为原料，在 RNA 聚合酶（RNA pol）的催化下，合成与模板互补的 RNA，这是生物体内 RNA 的主要合成方式。转录有起始、延长和终止三个阶段，RNA 合成的方向是 5′→3′。

原核生物的RNA pol只有一种，全酶形式是$\sigma\alpha_2\beta\beta\omega$，转录起始需要全酶，以σ亚基识别启动子，生成第一个磷酸二酯键后，σ亚基从转录起始复合物上脱落并离开启动子，由RNA pol的核心酶$\alpha_2\beta\beta\omega$催化RNA链的延长，转录的终止有ρ因子依赖终止和ρ因子不依赖终止两种方式。原核生物转录延长与蛋白质的翻译同时进行。

真核生物至少具有3种主要的RNA pol，都由多亚基组成。RNA pol Ⅰ催化合成大部分RNA前体；RNA pol Ⅱ催化合成前体mRNA，也合成长编码RNA、微RNA和piRNA；RNA pol Ⅲ催化tRNA、5S rRNA和一些核小RNA。RNA pol Ⅱ是真核生物中最活跃的RNA pol，不同于原核生物的RNA pol直接与模板结合，RNA pol Ⅱ在转录起始时，需要与多种转录因子结合形成有活性的转录复合体，其最大亚基有羧基末端结构域（CTD），在转录起始和延长阶段被磷酸化。真核生物转录延长过程与原核生物大致相似，但因有核膜相隔，没有转录与翻译同步的现象。真核细胞的转录终止，与转录后修饰密切相关。

真核生物转录生成的RNA分子是前体RNA，要经过加工，才能成为具有功能的成熟RNA。前体mRNA的5′端加上7-甲基鸟嘌呤核苷残基的帽子结构，3′端通过断裂及多聚腺苷酸化加上多聚腺苷酸尾结构，内含子通过剪接切除。一个前体mRNA可以经过剪接和剪切两种模式加工成多个mRNA分子。前体rRNA经过剪切形成不同类别的rRNA。前体tRNA的加工包括核苷酸的碱基修饰。有些RNA分子可以催化自身内含子剪接，属于核酶。

mRNA降解是细胞维持正常生理状态所必需的。真核细胞的mRNA降解途径可分为正常转录物的降解和异常转录物的降解。

RNA合成的另一种方式是以RNA为模板合成RNA，也称RNA复制，由RNA依赖的RNA pol催化，常见于逆转录病毒以外的RNA病毒基因组的复制过程。

## 习　题

### 一、选择题

【A1型题】

1. 在原核转录中，延伸RNA的是

A. ρ因子　　B. 核心酶　　C. σ因子

D. DnaB蛋白　　E. 聚合酶α亚基

2. 原核生物RNA聚合酶的全酶组成是

A. $\alpha_2\beta\beta\omega$　　B. $\sigma\alpha_2\beta\beta'\omega$　　C. $\sigma\alpha\beta\beta'\omega'\omega$

D. σ $\alpha_2$ β ω　　E. σ α β β ω

3. 下列 RNA 分子中具有调节基因表达功能的是

A. mRNA　　B. hnRNA　　C. siRNA

D. tRNA　　E. rRNA

4. 真核生物中 tRNA 和 5S rRNA 的转录由下列哪一种酶催化

A. RNA 聚合酶 Ⅰ　　B. 反转录酶　　C. RNA 聚合酶Ⅱ

D. RNA 聚合酶全酶　　E. RNA 聚合酶Ⅲ

5. 有关原核生物转录延长阶段，下列叙述不正确的是

A. RNA 聚合酶与模板的结合无特异性　　B. σ 因子从转录起始复合物上脱落

C. 转录过程未终止时即开始翻译　　D. RNA 聚合酶与模板结合松弛

E. RNA 聚合酶全酶催化此过程

6. 真核生物转录终止修饰点序列是

A. ρ 因子　　B. AATAAA 和其下游 GT 序列

C. TATAbox　　D. TTGACA

E. Pribnow 盒

7. 下列关于转录后加工修饰反应描述错误的是

A. 内含子去除　　B. 3′ 端加多聚腺苷酸尾

C. 外显子对应序列去除　　D. RNA 编辑

E. 5′ 端加上帽子结构

8. 以下对真核生物 URNA 合成的描述，错误的是

A. 成熟的 tRNA 中含有内含子对应序列

B. tRNA 前体还需要进行化学修饰加工

C. IRNA 前体在酶的作用下切除 5′- 和 3′- 末端处多余的核苷酸

D. tRNA 3′- 末端需加上 CCA-OH

E. RNA 聚合酶Ⅲ参与 URNA 前体的生成

9. 关于转录因子（TF）的叙述正确的是

A. 是真核生物 RNA 聚合酶的组分　　B. 是真核生物转录调控中的反式作用因子

C. 是原核生物 RNA 聚合酶的组分　　D. 是真核生物的启动子

E. 本质是 DNA 分子

10. 真核细胞 RNA 聚合酶Ⅱ催化合成的 RNA 是

A. rRNA　　B. mRNA　　C. tRNA

D. 5S rRNA　　E. 18S rRNA

11. 真核生物转录时结合 RNA 聚合酶的蛋白质称为

A. 转录因子　B. σ 因子　C. ρ 因子

D. 启动子　E. 增强子

12. 原核生物 DNA 指导的 RNA 聚合酶由数个亚单位组成，其核心酶的组成是

A. $\alpha_2\beta\beta$　B. $\alpha_2\beta\beta\omega$　C. $\alpha\alpha\beta\beta$

D. $\alpha\beta\beta'\omega$　E. $\alpha_2\beta\beta'\omega$

13. 识别 RNA 转录终止的因子是

A. α 因子　B. β 因子　C. σ 因子

D. ρ 因子　E. γ 因子

14. 基因表达过程中仅在原核生物中出现，而在真核生物中没有的是

A. 冈崎片段　B. σ 因子　C. AUG 作为起始密码子

D. DNA 连接酶　E. tRNA 中的稀有碱基

15. 真核生物转录发生的部位是

A. 细胞质　B. 细胞核　C. 线粒体

D. 微粒体　E. 内质网

16. 下列碱基序列中能形成发夹结构的是

A. TTGAGCTAGCCAA　B. AAAGTCCTGCATA　C. AACCAAATTTAGG

D. TGGGATTTTCCCA　E. GCCTTTCGCGACG

17. 催化 mRNA 3′ 端 polyA 尾生成的酶是

A. 多聚 A 聚合酶　B. RNA 聚合酶　C. RNaseD

D. RNaseP　E. 核苷酸还原酶

18. 识别原核转录起始点的是

A. ρ 因子　B. 核心酶

C. RNA 聚合酶的 σ 因子　D. RNA 聚合酶的 α 亚基

E. RNA 聚合酶的 β 亚基

19. 下列关于 σ 因子的描述哪一项是正确的

A. 参与反转录过程

B. 是一种小分子的有机化合物

C. 可识别 DNA 模板上的终止信号

D. DNA 聚合酶的亚基，能沿 5′ → 3′ 及 3′ → 5′ 方向双向合成 RNA

E. RNA 聚合酶的亚基，负责识别 DNA 模板上转录 RNA 的特殊起始点

20. 真核细胞中由 RNA 聚合酶 I 催化生成的产物是

A. 45S RNA　B. hnRNA　C. mRNA
D. tRNA　E. snRNA

21. DNA 复制和转录过程具有许多异同点，下列关于 DNA 复制和转录的描述正确的是

A. 两个过程均需 RNA 引物
B. 在这两个过程中合成方向都为 3′→5′
C. 复制的产物通常情况下小于转录的产物
D. DNA 聚合酶和 RNA 聚合酶都需要 $Mg^{2+}$
E. 在体内以两条 DNA 链作为模板转录，而以一条 DNA 链为模板复制

22. 参与 RNA 剪接的是

A. 45S tRNA　B. snRNA　C. hnRNA
D. mRNA　E. tRNA

23. 某 RNA 为 5′-UGACGA-3′，与其对应的 DNA 双链中的编码链为

A. 5′-ACTGCT-3′　B. 5′-UCGTCA-3′　C. 5′-ACTGCU-3′
D. 5′-TGACGA-3′　E. 5′-TCGTCA-3′

24. ρ 因子的功能是

A. 参与转录的终止过程　B. 增加 RNA 合成速率
C. 释放结合在启动子上的 RNA 聚合酶　D. 允许特定转录的启动过程
E. 结合阻遏物于启动区域处

25. 关于内含子的叙述正确的是

A. 内含子对应序列可存在于成熟的 mRNA
B. hnRNA 除去内含子对应序列的过程称为剪接
C. hnRNA 上只有外显子对应序列而无内含子对应序列
D. hnRNA 除去外显子对应序列的过程称为剪接
E. 内含子对应序列没有任何功能

26. 以下催化 RNA 聚合的酶中，对高浓度鹅膏草碱敏感的酶是

A. RNA 引物酶　B. 线粒体 RNA 聚合酶
C. 真核生物的 RNA 聚合酶 Ⅱ　D. 真核生物的 RNA 聚合酶 Ⅲ
E. 真核生物的 RNA 聚合酶 Ⅰ

27. 下列哪种杂交能完全配对

A. DNA- 成熟 tRNA　B. DNA- 成熟 rRNA　C. DNA-hnRNA
D. DNA-mRNA　E. DNA-cDNA

28. 以下反应属于 mRNA 编辑的是

A. 转录后 mRNA 加“帽”和加“尾”

B. 转录产物中核苷酸残基的插入、缺失和置换

C. 转录后产物的剪切

D. 转录后产物的剪接

E. 转录后碱基的甲基化

29. 下列抑制剂哪一种既抑制 DNA 的复制，又抑制转录作用

A. 利福平　　B. 丝裂霉素　　C. 高剂量放线菌素

D. α - 鹅膏蕈碱　　E. 喹诺酮类药物

30. RNA 指导的 RNA 合成，称为

A. RNA 转录　　B. RNA 编码　　C. RNA 翻译

D. RNA 逆转录　　E. RNA 复制

31. 不依赖 ρ 因子的转录终止，往往是由转录出的 RNA 产物形成茎环样结构来终止转录。在下列 DNA 序列中，其转录产物能形成茎环结构的是

A. TTTCGAAGATCAAGCG　　B. CTCGAGCCTACCCCTC

C. ACTGGCTTAGTCAGAG　　D. ACTTGCCCCCTTCACA

E. GTGACTGGTTAGTCAG

【A2 型题】

32. 新型冠状病毒（COVID-19）是一种单股正链 RNA 病毒，以 ss（+）RNA 表示。ss（+）RNA 可直接作为 mRNA 翻译成蛋白质，下图是病毒的增殖过程示意图。有关病毒增殖的说法正确的是

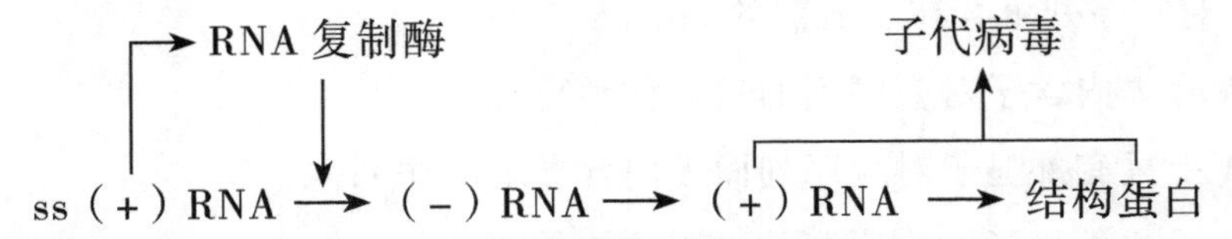


A. RNA 复制酶也可用于宿主细胞体内的 RNA 合成

B. COVID-19 疫苗难以研发是因为其遗传物质容易发生突变

C. 子代病毒的遗传性状完全由亲代 RNA 病毒和宿主细胞决定

D. COVID-19 的增殖方式与 HIV 一样

E. 子代病毒的遗传性状不受亲代 RNA 病毒和宿主细胞影响

33. 载脂蛋白 B（apoB）是乳糜微粒和低密度脂蛋白（LDL）的必需成分，在脂类代谢、胆固醇转运过程中起关键作用。载脂蛋白 B 分为 apoB100 和 apoB48。二者是同一基因不同转录模式的产物。apoB100mRNA 第 6666 位上的 C 变成 U，此处编码谷氨酰胺的 CAA 密码子变成 UAA 终止密码子，导致截短的 apoB48 生成。这一过程

是真核生物前体 mRNA 加工中的哪一种加工方式

A. 自我剪接　　B. 碱基修饰　　C.RNA 编辑

D. 选择性加工　　E. 剪接

34. 近年来在对阿尔茨海默病的研究中找到的一个 IncRNABACEIAS，它编码 β 分泌酶基因的反义链 RNA。β 分泌酶能够产生 β 淀粉样蛋白，后者的累积是阿尔茨海默病的主要诱因。作为 BACE1 反义链的 BACEIAS 能够在各种外界压力刺激条件下，增加 BACEImRNA 的稳定性（通过防止 BACE1 受到核酸酶降解的方式），从而导致更多的 β 淀粉样蛋白累积，并促进 BACEIAS 的表达，这个正反馈循环将会加速阿尔茨海默病的发展。但是，当使用了特异性针对 BACEIAS 的 siRNA 降低 BACEIAS 的表达水平后，β 淀粉样蛋白的表达水平也同时下降了，这表明 BACEIAS 是一个非常理想的治疗阿尔茨海默病的药物靶点。IncRNA 以及 siRNA 是在什么水平调控了 BACEIAS 的表达，从而调节了阿尔茨海默病的发展

A. 蛋白降解途径　　B. 转录水平　　C. 翻译水平

D. 转录后水平　　E. 表观遗传水平

35. 利福霉素是抗结核菌治疗的药物。可以特异性结合并抑制原核生物的 RNA 聚合酶，而对真核生物的 RNA 聚合酶没有作用，因此对人体不良反应较小。利福霉素与原核生物 RNA 酶专性结合的位点是

A. a 亚基　　B. o 亚基　　C. β 亚基

D. σ 亚基　　E. β’亚基

## 二、名词解释

1. 不对称转录
2. pre-RNA
3. σ 因子
4. 反式作用元件
5. 外显子

## 三、简答题

1. 试比较复制与转录的异同。
2. 简述原核生物转录终止的两种主要机制。
3. 试比较真核生物 RNA 聚合酶的不同。
4. 试述 RNA 降解在基因表达调控中的作用。
5. 试述 RNA 转录后加工的意义。
6. 真核生物和原核生物的转录起始、延长和终止有什么不同。

（张筱晨）

# 第十一章
# 蛋白质的合成

## 学习目标

1. 知识目标

（1）掌握：翻译的概念，参与蛋白质生物合成的各种物质及其在蛋白质生物合成中的作用，遗传密码的概念及特点，核蛋白体循环的概念及步骤。

（2）熟悉：氨基酰 -tRNA 与起始氨基酰 -tRNA 的生成，S-D 序列、起始因子、延长因子和释放因子的种类和作用，一级结构修饰和空间结构修饰的种类。

（3）了解：翻译的基本过程，多肽链折叠，常用抗生素等物质抑制翻译的机制，白喉毒素和干扰素干扰蛋白质合成的机制。

2. 能力目标

（1）能根据密码子和 RNA 序列翻译出正确的蛋白质序列。

（2）学会运用蛋白质数据库。

3. 思政目标

（1）分析新冠重组蛋白疫苗的组成和作用，辩证分析疫苗的优缺点。帮助学生树立为中华民族的伟大复兴而奋斗的信念，激发学生的爱国热情和民族自豪感。

（2）强化“四个自信”。

（3）帮助学生树立正确的价值观，增强职业荣誉感。

（4）引导学生关注行业动态，崇尚科学，求真、进取。

## 内容提要

蛋白质是生命活动的物质基础，参与生命的几乎所有过程。蛋白质具有高度的种族特异性，各种生物的蛋白质均由机体自身合成。蛋白质在体内的合成过程，就是遗传信息从 DNA 经 mRNA 传递到蛋白质的过程，其中 mRNA 中的碱基排列顺序转变为蛋白质的氨基酸排列顺序的过程，被称为翻译。

蛋白质的合成体系包括原料氨基酸、模板 mRNA 、氨基酸、“搬运工具”tRNA、装配场所核糖体，以及参与反应的多种酶与蛋白质因子，并且需要 ATP 或 GTP 提供能量。在 mRNA 编码区域的每 3 个相邻的核苷酸为一组，编码一种氨基酸或肽链合成的起始 / 终止信息，称为密码子。密码子共有 64 个，其中 3 个终止密码子不编码任何蛋白质，61 个密码子编码各种氨基酸，其中 AUG 不仅代表甲硫氨酸，如果位于 mRNA 的翻译起始部位，还代表起始密码子。tRNA 是氨基酸和密码子之间的特异连接物，氨基酸与特异的 tRNA 结合形成氨酰 -tRNA 的过程称为氨基酸的活化。核糖体是蛋白质合成的场所，原核生物和真核生物的核糖体上均有 A 位、P 位和 E 位这三个重要的功能部位。A 位（aminoacyl site，酰胺位）结合氨酰 -tRNA，P 位（peptidyl site，肽酰位）结合肽酰 -tRNA，E 位（exit site，排除位）释放已经卸载了氨基酸的 tRNA。

翻译过程包括肽链的起始、延长和终止三个阶段。肽链的起始是指 mRNA 起始酰胺 -tRNA（由参与肽链合成的氨基酸与特异性 tRNA 结合而成）分别与核糖体结合而形成翻译起始复合物的过程。肽链的延长是指在核糖体上重复进行的进位、成肽和转位的循环过程，每循环 1 次，肽链上即可增加 1 个氨基酸残基，这一过程还需要数种延长因子及 GTP 等参与。当核糖体的 A 位与 mRNA 的终止密码子对应，释放因子 RF 进入 A 位，触发核糖体构象改变，将肽酰转移酶转变为酯酶，释放新生肽链，核糖体大小亚基分离。原核生物和真核生物的肽链合成过程基本相似，均以多聚核糖体的形式进行肽链的高效合成，只是真核生物的反应更为复杂、涉及的蛋白质因子更多。

新生肽链并不具有生物活性，需进行翻译后加工才能成为有活性的成熟蛋白质。翻译后加工包括分子伴侣指导下的新生肽链折叠，肽链水解加工，氨基酸残基的化学修饰以及亚基聚合等。蛋白质在细胞质合成后，还需要在分拣信号的指导下，靶向输送到合适的亚细胞部位或发挥到细胞外，才能发挥各自的生物学功能。

蛋白质的生物合成是许多药物和毒素的作用靶点。这些药物或毒素通过阻断原核生物和真核生物蛋白质合成体系汇总的某组分的功能，来干扰和抑制蛋白质合成过程。真核生物与原核生物的翻译过程既相似又有差别，这些差别在临床上具有重要的应用价值。

## 一、选择题

【A1 型题】

1. 蛋白质合成过程中氨基酸活化的专一性取决于

A. 密码子　　B. mRNA　　C. 核蛋白体
D. 转肽酶　　E. 氨基酸 -tRNA 合成酶

2. 关于 tRNA 的叙述，下列哪项是错误的

A. 有氨基酸臂携带氨基酸

B. 一种 tRNA 能携带多种氨基酸

C. 有反密码子，能识别 mRNA 分子的密码

D. 一种氨基酸可由数种特定的 tRNA 运载

E. 20 种氨基酸都各有其特定的 tRNA

3. 蛋白质生物合成的场所是

A. mRNA　　B. rRNA　　C. tRNA

D. DNA　　E. RNA

4. 多肽链上可发生乙酰化修饰的氨基酸残基是

A. 赖氨酸　　B. 脯氨酸

C. 酪氨酸　　D. 甲酰甲硫氨酸或甲硫氨酸

E.C 端氨基酸

5. 不直接参与蛋白质合成的是

A. IF　　B. DNA　　C. tRNA

D. mRNA　　E. 氨基酸

6. 蛋白质合成的起始密码是

A. AUG　　B. UGA　　C. GUA

D. UAA　　E. AAA

7. 通过 mRNA 将基因信息表达，形成蛋白质的过程称为

A. 复制　　B. 转录　　C. 翻译

D. 反转录　　E. 核蛋白体循环

8. 遗传密码的摆动性是指

A. 遗传密码可以互换

B. 密码与反密码可以任意配对

C. 不同的氨基酸具有相同的密码

D. 一种密码可以代表不同的氨基酸

E. 密码子的第 3 位碱基与反密码的第 1 位碱基可以不严格互补

9. 决定 20 种编码氨基酸的密码子共有

A. 63 个　　B. 64 个　　C. 62 个

D. 61 个　　E. 60 个

10. 翻译过程的产物是

A. DNA　　B. GMA　　C. mRNA

D. rRNA　　E. 蛋白质

11.DNA 的遗传信息传递到蛋白质生物合成要通过

A. rRNA　　B. tRNA　　C. mRNA

D. DNA 本身　　E. 核蛋白体

12. 氨基酸活化需要消耗的高能键是

A. 5　　B. 1　　C. 4

D. 3　　E. 2

13. 氨基酸通过下列哪种化学键形成蛋白质

A. 氢键　　B. 酯键　　C. 肽键

D. 糖苷键　　E. 磷酸二酯键

14. 组成 mRNA 的四种核苷酸能组成多少种密码子

A. 16　　B. 46　　C. 64

D. 32　　E. 61

15. 遗传密码的简并性是指

A. 一个密码适用于一个以上的氨基酸　　B. 一个氨基酸可被多个密码编码

C. 密码与反密码可以发生不稳定配对　　D. 密码的阅读不能重复和停顿

E. 密码具有通用特点

16. AUG 除可代表甲硫氨酸的密码子外还可作为

A. 肽链起始因子　　B. 肽链释放因子　　C. 肽链延长因子

D. 肽链起始密码子　　E. 肽链终止密码子

17. 蛋白质生物合成的部位是

A. 细胞质　　B. 线粒体　　C. 细胞核

D. 核糖体　　E. 核小体

18. 在蛋白质生物合成中催化氨基酸之间肽键形成的酶是

A. 转肽酶　　B. 氨基肽酶　　C. 羧基肽酶

D. 氨基酸合成酶　　E. 氨基酸连接酶

19. 核糖体循环是指

A. 翻译过程的肽链延长　　B. 翻译过程的起始阶段

C. 40S 起始复合物的形成　　D. 翻译过程的终止

E. 80S 核糖体的解聚与聚合两阶段

20. 下列哪种物质与真核生物翻译起始无关

A. 核糖体　　B. elF　　C. RNA 聚合酶

D. AUG　　E. 帽子结构

21. 蛋白质生物合成中多肽链的氨基酸排列顺序取决于

A. 相应 tRNA 的专一性　　B. 相应 rRNA 的专一性

C. 相应 tRNA 的反密码　　D. 相应 mRNA 中核苷酸排列顺序

E. 相应氨基酰 tRNA 合成酶的专一性

22. 蛋白质生物合成中能终止多肽链延长的密码有几个

A. 1　　B. 2　　C. 3

D. 4　　E. 5

23. 关于原核生物肽链延长的叙述正确的是

A. 肽酰 tRNA 进入 A 位

B. 核糖体向 mRNA 的 5′ 端移动三位核苷酸

C. EF 有转肽酶活性

D. 转位过程需要水解 GTP 供能

E. 卸载 tRNA 直接从 P 位脱落

24. 下列关于氨基酸密码子的描述哪一项是错误的

A. 一组密码子只代表一种氨基酸

B. 一种氨基酸可以有一组以上的密码子

C. 密码阅读有方向性，从 5′ 端到 3′ 端

D. 密码有种属特异性，所以不同生物合成不同的蛋白质

E. 密码第 3 位碱基在决定掺入氨基酸的特异性方面重要性较小

25. 遗传信息传递的中心法则是

A. DNA → RNA →蛋白质　　B. RNA → DNA →蛋白质

C. 蛋白质→ DNA → RNA　　D. DNA →蛋白质→ RNA

E. RNA →蛋白质→ DNA

26. 原核生物翻译时，使大小亚基分离的因子是

A. IF–3　　B. eIF–1　　C. IF–2

D. eIF–3　　E. IF–1

27. 下列哪一项是翻译后的加工

A. 自我剪接　　B. 形成稀有碱基　　C. 蛋白质糖基化

D. 5′ 端加帽子结构　　E. 3′ 端加多聚腺苷酸尾

28. 氨基酸在掺入肽链前必须活化，氨基酸活化的部位是

A. 高尔基体　B. 线粒体　C. 内质网的核糖体

D. 游离核糖体　E. 可溶的细胞质

29. 下列哪种可引起框移突变

A. 缺失　B. 颠换　C. 点突变

D. 转换和颠换　E. 插入 3 个或 3 的倍数个核苷酸

30. 蛋白质合成过程中肽链延长所需能量来源于

A. GTP　B. UTP　C. TTP

D. CTP　E. ATP

31. 蛋白质合成时需要的肽酰转移酶是

A. elF　B. 核糖体大亚基成分　C. EF-Tu

D. EF-Ts　E. RF

32. 密码子 UAG 识别的 mRNA 上的密码子是

A. GTC　B. ATC　C. AUC

D. CUA　E. CTA

33. 有关遗传密码的描述错误的是

A. 有起始密码子和终止密码子　B. 位于 mRNA 分子上

C. 由 mRNA 排列顺序决定　D. 所有密码子都负责编码氨基酸

E. 每种氨基酸至少有 1 个密码子

34. 白喉毒素抑制

A. 转录　B. 核糖体形成　C. 复制

D. 翻译延长　E. 氨基酸活化

35.tRNA 分子上 3′ 端序列的功能是

A. 辨认 mRNA 上的密码子　B. 剪接修饰作用

C. 辨认与核糖体结合的组分　D. 提供—OH 基与氨基酸结合

E. 提供—OH 基与糖类结合

36. 关于多聚核糖体的叙述正确的是

A. 多聚核糖体主要负责转录　B. 结合在 1 条 mRNA 链上的多个核糖体

C. 是很多核糖体的聚合物　D. 只存在于细胞核中

E. 是蛋白质的前体

37. 蛋白质合成后经化学修饰的氨基酸是

A. 半胱氨酸　B. 羟脯氨酸　C. 甲硫（蛋）氨酸

D. 丝氨酸　E. 酪氨酸

38. 氨酰 -tRNA 合成酶的特点是

A. 对氨基酸识别有专一性
B. 催化反应需 GTP
C. 对 tRNA 的识别没有专一性
D. 对氨基酸的识别没有专一性
E. 只存在于细胞核内

39. 下列关于遗传密码的描述哪一项是错误的

A. 遗传密码阅读有方向性，5′ 端起始，3′ 端终止
B. 个别氨基酸的同义密码子可多达 6 个
C. 密码子第 3 位（即 31 端）碱基在决定掺入氨基酸的特异性方面重要性较小
D. 一种氨基酸可有一个以上的密码子
E. 遗传密码有种属特异性，所以不同生物合成不同的蛋白质

40. 关于原核生物与真核生物翻译起始的区别，正确的是

A. 真核生物起始氨基酸需要修饰
B. 原核生物的核糖体先结合 tRNA 再结合 mRNA
C. 真核生物的核糖体先结合 tRNA 再结合 mRNA
D. 原核生物需要的起始因子比真核生物多
E. 真核生物靠 SD 序列保证核糖体与 mRNA 正确结合

41. 白喉杆菌对蛋白质生物合成的抑制作用是指

A. 对 EF-Tu 进行共价修饰使之失活
B. 对 EF-G 进行化学修饰使之失活
C. 对 RF 进行共价修饰使之失活
D. 对 EF-2 进行共价修饰使之失活
E. 对 EF-1 进行共价修饰使之失活

42. 蛋白质合成后加工，不包括

A. 构象变化
B. 亚基聚合
C. 乙酰化
D. 信号肽去除
E. 磷酸化

43. 在蛋白质生物合成过程中，不消耗高能键的步骤是

A. 成肽
B. 释放肽链
C. 起始因子释放
D. 进位
E. 移位

44. 信号识别颗粒（signalrecogitionparticle）的作用是

A. 引导分泌蛋白质跨膜
B. 指导转录终止
C. 引导蛋白质向细胞核运输
D. 指引核糖体大小亚基结合
E. 指导 RNA 剪切

45. 关于蛋白质生物合成的叙述，错误的是

A. 蛋白质的合成过程就是翻译的过程

B. 原核生物在细胞质中完成，真核生物在细胞核中完成
C. 每个阶段都需要各种蛋白质因子参与
D. 延长阶段可以分为进位、成肽、转位三个步骤
E. 包括起始、延长、终止三个阶段

46. 关于信号肽的叙述错误的是
A. 有被信号肽酶作用的位点
B. 中段为疏水核心区
C. C- 端有碱性氨基酸
D. 可以把蛋白质定向输送到细胞的某个部位
E. 通常位于蛋白质的 N 端

47. 线粒体基质蛋白靶向输入的主要机制是
A. 信号肽介导
B.C- 端滞留信号介导
C. 糖基化
D. 前导肽介导
E. 核定位序列介导

48. 四环素抑制蛋白质合成的机制是
A. 抑制核糖体小亚基
B. 与终止因子结合，抑制翻译的终止
C. 与延长因子结合，抑制翻译延长
D. 抑制核糖体大亚基
E. 与起始因子结合，抑制翻译起始

49. 下列哪种物质由鸦片促黑皮质素原生成
A. ACTH
B. 内啡肽
C. 生长素
D. 脑啡肽
E. 胰岛素

50. 氯霉素抑制细菌蛋白质合成是由于
A. 影响 mRNA 的转录
B. 抑制起始因子
C. 抑制 tRNA 的功能
D. 使核糖体大亚基失去活性
E. 使核糖体小亚基不能和大亚基结合

51. 分泌型蛋白质的输送需要
A. 脱水酶
B. 信号肽酶
C. 甲基化酶
D. 氧化酶
E. 磷酸化酶

52. 蛋白质合成终止不包括
A. 核糖体停止移动
B. 大小亚基分开
C. 肽链从核糖体释放
D. mRNA 从核糖体分离
E. RF 进入 P 位

53. 哪种抗生素可以同时抑制原核生物与真核生物的蛋白质合成
A. 嘌呤霉素
B. 放线菌酮
C. 红霉素

D. 四环素　　E. 链霉素

54. 干扰素是

A. 干扰 mRNA 的转录　　B. 病毒诱导宿主细胞所产生

C. 细菌所产生　　D. 通过竞争性抑制起作用

E. 病毒自身合成并分泌

55. 为原核生物起始氨基酸提供一碳单位的是

A. 亚氨甲基　　B. 亚甲基　　C. 次甲基

D. 甲酰基　　E. 甲基

56. 肽链延长的起始步骤为

A. 转肽　　B. 核糖体结合　　C. 移位

D. 氨基酸活化　　E. 进位

57. 在蛋白质合成过程中，需要形成碱基配对的步骤是

A. 释放肽链　　B. 进位　　C. 移位

D. 转肽　　E. 结合终止因子

58. 下列哪种氨基酸是蛋白质磷酸化修饰的潜在修饰位点

A. 苯丙氨酸　　B. 甘氨酸　　C. 赖氨酸

D. 谷氨酸　　E. 酪氨酸

59. 下列氨基酸中不参与蛋白质组成的是

A. 同型半胱氨酸　　B. 甲硫氨酸　　C. 半胱氨酸

D. 胱氨酸　　E. 苏氨酸

60. 蛋白质合成终止的原因是

A. 到达 mRNA 分子的 3′- 末端

B. 释放因子识别终止密码子进入 A 位

C. mRNA 出现发夹结构、导致核糖体无法移动

D. 特异的 tRNA 进入 A 位

E. 终止密码子不识别，导致 mRNA 间断

61. 氨基酸残基的共价化学修饰基本上都是不可逆过程的是

A. SUMO 化　　B. 甲基化　　C. 乙酰化

D. 脂基化　　E. 磷酸化

62. 原核生物和真核生物的蛋白质合成过程有很多不同之处，但在基本机制等方面又有诸多共同之处。下面哪一项对于原核生物和真核生物的蛋白质合成都是必需的

A. 起始因子识别 5′- 帽子结构　　B. fMet-tRNA

C. mRNA 从细胞核转运至细胞质　　D. 肽酰基 -tRNA 从 A 位转位至 P 位
E. 核糖体小亚基与 S-D 序列结合

63. 蛋白质生物合成过程中，终止密码子为
A. UUG　　B. AGG　　C. AUG
D. UAA　　E. UUA

64. 下列哪一项是翻译后加工
A. 氨基酸残基的糖基化　　B. 加 3′ 端 poly（A）尾
C. 酶的别构调节　　D. 酶的激活
E. 加 5′ 端帽子结构

65. 与 mRNA 上 AU 配对的反密码子是
A. UUC　　B. AUU　　C. UUG
D. AAG　　E. CUU

66. 肽链延长每添加一个氨基酸，消耗高能键的数目为
A. 2　　B. 3　　C. 5
D. 4　　E. 1

67. 核糖体 A 位功能是
A. 接受氨酰 -tRNA　　B. 活化氨基酸　　C. 释放肽链
D. 接受游离氨基酸　　E. 催化肽键形成

68. 热激蛋白（热休克蛋白）的生理功能是
A. 参与蛋白质靶向运输　　B. 促进新生多肽链折叠
C. 引导蛋白质在细胞内正确定位　　D. 肽链合成起始的关键分子
E. 作为酶参与蛋白质合成

69. 蛋白质生物合成的方向是
A. 从 5′ 端到 3′ 端　　B. 定点双向进行
C. 从 3′ 端到 5′ 端　　D. 从 N 端到 C 端
E. 从 C 端到 N 端

70. 蛋白质生物合成起始 70S 复合物不包括
A. 核糖体小亚基　　B. 核糖体大亚基　　C. fMet-tRNA
D. DNA　　E. mRNA

71. 靶向输送到细胞核的蛋白质含有特异信号序列，下列叙述错误的是
A. 也称为核定位序列　　B. 多肽链进细胞核定位后不被切除
C. 富含赖氨酸、精氨酸及脯氨酸　　D. 位于 N 末端

E. 不同多肽链的特异信号序列无共同性

72. 下列哪个与真核生物翻译起始有关

A. EF　　B. RF　　C. S-D 序列

D. mRNA 的帽子结构　　E. 启动子

73. 只有一个密码子的氨基酸是

A. 苏氨酸、精氨酸　　B. 丙氨酸、色氨酸　　C. 组氨酸、赖氨酸

D. 甲硫氨酸、丙氨酸　　E. 色氨酸、甲硫氨酸

74. 氨基酸与 tRNA 结合的键是

A. 离子键　　B. 酰胺键　　C. 酯键

D. 氢键　　E. 肽键

75. 关于蛋白质生物合成的叙述错误的是

A. 必须有 GTP 参与　　B. mRNA 做模板　　C. 可以在任意的 AUG 起始

D. 必须有起始因子参与　　E. 氨基酸必须活化

76. 遗传密码的特点不包括

A. 简并性　　B. 方向性　　C. 连续性

D. 多样性　　E. 通用性

77. 原核生物的起始 tRNA 是

A. 甲酰化的甲硫氨酰 -tRNA　　B. 缬氨酰 -IRNA

C. 任何氨酰 -tRNA　　D. 起始甲硫氨酰 -LRNA

E. 甲硫氨酰 -tRNA

【A2 型题】

78. 镰状红细胞贫血患者，其血红细胞 B 链 N 端第六个氨基酸残基谷氨酸被下列哪种氨基酸代替

A. 缬氨酸　　B. 丙氨酸　　C. 丝氨酸

D. 酪氨酸　　E. 色氨酸

79. 一个囊肿性纤维化患者，其细胞中的囊性纤维化跨膜传导调节因子（CFTR）基因发生了一个三核苷酸删除突变，导致 CFTR 蛋白的第 508 位苯丙氨酸残基删除，继而使该突变蛋白在细胞内折叠错误。该患者体内细胞识别到该突变蛋白，并通过添加泛素分子对其进行修饰，试问被修饰后的突变蛋白的命运如何

A. 被细胞内的酶修复

B. 进入贮存囊泡

C. 被蛋白酶体降解

D. 分泌到细胞外

E. 泛素将校正突变的影响，从而使突变蛋白的功能恢复正常

80. 一个原本应该转运半胱氨酸的 tRNA（tRNACys），在活化时错误地携带上了丙氨酸，生成了 Ala-tRNACys。如果该错误不被及时校正，那么该丙氨酸残基的命运将会如何

A. 将对应于任意密码子被随机掺入蛋白质

B. 将对应于半胱氨酸密码子被掺入蛋白质

C. 将被细胞内的酶催化转变为半胱氨酸

D. 将对应于丙氨酸密码子被掺入蛋白质

E. 因其不能被用于蛋白质合成，所以将一直保持与 tRNA 结合的状态

81. 一个药物公司正在研究一个新的抑制细菌蛋白质合成的抗生素。研究人员发现，当该抗生素加入体外蛋白质合成体系中后，该体系中的 mRNA 序列 AUGUUUUUUUAG 被翻译生成的产物仅仅是一个二肽 fMet-Phe。该抗生素最有可能是抑制了蛋白质合成的哪一步

A. 核糖体移位　　B. 终止

C. 起始　　D. 肽酰基转移酶活性

E. 氨酰 tRNA 结合到核糖体的 A 位

82. 一名 20 岁患者患有小血球性贫血，检测发现其体内血红蛋白的 β 链不是正常的 141 个氨基酸残基，其可能是下列哪种基因突变造成的

A. UAA → UAG　　B. UAA → CAA　　C. GAU → GAC

D. GCA → GAA　　E. CGA → UGA

83. α 1- 抗胰蛋白酶（α 1-antitrypsin，AAT）可抑制丝氨酸蛋白酶——弹性蛋白酶的作用，如果 AAT 缺乏可导致肺气肿。AAT 在肝中合成，再分泌至胞外，肺中 AAT 的缺陷实际上是因为肝合成的 AAT 分泌异常所致。像 AAT 这样的分泌型蛋白，下列叙述正确的是

A. 它们的合成是在滑面内质网上开始

B. 它们的合成不涉及高尔基体

C. 它们的初始翻译产物氨基端含有疏水性信号序列

D. 它们的氨基端只含有一个甲硫氨酸

E. 它们含有一个甘露糖 -6- 磷酸靶向输送信号

84. 将含有 CAA 重复序列的多聚核苷酸加入无细胞蛋白合成体系中，经鉴定发现生成了三种同聚多肽：多聚谷氨酰胺、多聚天冬酰胺和多聚苏氨酸。如果谷氨酰胺和天

冬酰胺的密码子分别为CAA和AAC，试推测苏氨酸的密码子是什么

A. CCAs　　B. CAC　　C. CAA

D. ACA　　E. AAC

二、名词解释

1. 起始密码子
2. 终止密码子
3. 移码
4. 密码子的简并性
5. 密码子的摆动性
6. 氨基酸的活化
7. 进位
8. 多聚核糖体
9. 分子伴侣
10. 蛋白质靶向运输
11.SD序列
12. 信号肽

三、简答题

1. 简述三种RNA在蛋白质合成中的作用。
2. 简述核糖体循环过程。
3. 简述肽链合成终止过程。
4. 简述在蛋白质生物合成过程中，如何保证翻译产物的正确性。
5. 蛋白质合成的加工修饰有哪些内容？

（张筱晨）

# 第十二章 基因表达调控

## 学习目标

1. 知识目标

（1）掌握：基因表达、顺式作用元件、反式作用因子、转录因子的概念，顺式作用元件的作用，转录因子作用的结构特点；转录调控。

（2）熟悉：乳糖操纵子的诱导型调控。

（3）了解：转录后、翻译以及翻译后调控。

2. 能力目标

学生能画出并解释乳糖操纵子。

3. 思政目标

（1）强化“四个自信”。

（2）帮助学生树立正确的价值观，增强职业荣誉感。

（3）学生能关注行业动态，崇尚科学，求真、进取。

## 内容提要

基因中包含的遗传信息通过转录及翻译合成各种 RNA 和蛋白质的过程称为基因表达。基因表达调控是对基因表达过程的调节作用。转录起始是基因表达的基本控制点。

原核生物大多数基因表达调控是通过操纵子机制实现的，操纵子包括启动序列、操纵序列及其他调节序列。操纵子模型在原核基因表达调控中具有普遍性，除个别基因外，原核生物绝大多数基因按功能相关性成簇地串联、密集于染色体上，共同组成一个转录单位——操纵子。

真核生物基因转录激活调节是顺式作用元件与转录因子相互作用的过程。顺式作用元件是位于编码基因两侧的、可影响自身基因表达活性的特异 DNA 序列，通常是非编码序列。顺式作用元件，包括启动子、增强子及沉默子等。转录因子，绝大多数是反式作用蛋白，有些是顺式作用蛋白，转录因子通过与DNA或与蛋白质相互作用对转录起始进行调节。

## 习　题

### 一、选择题

【A1型题】

1. 转录因子是指
   A. 仅指具有激活功能的特异调节蛋白　　B. 是转录调控中的反式作用因子
   C. 是真核生物RNA聚合酶的组分　　D. 是真核生物的RNA结合蛋白
   E. 具有转录调节功能的DNA序列
2. 下列关于辅激活因子的描述，错误的是
   A. 一般不具有DNA结合结构域，但具有转录激活结构域
   B. 其调控基因转录具有特异性
   C. 作为转录激活因子和转录起始前复合物的桥梁分子发挥作用
   D. 参与转录起始复合物的形成
   E. 是一种反式作用因子
3. 以下属于顺式作用元件的是
   A. TFIID　　B. 特异转录因子　　C. DNA结合结构域
   D. 通用转录因子　　E. 绝缘子
4. 基因表达调控是多级的，其主要环节是
   A. 翻译后加工　　B. 转录起始　　C. 转录后加工
   D. 翻译　　E. 基因活化
5. 关于启动子的描述，正确的是
   A. 染色质上相邻转录活性区的边界DNA序列
   B. 促进基因转录的蛋白
   C. 抑制或阻遏基因转录的DNA序列
   D. 转录后能生成mRNA的DNA序列
   E. 转录启动时RNA聚合酶识别与结合的DNA序列
6. 将大肠杆菌的碳源由葡萄糖转变为乳糖时，细菌细胞内不发生
   A. cAMP浓度升高　　B. 乳糖转化为别乳糖
   C. RNA聚合酶与启动子结合　　D. 阻遏蛋白与操纵序列结合
   E. 别乳糖与阻遏蛋白结合

7. 下列不属于真核基因顺式作用元件的是

A. TATA 盒　B. Pribnow 盒　C. 增强子
D. GC 盒　E. CAAT 盒

8. 下列哪个是真正的 *E. coli* 中乳糖操纵子的诱导物

A. 异丙基硫代半乳糖苷（IPTG）　B. 乳糖
C. 葡萄糖　D. 半乳糖苷
E. 阿拉伯糖

9. 以下属于反式作用因子的是

A. RNA 聚合酶　B. 增强子　C. 绝缘子
D. 转录因子　E. 启动子

10. 关于乳糖操纵子的描述不正确的是

A. 阻遏蛋白是负性调节因素　B. 别乳糖是直接诱导剂
C. 含三个结构基因　D. 当乳糖存在时可被阻遏
E. CAP 是正性调节因素

11. CpG 序列的高度甲基化对多数基因而言，是

A. 染色质呈转录活性状态　B. 既不抑制也不促进转录
C. 无关于基因表达　D. 促进转录
E. 抑制转录

12. 色氨酸操纵子的显著特点是

A. 衰减作用　B. 抗终止作用　C. 诱导作用
D. 分解物阻遏作用　E. 阻遏作用

13. 以下不属于组蛋白化学修饰的是

A. 泛素化　B. 异染色质化　C. 磷酸化
D. 乙酰化　E. 甲基化

14. 一个操纵子通常含有

A. 2 个启动子和数个编码基因　B. 一个启动子和数个编码基因
C. 数个启动子和数个编码基因　D. 数个启动子和一个编码基因
E. 一个启动子和一个编码基因

15. 下列关于基因表达的叙述中，错误的是

A. 某些基因表达只经历基因转录过程
B. 总是经历基因转录及翻译的过程
C. 某些基因表达的产物是 RNA

D. 某些基因表达经历基因转录及翻译等过程

E. 某些基因表达的产物是蛋白质

16. 大肠杆菌的乳糖操纵子模型中，与操纵序列结合而调控转录的是

A. 调节基因　B. 阻遏蛋白　C. cAMP-CAP

D. 启动子　E. RNA 聚合酶

17. 乳糖操纵子中，能结合别乳糖（诱导剂）的物质是

A. 阻遏蛋白　B. 转录因子　C. CAP

D. AraC　E. cAMP

18. RNA 聚合酶识别并结合的 DNA 片段是

A. 启动子　B. 沉默子　C. DNA 结合结构域

D. 增强子　E. 绝缘子

19. 与分解代谢相关的操纵子模型中，存在分解代谢物阻遏现象，参与这一调控的主要作用因子是

A. 诱导剂　B. cAMP　C. 阻遏蛋白

D. cAMP-CAP 复合物　E. 衰减子

20. 原核生物基因表达调控主要发生在转录水平，在负性和正性转录调控系统中，调节基因的产物依次分别是

A. 阻遏蛋白，激活蛋白，阻遏蛋白　B. 激活蛋白，阻遏蛋白

C. 激活蛋白，激活蛋白　D. 阻遏蛋白，激活蛋白

E. 阻遏蛋白，阻遏蛋白

21. 在原核生物中，某种代谢途径相关的几种酶类往往通过何种机制进行协调表达

A. 顺反子　B. 衰减子　C. RNAi

D. 转录因子　E. 操纵子

22. 操纵子不包括

A. RNA 聚合酶　B. 启动子　C. 操纵元件

D. 调节序列　E. 编码序列

23. Lac 阻遏蛋白结合乳糖操纵子

A. CAP 结合位点　B. 结构基因　C. 操纵序列

D. I 基因　E. 启动子

24. 大肠杆菌 β－半乳糖苷酶表达的关键调控因素是

A. ρ 因子　B. 基础转录因子　C. 阻遏蛋白

D. 起始因子　E. 特异转录因子

25. 关于转录因子的描述，不正确的是

A. 转录因子都含有转录激活域和 DNA 结合域

B. 指具有激活功能的特异性调节蛋白

C. 通过蛋白质 - 蛋白质或 DNA- 蛋白质相互作用来发挥作用

D. 转录因子的调节作用可以是 DNA 依赖或 DNA 非依赖

E. 转录因子的调节作用通常属反式调节

26. 大肠杆菌可以采用哪种方式调控转录终止

A. 阻遏作用　　B. 反义控制　　C. 衰减作用

D. 降低转录产物的稳定性　　E. 去阻遏作用

27. 与 RNA 聚合酶相识别和结合的 DNA 片段是

A. I 基因　　B. P 序列　　C. CAP 结合位点

D. Z 基因　　E. O 序列

28. 以下不影响染色质结构变化的是

A. 非编码 RNA　　B. 组蛋白修饰　　C. mRNA 修饰

D. DNA 修饰　　E. 染色质重塑

29. 下列关于启动子的叙述，正确的是

A. 能与 RNA 聚合酶结合　　B. 发挥作用的方式与方向无关

C. 能编码阻遏蛋白　　D. 属于负性顺式调节元件

E. 位于操纵子的第一个结构基因处

30. 不属于转录活性区染色质组蛋白特点的是

A. H2A–H2B 组蛋白二聚体的不稳定性增加

B. 组蛋白 H3、H4 可发生乙酰化修饰

C. 富含赖氨酸的 H1 组蛋白含量降低

D. 组蛋白 H3、H4 可发生去乙酰化修饰

E. 组蛋白 H3、H4 可发生磷酸化修饰

31. 对乳糖操纵子来说

A. 阻遏蛋白是负性调节因素，CAP 去阻遏

B. CAP 和阻遏蛋白都是负性调节因素

C. CAP 是负性调节因素，阻遏蛋白是正性调节因素

D. CAP 和阻遏蛋白都是正性调节因素

E. CAP 是正性调节因素，阻遏蛋白是负性调节因素

32. 在真核基因转录中起促进转录作用的是

A. 衰减子　B. 沉默子　C. 启动子

D. 操纵子　E. 增强子

33. 操纵序列是指

A. 能促进结构基因的转录　B. 是与 RNA 聚合酶结合的部位

C. 是与阻遏蛋白结合的部位　D. 位于启动子上游的调节序列

E. 属于结构基因的一部分

34. 关于具有转录活性的常染色质特点的描述，错误的是

A. CpG 序列的甲基化水平降低　B. 核小体结构稳定

C. 对核酸酶敏感　D. DNA 拓扑结构有变化

E. 有组蛋白的化学修饰

35. 以下哪种不属于特异转录因子

A. 热休克转录因子　B. AP1　C. TFIID

D. NF-kB　E. 类固醇激素受体

36. 核糖体调控转录终止的典型例子是

A. 半乳糖操纵子　B. 色氨酸操纵子　C. 阿拉伯糖操纵子

D. 组氨酸操纵子　E. 乳糖操纵子

37. 关于基因诱导和阻遏表达错误的是

A. 乳糖操纵子机制是诱导和阻遏表达的典型例子

B. 这类基因表达受环境信号影响升或降

C. 此类基因表达只受启动子与 RNA 聚合酶相互作用的影响

D. 可阻遏基因指应答环境信号时被抑制

E. 可诱导基因指在特定条件下可被激活

38. 原核细胞中，识别基因转录起始点的是

A. σ 因子　B. 基础转录因子　C. 特异转录因子

D. 阻遏蛋白　E. 转录激活蛋白

39. 在下列哪种情况下，乳糖操纵子的转录活性最高

A. 高乳糖，高葡萄糖　B. 低乳糖，高葡萄糖

C. 低乳糖，低葡萄糖　D. 高乳糖，低葡萄糖

E. 不一定

40. 使乳糖操纵子实现高表达的条件是

A. 乳糖缺乏，葡萄糖存在　B. 乳糖和葡萄糖均存在

C. 葡萄糖存在　　D. 乳糖存在，葡萄糖缺乏
E. 乳糖和葡萄糖均不存在

41. 下列不参与调控真核基因特异性表达的是
A. 转录抑制因子　　B. 转录激活因子　　C. 沉默子
D. 增强子　　E. 基本转录因子

42. 以下不属于 lncRNA 调控染色质结构方式的是
A. 通过募集染色质重塑复合体调控组蛋白修饰
B. 介导组蛋白修饰酶与染色质的结合
C. 通过结合不同的染色质重塑复合体
D. 促进形成致密的染色质结构
E. 通过自身的化学修饰募集组蛋白

43. 外源基因在大肠杆菌中高效表达受很多因素影响，其中 SD 序列起的作用是
A. 提供选择性剪接位点　　B. 提供一个核糖体结合位点
C. 提供翻译终点　　D. 提供一个 mRNA 转录终止子
E. 提供一个 mRNA 转录起始子

44. 真核基因表达调控中最重要的环节是
A. 翻译起始　　B. 转录起始　　C. 染色质重塑
D. 翻译延长　　E. mRNA 加工修饰

45. 对自身基因转录激活具有调控作用的 DNA 序列是
A. 顺式作用元件　　B. 转录因子　　C. 反式作用元件
D. 反式作用因子　　E. 顺式作用因子

46. 真核 DNA 中能与基本转录因子结合的是
A. TFIID　　B. TATA box　　C. 增强子
D. Pribnow box　　E. 特异转录因子

47. 下列哪种因素对原核生物的表达调控没有影响
A. 微 RNA　　B. 稀有密码子所占的比例　　C. 调节蛋白结合 mRNA
D. mRNA 的稳定性　　E. 反义 RNA

48. 活性染色质对 DNaseI 的敏感性表现为
A. 高度敏感　　B. 不一定　　C. 不敏感
D. 低度敏感　　E. 中度敏感

49. 当培养基内色氨酸浓度较大时，色氨酸操纵子处于
A. 阻遏表达　　B. 组成表达　　C. 诱导表达

D. 协调表达　E. 基本表达

50. Ⅱ类启动子中最典型的核心元件是

A. GC 盒　B. CAAT 盒　C. DPE

D. 八联体元件　E. TATA 盒

51.IPTG 诱导乳糖操纵子表达的机制是

A. 变构修饰 RNA 聚合酶，提高其活性

B. 与阻遏蛋白结合，使之丧失 DNA 结合能力

C. 与乳糖竞争结合阻遏蛋白

D. 使乳糖 – 阻遏蛋白复合物解离

E. 与 RNA 聚合酶结合，使之通过操纵序列

52. 关于色氨酸操纵子的调控，正确的说法是

A. 色氨酸不足时，转录提前终止　B. 是翻译水平的调控

C. 色氨酸诱导去阻遏　D. 具有抗终止作用

E. 色氨酸存在时，仅生成前导 mRNA

53. 反式作用因子是指

A. 具有抑制功能的调节蛋白

B. RNA 聚合酶识别与结合的 DNA 序列

C. 指对另一基因具有激活功能的调节蛋白

D. 对另一基因具有调节功能的调节蛋白

E. 对自身基因具有激活作用的 DNA 序列

54. 乳糖操纵子的调控方式是

A. 阻遏蛋白的负调控

B. CAP 拮抗阻遏蛋白的转录封闭作用

C. CAP 的正调控

D. 正、负调控机制不可能同时发挥作用

E. 阻遏作用解除时，仍需 CAP 加强转录活性

55.cAMP 与 CAP 结合、CAP 介导正性调节发生在

A. 没有葡萄糖及 cAMP 较高时　B. 有葡萄糖及 cAMP 较低时

C. 没有葡萄糖及 cAMP 较低时　D. 有葡萄糖及 cAMP 较高时

E. 阿拉伯糖存在时

56. 下列不能调节真核生物基因表达的是

A. 沉默子　B. 增强子　C. 转录因子

D. 启动子　　E. 衰减子

57. 不属于 mRNA 调节基因表达机制的是

A. 促进 mRNA 降解　　B. 调控 DNA 甲基化
C. 使翻译出的蛋白质进入泛素化降解途径　　D. 影响组蛋白修饰
E. 促进 AGO2 蛋白剪切 mRNA

58. 真核生物体在不同发育阶段，蛋白质的表达谱也发生变化是由于

A. 核心启动子的差异　　B. 衰减子的差异
C. 翻译起始因子的差异　　D. 特异转录因子的差异
E. 基本转录因子的差异

59. 关于操纵子的说法，正确的是

A. 几个串联的结构基因分别由不同的启动子控制
B. 转录生成单顺反子 RNA
C. 一个结构基因由不同的启动子控制
D. 以正性调控为主
E. 几个串联的结构基因由一个启动子控制

60. 下列描述中，不属于转录后调控的是

A. mRNA 的转运　　B. mRNA 的磷酸化　　C. mRNA 的稳定性
D. mRNA 的细胞质定位　　E. mRNA 的加工修饰

61. 在乳糖操纵子中，cAMP 能对转录进行调控，但先与

A. 阻遏蛋白结合
B. G 蛋白结合
C. CAP 结合，形成 cAMP-CAP 复合物
D. 操纵元件结合
E. RNA 聚合酶结合，从而促进该酶与启动子结合

62. 顺式作用元件指的是

A. 仅指能增强基因转录的 DNA 序列　　B. 基因 3′ 端的 DNA 序列
C. 具有转录调节功能的特异 DNA 序列　　D. 基因 5′ 端的 DNA 序列
E. 基因能转录的序列

63. 启动子是指

A. 下游信息区　　B. DNA 中能转录的序列
C. 与阻遏蛋白结合的 DNA 序列　　D. 与 RNA 聚合酶结合的 DNA 序列
E. 有转录终止信号的序列

64. 乳糖操纵子模型是在哪个环节上调节基因表达

A. 复制水平　　B. 翻译后水平　　C. 转录水平

D. 转录后水平　　E. 翻译水平

65. 对增强子特点的描述，正确的是

A. 在结构基因 5′ 端的 DNA 序列　　B. 增强子作用的发挥不依赖启动子

C. 是较短的能增强转录的 DNA 序列　　D. 仅存在于启动子的上游

E. 增强子距离转录起始点不能太远

66. 色氨酸操纵子的调控作用是受两个相互独立的系统控制的，其中一个需要前导肽的翻译，下面哪一个直接调控这个系统

A. 色氨酰 -tRNA　　B. 色氨酸　　C. 阻遏蛋白

D. cAMP　　E. ρ 因子

67. 基本转录因子作为 DNA 结合蛋白能够

A. 结合 3′ 端非翻译区　　B. 结合增强子

C. 结合 5′ 端非翻译区　　D. 结合内含子

E. 结合转录核心元件

68. 关于反式作用因子的描述，不正确的是

A. 通常含有 DNA 结合结构域

B. 绝大多数反式作用因子属转录因子

C. 指具有激活功能的调节蛋白

D. 大多数的反式作用因子是 DNA 结合蛋白质

E. 包括基本转录因子和特异性转录因子

69. 关于基因表达调控的说法，错误的是

A. 表现为基因表达的时间特异性和空间特异性

B. 转录起始是调控基因表达的关键

C. 在发育分化和适应环境上有重要意义

D. 真核生物的基因表达调控较原核生物复杂得多

E. 环境因素影响管家基因的表达

70. 关于色氨酸操纵子的描述，错误的是

A. 衰减子是关键的调控元件

B. 转录与翻译偶联是其转录调控的分子基础

C. 核糖体参与转录终止

D. 色氨酸存在与否不影响先导 mRNA 的转录

E. 色氨酸不足时，转录提前终止

71. 细菌优先利用葡萄糖作为碳源，葡萄糖耗尽后才会诱导产生代谢其他糖的酶类，这种现象称为

A. 分解物阻遏作用　　B. 协调作用　　C. 阻遏作用

D. 诱导作用　　E. 衰减作用

72. 活性基因染色质结构的变化不包括

A. RNA 聚合酶前方出现正性超螺旋　　B. CpG 岛去甲基化

C. 组蛋白乙酰化　　D. 形成茎 – 环结构

E. 对核酸酶敏感

73. 真核基因组的结构特点不包括

A. 真核基因是不连续的　　B. 重复序列丰富

C. 编码基因占基因组的 1%　　D. 一个基因编码一条多肽链

E. 几个功能相关基因成簇地串联

74. 功能性前起始复合物中不包括

A. TF Ⅱ A　　B. TBP　　C. σ 因子

D. initiator（Inr）　　E. RNA pol Ⅱ

75.tRNA 基因的启动子和转录的启动正确的是

A. 启动子位于转录起始点的 5′ 端

B. TF Ⅲ C 是必需的转录因子，TF Ⅲ B 是帮助 TF Ⅲ C 结合的辅因子

C. 转录起始需三种转录因子 TF Ⅲ A、TF Ⅲ B 和 TF Ⅲ C

D. 转录起始首先由 TF Ⅲ B 结合 A 盒和 B 盒

E. 一旦 TF Ⅲ B 结合，RNA 聚合酶即可与转录起始点结合并开始转录

76. 关于基因转录激活调节的基本要素错误的是

A. 特异 DNA 序列

B. 转录调节蛋白

C. DNA– 蛋白质相互作用或蛋白质 – 蛋白质相互作用

D. RNA 聚合酶活性

E. DNA 聚合酶活性

77. 关于“基因表达”的叙述错误的是

A. 基因表达并无严格的规律性　　B. 基因表达具有组织特异性

C. 基因表达具有阶段特异性　　D. 基因表达包括转录与翻译

E. 有的基因表达受环境影响水平升高或降低

78. 顺式作用元件是指

A. 编码基因 5′ 端侧翼的非编码序列

B. 编码基因 3′ 端侧翼的非编码序列

C. 编码基因以外可影响编码基因表达活性的序列

D. 启动子不属顺式作用元件

E. 特异的调节蛋白

79. 关于反式作用因子不正确的是

A. 绝大多数转录因子属反式作用因子

B. 大多数的反式作用因子是 DNA 结合蛋白质

C. 指具有激活功能的调节蛋白

D. 与顺式作用元件通常是非共价结合

E. 反式作用因子即反式作用蛋白

80. 基因表达调控的最基本环节是

A. 染色质活化　　B. 基因转录起始　　C. 转录后的加工

D. 翻译　　E. 翻译后的加工

81. 增强子的特点是

A. 增强子单独存在可以启动转录

B. 增强子的方向对其发挥功能有较大的影响

C. 增强子不能远离转录起始点

D. 增强子增加启动子的转录活性

E. 增强子不能位于启动子内

82. 下列哪个不属于顺式作用元件

A. UAS　　B. TATA 盒　　C. CAAT 盒

D. pribnow 盒　　E. GC 盒

83. 关于铁反应元件（IRE）的描述，错误的是

A. 位于转运铁蛋白受体（TfR）的 mRNA 上

B. IRE 构成重复序列

C. 铁浓度高时 IRE 促进 TfR mRNA 降解

D. 每个 IRE 可形成柄环结构

E. IRE 结合蛋白与 IRE 结合促进 TfR mRNA 降解

84. 关于管家基因的叙述错误的是

A. 在同种生物所有个体的全生命过程中几乎所有组织细胞都表达

B. 在同种生物所有个体的几乎所有细胞中持续表达
C. 在同种生物几乎所有个体中持续表达
D. 在同种生物所有个体中持续表达、表达量一成不变
E. 在同种生物所有个体的各个生长阶段持续表达

85. 转录调节因子是
A. 大肠杆菌的操纵子
B. mRNA 的特殊序列
C. 一类特殊的蛋白质
D. 成群的操纵子组成的调控网络
E. 产生阻遏蛋白的调节基因

86. 对大多数基因来说，CpG 序列高度甲基化
A. 抑制基因转录
B. 促进基因转录
C. 与基因转录无关
D. 对基因转录影响不大
E. 既可抑制也可促进基因转录

87.HIV 的 Tat 蛋白的功能是
A. 促进 RNA pol Ⅱ与 DNA 结合
B. 提高转录的频率
C. 使 RNA pol Ⅱ通过转录终止点
D. 提前终止转录
E. 抑制 RNA pol Ⅱ参与组成前起始复合物

88. 乳糖操纵子的直接诱导剂是
A. 乳糖
B. 半乳糖
C. 葡萄糖
D. 透酶
E. β－半乳糖苷酶

89.CAP 介导 lac 操纵子正性调节发生在
A. 无葡萄糖及 cAMP 浓度较高时
B. 有葡萄糖及 cAMP 浓度较高时
C. 有葡萄糖及 cAMP 浓度较低时
D. 无葡萄糖及 cAMP 浓度较低时
E. 葡萄糖及 cAMP 浓度均较低时

90. 功能性的前起始复合物（PIC）形成稳定的转录起始复合物需通过 TBP 接近
A. 结合了沉默子的转录抑制因子
B. 结合了增强子的转录抑制因子
C. 结合了沉默子的转录激活因子
D. 结合了增强子的转录激活因子
E. 结合了增强子的基本转录因子

91. 活化基因的一个明显特征是对核酸酶
A. 高度敏感
B. 中度敏感
C. 低度敏感
D. 不敏感
E. 不一定

92. 阻遏蛋白与 lac 操纵子结合的位置是
A. I 基因
B. P 序列
C. O 序列

D. CAP 序列　　E. Z 基因

93. 细菌经紫外线照射会发生 DNA 损伤，为修复这种损伤，细菌合成 DNA 修复酶的基因表达增强，这种现象称为

A. DNA 损伤　　B. DNA 修复　　C. DNA 表达

D. 诱导　　E. 阻隔

94. 属于顺式作用元件的是

A. 转录抑制因子　　B. 转录激活因子　　C. σ 因子

D. ρ 因子　　E. 增强子

95. 反式作用因子的确切作用是指

A. 调控任意基因转录的某一基因编码蛋白质

B. 调控另一基因转录的某一基因编码蛋白质

C. 具有转录调节功能的各种蛋白质因子

D. 具有翻译调节功能的各种蛋白质因子

E. 具有基因表达调控功能的蛋白质因子

96. CAMP 对转录进行调控，必须先与

A. CAP 结合，形成 CAMP-CAP 的复合物

B. RNA 聚合酶结合，从而促进该酶与启动子结合

C. G 蛋白结合

D. 受体结合

E. 操纵基因结合

97. 基因表达调控主要是指

A. DNA 复制上的调控　　B. 转录后的修饰　　C. 蛋白质折叠形成

D. 转录的调控　　E. 逆转录的调控

98. 基因表达主要是

A. 翻译　　B. 复制　　C. 反转录

D. 转录　　E. 转运

99. 反式作用因子的确切定义是指

A. 调控任意基因转录的某一基因编码蛋白质

B. 调控另一基因转录的某一基因编码蛋白质

C. 具有转录调控功能的各种蛋白质因子

D. 具有翻译调节功能的各种蛋白质因子

E. 具有基因表达调控功能的各种核因子

100. 基因表达是指

A. 基因突变　　B. 遗传密码的功能

C. mRNA 合成后的修饰过程　　D. 蛋白质合成后的修饰过程

E. 基因转录和翻译的过程

101. 下列属于基因表达过程的是

A. DNA 复制　　B. DNA 修复　　C. 反转录

D. DNA 甲基化反应　　E. 转录及翻译

【A2 型题】

102. 一名八年制科研实习学生正在进行基因工程相关实验，需要对重组的 pUC 质粒是否插入了目的基因进行蓝白筛选（α-互补筛选），请问他在制备筛选用的细菌固体培养基时，不能加入下列哪样试剂

A. 葡萄糖　　B. X-gal　　C. IPTG

D. 四环素　　E. 氨苄青霉素

103. 真核基因表达调控具有典型的多级调控特点，已知诱导剂 A 能诱导 B 基因的表达，关于诱导剂 A 调控 B 基因表达层次研究的实验体系中描述正确的是

A. 如果加入蛋白酶体抑制剂，B 基因的表达没有改变，说明诱导剂 A 对 B 基因表达的调控不发生在翻译后水平

B. 如果诱导剂 A 能诱导特异 mRNA 生成并导致 B 基因表达的改变，说明诱导剂 A 对 B 基因表达的调控发生在转录后或翻译水平

C. 如果加入鹅膏蕈碱，B 基因的 mRNA 表达没有改变，说明诱导剂 A 对 B 基因表达的调控不发生在转录水平

D. 如果加入放线菌酮，B 基因的表达没有改变，说明诱导剂 A 对 B 基因表达的调控不发生在蛋白质水平

E. 如果加入 DNA 甲基转移酶抑制剂，B 基因的表达没有改变，说明诱导剂 A 对 B 基因表达的调控不发生在染色质水平

104. 将不同质粒转入不同的细菌内，获得以下 5 种不同的部分二倍体细菌，斜线左侧是质粒基因型，右侧是染色体基因型，请指出哪种细菌不能合成 β-半乳糖苷酶

A. lacOC lacZ -lacY+/lacZ+ lacY-　　B. lacP- lacZ+/lacZ+ lacY-

C. lacP- lacZ+/lacOC lacZ-　　D. lacI+ lacP- lacZ+/lacI- lacZ+

E. lacZ+ lacY-/lacZ- lacY+

105. 骨髓增生异常综合征是起源于造血干细胞的一组异质性髓系克隆性疾病，特点是髓系细胞分化及发育异常，表现为无效造血、难治性血细胞减少、造血功能衰竭，

高风险向急性髓系白血病（AML）转化。MDS 的发病与细胞内某些癌基因激活或抑癌基因失活有关。研究表明，DNA 甲基转移酶抑制剂如 5- 氮杂胞苷（5-aza）和组蛋白去乙酰化酶抑制剂如 SAHA 对 MDS 均有很好的治疗作用。下列关于两种药物对 MDS 治疗机制的描述错误的是

A. DNA 甲基转移酶抑制剂和组蛋白去乙酰化酶抑制剂可引起 MDS 中与细胞增殖与分化相关的癌基因或抑癌基因启动子区表观遗传修饰的改变

B. DNA 甲基转移酶抑制剂可抑制抑癌基因启动子区的甲基化，增强抑癌基因的表达

C. 组蛋白去乙酰化酶抑制剂可抑制癌基因启动子区组蛋白乙酰化，导致癌基因表达的沉默

D. 两种药物均应慎用，因为它们有中枢神经系统毒性等毒副作用

E. DNA 甲基转移酶抑制剂和组蛋白去乙酰化酶抑制剂不能联合使用，因为它们作用机制不同

106. 20 世纪 60 年代做过以下实验：在培养基中仅加入适量底物乳糖或半乳糖，2~3min 后，大肠杆菌细胞中 β－半乳糖苷酶可迅速达到 5000 个分子，增加了 1000 倍，占细菌蛋白总量的 5%~15%。若撤销底物，该酶合成迅速停止，就像当初迅速合成一样。该现象产生的主要原因是

A. cAMP 水平升高　　B. CAP 水平升高　　C. CAP 水平降低

D. 阻遏蛋白变构　　E. cAMP 水平降低

107. 法国科学家 Jacob 和 Monod 等人换用不同培养基对大肠杆菌进行培养及一系列研究，其中一组实验获得以下结果。根据所学知识，分析该结果最有可能的原因是

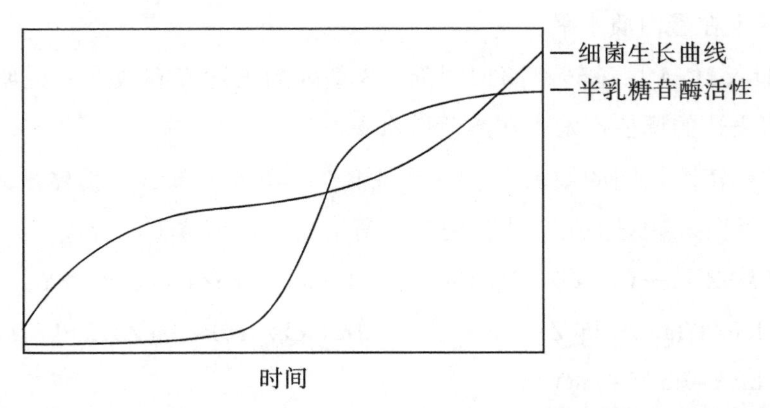


A. 培养基中有阿拉伯糖和乳糖　　B. 培养基中缺乏葡萄糖和乳糖

C. 培养基中无葡萄糖有乳糖　　D. 培养基中有葡萄糖和乳糖

E. 培养基中有葡萄糖无乳糖

108. 蜜二糖是由 D- 半乳糖和 D- 葡萄糖结合成的一种二糖。蜜二糖是 lac 操纵子的弱诱导物，它通常在自己的透性酶作用下进入细胞。但如果细胞在 42℃下生长，其透性酶失去活性，则蜜二糖只有在 lacY 透性酶存在的情况下才能进入细胞。试问，42℃下，以下哪种细胞株不能在以蜜二糖为唯一碳源的培养基上生长

A. lacP- 突变株　　B. lacO- 突变株　　C. I 基因突变株

D. lacA- 突变株　　E. lacZ- 突变株

109. 酵母双杂合系统是检测特异的蛋白质，蛋白质相互作用的重要技术。酵母 GAL4 转录活化因子包含一个 DNA 结合结构域（DBD）和一个转录激活结构域（TAD），它结合到 GAL4 应答基因上游区一个序列（UAS）而启动靶基因的表达。我们将蛋白 A 构建在含 DBD 的表达质粒中，将蛋白 B 构建在含 TAD 的表达质粒中，当两种质粒共转染酵母细胞后，如果两种蛋白相互作用，将会检测到含 UAS 的报告基因表达。下列关于酵母双杂合系统的描述错误的是

A. UAS 是 GAL4 应答基因的核心启动子元件

B. 如将 cDNA 文库构建在 TAD 质粒上，酵母双杂合系统可用于筛选与蛋白 A 相互作用的蛋白质

C. 含蛋白 B 的 TAD 质粒单独转染酵母细胞后，不能与报告基因结合，也不启动报告基因表达

D. 当两种质粒共转染酵母细胞后，能检测到含 UAS 的报告基因表达，说明这两种蛋白能相互作用，并使 DBD 和 TAD 拴在一起重建了 GAL4 的转录激活功能

E. 含蛋白 A 的 DBD 质粒单独转染酵母细胞后，可与报告基因结合，但不能启动报告基因表达

110. 在一个实验系统中，已知 P 元件是 X 基因启动子远端的调节元件，A 蛋白加入后可通过与 P 元件结合上调 X 基因的启动子活性，再加入 B 蛋白则抑制 X 基因的启动子活性，关于 X 基因的转录调控以下描述错误的是

A. P 元件是 X 基因的增强子元件

B. B 蛋白还可以通过其他方式抑制 X 基因的表达

C. 如 B 蛋白可通过与 P 元件结合抑制 X 基因的表达，则 P 元件是 X 基因的沉默子元件，B 蛋白是 X 基因的沉默子结合蛋白

D. A 蛋白是 X 基因的增强子结合蛋白

E. 如 B 蛋白能与 A 蛋白相互作用，则 B 蛋白可能封闭了 A 蛋白与 X 基因 P 元件的结合位点

## 二、名词解释

1. 基因表达
2. 操纵子
3. 诱导
4. 阻遏
5. 多顺反子
6. 反义 RNA
7. 顺式作用元件
8. 增强子
9. 转录因子
10. 启动子

## 三、简答题

1. 简述操纵子每个组成部分的作用。
2. 概述原核生物基因表达调控的特点。
3. 试述乳糖操纵子的结构及调控原理。乳糖操纵子开放转录需要什么条件？
4. 举例说明基因表达的诱导与阻遏，正调控与负调控。
5. 试述原核生物和真核生物基因表达调控特点的异同。

（李　斌）

# 细胞信号转导的分子机制

## 学习目标

1. 知识目标

（1）掌握：细胞信号转导体系的组成、细胞内信号转导分子的分类和作用方式；介导信号转导的关键分子及其作用方式（重点：G蛋白、第二信使的概念）。

（2）熟悉：不同受体介导的细胞内信号转导的基本原理（重点：AC-cAMP-PKA信号通路和EGFR-RAS-MAPK通路）。

（3）了解：细胞信号转导的基本规律和复杂性，细胞信号转导异常与疾病的关系。

2. 能力目标

能画出经典的细胞信号转导通路。

3. 思政目标

（1）通过了解体内信号转导物质可作为药物治疗研发靶点，学习先辈们刻苦钻研、造福于民的精神，增强学生的职业荣誉感。

（2）关注行业动态，崇尚科学，培养学生求真、进取的科研精神。

## 内容提要

细胞信号转导在细胞正常生命活动与代谢中发挥着重要作用，任一环节出现异常都有可能导致疾病发生。细胞信号转导相关分子包括细胞外信号分子、受体以及细胞内信号转导分子等类型。受体包括两种类型：细胞内受体和膜表面受体。膜表面受体还可分为离子通道受体、G蛋白偶联受体及蛋白激酶偶联受体三种类型。受体的功能是结合配体并将信号导入细胞。对细胞信号转导通路的研究有利于人们找到细胞信号转导异常疾病发生的分子机制，进而找到药物治疗疾病的作用靶点。

## 习题

### 一、选择题

【A1 型题】

1. 关于表皮生长因子受体的叙述，错误的是

A. 主要激活 RAS-MAPK 通路
B. 与配体结合后可发生自我磷酸化
C. 属于蛋白酪氨酸激酶
D. 可以活化低分子量 G 蛋白
E. 可以活化三聚体 G 蛋白

2. 转录因子 NF-kB 的主要活化方式是

A. 自身含量增加
B. 自身发生磷酸化修饰
C. 自身发生糖基化修饰
D. 与抑制性蛋白质解离
E. 自身发生泛素化修饰

3. 下列关于信号转导网络的叙述，错误的是

A. 一条信号通路可同时调节多个转录激活因子
B. 一条信号通路只调节一种转录因子的活性
C. 不同信号通路激活可作用于同一转录因子
D. 不同信号通路可拮抗基因表达调控效应
E. 不同信号通路可协同调节基因表达

4. 胞内受体的激素结合区的作用是

A. 与热休克蛋白结合
B. 使受体二聚体化
C. 与 G 蛋白偶联
D. 与配体结合
E. 激活转录

5. 下列不属于受体与配体结合特点的是

A. 不可逆性
B. 特定的作用模式
C. 可饱和性
D. 高度专一性
E. 高亲和性

6. 不以产生第二信使为主要信号传递方式的细胞外信号是

A. 胰高血糖素
B. 去甲肾上腺素
C. 促肾上腺皮质激素
D. 甲状腺素
E. 肾上腺素

7. 霍乱毒素在体内的毒性作用机制是

A. 使腺苷酸环化酶活性丧失
B. 使 G 蛋白的 α 亚基发生磷酸化
C. 使 G 蛋白不能作用于下游效应分子
D. 使 G 蛋白的 α 亚基发生 ADP 核糖基化
E. 使磷酸二酯酶活性丧失

8. 下列属于 G 蛋白的分子是

A. 蛋白激酶 G　　B. 生长因子结合蛋白　　C. 鸟苷酸结合蛋白

D. 蛋白激酶 A　　E. 鸟苷酸环化酶

9. cAMP 能别构激活的酶是

A. 蛋白质酪氨酸激酶　　B. 蛋白激酶 A　　C. 蛋白激酶 G

D. 蛋白激酶 C　　E. 磷脂酶 A

10. 胰岛素受体所具有的蛋白激酶活性是

A. 蛋白激酶 G　　B. $Ca^{2+}$-CaM 激酶　　C. 蛋白激酶 C

D. 蛋白质酪氨酸激酶　　E. 蛋白激酶 A

11. 在核受体中一般不存在的结构是

A. PH 结构域　　B. 配体结合结构域　　C. DNA 结合结构域

D. 转录激活结构域　　E. 核定位信号

12. 下列不属于 IP3/DAG-PKC 信号转导通路的反应是

A. DAG、磷脂酰丝氨酸与 $Ca^{2+}$ 共同促使 PKC 别构活化

B. 受体活化并激活低分子量 G 蛋白

C. 磷脂酶 C 水解膜组分 $PIP_2$，生成 DAG 和 $IP_3$

D. 释放活化的 α 亚基并激活磷脂酶 C

E. IP3 进入胞质并促进钙储库内的 $Ca^{2+}$ 迅速释放

13. 下列可直接激活蛋白激酶 C 的分子是

A. cAMP　　B. cGMP　　C. DAG

D. $PIP_2$　　E. $IP_3$

14. 下列不属于细胞内第二信使特点的叙述是

A. 作为别构效应剂作用于相应的靶分子　　B. 在细胞中的分布可迅速改变

C. 是主要物质代谢通路的核心分子　　D. 在细胞中的浓度可迅速改变

E. 不位于能量代谢途径的中心

15. 蛋白激酶所催化的蛋白质修饰反应是

A. 甲基化　　B. 乙酰化　　C. 泛素化

D. 磷酸化　　E. 糖基化

16. IP3 与相应受体结合致胞质内浓度升高的离子是

A. $Mg^{2+}$　　B. $Ca^{2+}$　　C. $Cl^-$

D. $Na^+$　　E. $K^+$

17. 关于G蛋白偶联受体的叙述，正确的是

A. 通过G蛋白向下游传递信号
B. 不依赖第二信使传递信号
C. 可直接激活蛋白激酶传递信号
D. 属于单跨膜受体
E. 存在于细胞内

18. 最早被发现的第二信使是

A. $IP_3$
B. cGMP
C. cAMP
D. $Ca^{2+}$
E. NO

19. TGF-β 的代表性信号通路是

A. RAS-MAPK
B. SMAD
C. PI3K-AKT
D. PLCγ-$IP_3$-$Ca^{2+}$
E. JAK-STAT

20. 鸟苷酸环化酶的底物是

A. GTP
B. ADP
C. ATP
D. cAMP
E. cGMP

21. 下列不属于主要由膜表面受体接收的细胞外信号分子是

A. 类固醇激素
B. 细胞因子
C. 生长因子
D. 水溶性激素
E. 黏附分子

22. 下列不属于膜受体对转录因子调控方式的是

A. 通过第二信使 / 蛋白激酶激活其活性
B. 通过第二信使直接激活其活性
C. 经由胞内蛋白激酶激活其活性
D. 通过第二信使 / 蛋白激酶改变其表达
E. 经由胞内蛋白激酶改变其表达

23. 下列不属于细胞内受体所接收的细胞外信号分子是

A. 甲状腺素
B. 胰岛素
C. 类固醇激素
D. 视黄酸
E. 一氧化氮

24. 关于酶偶联型受体结构与功能的叙述，错误的是

A. 配体主要是生长因子和细胞因子
B. 属于单跨膜受体
C. 有些受体具有蛋白激酶活性
D. 通过蛋白激酶来传递信号
E. 直接通过G蛋白活化传递信号

25. 下列不属于细胞内传递信息第二信使的分子是

A. 环腺苷酸
B. 三磷酸肌醇
C. 胰岛素
D. 甘油二酯
E. 环鸟苷酸

26. G蛋白偶联受体所属的受体类别是

A. 细胞核内受体
B. 环状受体
C. 细胞质内受体
D. 七跨膜受体
E. 催化性受体

27. 关于脂溶性化学信号受体的描述，错误的是

A. 主要存在于细胞膜上 B. 大多属于 DNA 结合蛋白质
C. 大部分属于转录因子 D. 可结合基因调控区改变转录速度
E. 主要存在于细胞内

28. PKA 所磷酸化的氨基酸主要是

A. 甘氨酸 / 丝氨酸 B. 酪氨酸 / 甘氨酸 C. 丝氨酸 / 苏氨酸
D. 甘氨酸 / 苏氨酸 E. 酪氨酸 / 半胱氨酸

29. 蛋白激酶作用于蛋白质底物的反应是

A. 酶促水解 B. 磷酸化 C. 脱磷酸
D. 甲基化 E. 促进合成

30. 影响离子通道开放的配体主要是

A. 类固醇激素 B. 甲状腺素 C. 无机离子
D. 生长因子 E. 神经递质

31. 下列关于蛋白质磷酸化修饰后效应的叙述，错误的是

A. 导致功能不可逆改变 B. 改变其空间构象 C. 引起分子降解
D. 提高分子活性 E. 降低分子活性

32. 下列属于 G 蛋白偶联型受体的是

A. 乙酰胆碱受体 B. 干扰素受体 C. 表皮生长因子受体
D. 肾上腺素受体 E. 雌激素受体

33. 下列可直接活化蛋白激酶 C 的第二信使是

A. 环鸟苷酸 B. 三磷酸肌醇 C. 环腺苷酸
D. 甘油三酯 E. 甘油二酯

34. 转录因子 SMAD 活化的主要方式是

A. 甲基化 B. 泛素化 C. 乙酰化
D. 磷酸化 E. 糖基化

35. 下列可作为受体的蛋白激酶是

A. cAMP 依赖的蛋白酶 B. $Ca^{2+}$ 钙调蛋白依赖的蛋白激酶
C. 蛋白质酪氨酸激酶 D. $Ca^{2+}$ 磷脂依赖的蛋白激酶
E. cGMP 依赖的蛋白激酶

36. 下列关于信号转导基本规律的叙述，错误的是

A. 同一细胞中不同信号通路之间有广泛交联互动
B. 特定受体在所有细胞中的下游信号通路相同

C. 信号的传递和终止涉及许多双向反应

D. 细胞信号转导通路有通用性又有专一性

E. 细胞信号在转导过程中可被逐级放大

37. 对于 cAMP-PKA 信号转导通路的叙述，错误的是

A. cAMP 结合 PKA，通过别构调节作用激活 PKA

B. cAMP 结合 PKA，通过磷酸化作用激活 PKA

C. 腺酸环化酶催化产生小分子信使 cAMP

D. 释放活化的 α 亚基并激活腺苷酸环化酶

E. 激素与受体结合后激活 G 蛋白

38. 下列可激活蛋白激酶 A 的分子是

A. $K^+$　　B. $PIP_2$　　C. cAMP

D. cGMP　　E. cDMP

39. 酶偶联型受体所属的类别是

A. 细胞核内受体　　B. 环状受体　　C. 七跨膜受体

D. 细胞质内受体　　E. 单跨膜受体

40. 下列对基因表达调控作用最小的信号通路是

A. RAS-MAPK 通路　　B. TGFβ-SMAD 通路

C. 乙酰胆碱受体通路　　D. cAMP-PKA 通路

E. JAK-STAT 通路

41. 下列不属于 $Ca^{2+}$ 钙调蛋白依赖蛋白激酶信号通路的反应是

A. 细胞钙储库内钙离子浓度升高　　B. 形成 $Ca^{2+}$ 钙调蛋白复合物

C. 钙调蛋白依赖性激酶激活效应蛋白质　　D.$Ca^{2+}$/CaM 复合物激活蛋白激酶

E. 细胞质内钙离子浓度升高

42. 下列受 Gas 亚基作用而被激活的酶是

A. 磷脂酶 C　　B. 蛋白激酶 A　　C. 蛋白激酶 G

D. 蛋白激酶 C　　E. 腺苷酸环化酶

43.IFN-g 受体下游的主要信号通路是

A. PLCγ-IP3-$Ca^{2+}$　　B. PI3K-Akt　　C. JAK-STAT

D. RAS-MAPK　　E. SMAD

44. 与 G 蛋白活化密切相关的核苷酸是

A. UTP　　B. TTP　　C. GTP

D. CTP　　E. ATP

45. 下列不属于离子通道受体的是

A. 表皮生长因子受体　B. 乙酰胆碱受体　C. γ－氨基丁酸受体

D. 5－羟色胺受体　E. 谷氨酸受体

46.PKA 的别构激活物是

A. cGMP　B. DAG　C. cAMP

D. $Ca^{2+}$　E. $IP_3$

47. 可溶性鸟苷酸环化酶位于

A. 细胞核　B. 线粒体　C. 细胞膜

D. 内质网　E. 细胞质

48. 下列不属于基因表达调控的环节是

A. 转录因子激活 / 失活　B. 翻译调控分子激活失活

C. 代谢相关酶活性的改变　D. 非编码 RNA 子的表达

E. 染色质结构重塑

49.G 蛋白具有的酶活性是

A. 氧化酶　B. 核糖核酸酶　C. 三磷酸腺苷酶

D. 三磷酸鸟苷酶　E. 蛋白酶

50. 分泌生长激素过多的垂体腺瘤细胞信号转导异常的关键环节是

A. cGMP 生成过多　B. 磷酸二酯酶活性过强

C. 腺苷酸环化酶活性下降　D. Gi 过度激活

E. Gsα 过度激活

51. 关于 MAPK 分子的结构与功能的叙述，错误的是

A. 属于丝 / 苏氨酸蛋白激酶　B. 上游衔接多个分子的磷酸化级联活化

C. 包括 ERK、p38 和 JNK 家族　D. 可入核调控转录因子的活性

E. 属于蛋白酪氨酸激酶

52. 下列不属于细胞内第二信使的分子是

A. cAMP　B. cGMP　C. IP

D. NO　E. ATP

53. 关于激素反应元件的叙述，错误的是

A. 可结合特定激素－受体复合物　B. 具有特征性的 DNA 序列

C. 位于基因的转录调控区域　D. 属于反式作用因子

E. 属于顺式作用元件

54. 下列不属于目前已知细胞间信息分子的物质是

A. 脱氧核糖核酸　B. 蛋白质 / 肽类　C. 氨基酸及其衍生物

D. 脂类衍生物　E. 类固醇激素

55. 可被 cGMP 激活的酶是

A. 磷脂酶 A　B. 蛋白激酶 C　C. 蛋白激酶 G

D. 蛋白激酶 A　E. 磷脂酶 C

56. 下列被受体偶联 G 蛋白直接激活的分子是

A. 磷酸化酶 b　B. 蛋白激酶 G　C. 蛋白激酶 C

D. 蛋白激酶 A　E. 磷脂酶 C

57. 下列在体内发生可逆磷酸化修饰的主要氨基酸残基是

A. Tyr、Val、Gly　B. Thr、Ser、Tyr　C. Gly、Ser、Val

D. PhE、Thr、Val　E. AlA、IlE、Leu

58. 下列关于 PKA 结构与功能的叙述，错误的是

A. 属于蛋白质丝 / 苏氨酸激酶

B. 由 2 个调节亚基和 2 个催化亚基构成

C. 能够磷酸化一些转录因子并调节其活性

D. 仅作用于物质代谢相关的酶类

E. 可被 cAMP 别构激活

59. 通过胞内受体发挥作用的信号分子是

A. 乙酰胆碱　B. 胰岛素　C. 甲状腺素

D. 表皮生长因子　E. 肾上腺素

60. 通过膜受体发挥作用的信号分子是

A. 甲状腺素　B. 类固醇激素　C. 前列腺素

D. 乙酰胆碱　E. 维生素 A

61. 下列哪项不是细胞内传递信息的第二信使

A. cAMP　B. 调节蛋白　C. cGMP

D. $IP_3$　E. $Ca^{2+}$

62. 通过膜受体起调节作用的激素是

A. 性激素　B. 糖皮质激素　C. 甲状腺素

D. 醛固酮　E. 肾上腺素

63. IP3 与相应受体结合后，可使细胞液内哪种离子的浓度升高

A.$K^+$　B.$Ca^{2+}$　C.$Mg^{2+}$

D. $Cl^-$　　E. $Na^+$

64. cAMP 能激活

A. 磷脂酶 C　　B. PKA　　C. PKG
D. PKC　　E. PKB

65. cGMP 能激活

A. 磷脂酶 C　　B. PKA　　C. PKG
D. PKC　　E. PKB

66. G 蛋白是指

A. 鸟苷酸结合蛋白　　B. 鸟苷酸环化酶　　C. PKG
D. PKA　　E. PKC

67. 能被 PTK 磷酸化的氨基酸有

A. 苏氨酸 / 丝氨酸　　B. 酪氨酸　　C. 酪氨酸 / 甘氨酸
D. 甘氨酸 / 丝氨酸　　E. 丝氨酸 / 酪氨酸

68. 下列哪种受体与 G 蛋白偶联

A. 跨膜离子通道型受体　　B. 细胞核内受体　　C. 细胞液内受体
D. 催化型受体　　E. 跨膜受体

69. 能被 PKA 磷酸化的氨基酸有

A. 苏氨酸 / 丝氨酸　　B. 酪氨酸　　C. 酪氨酸 / 甘氨酸
D. 甘氨酸 / 丝氨酸　　E. 丝氨酸 / 酪氨酸

70. G 蛋白的 α 亚基本身具有下列哪种酶活性

A. CTP 酶　　B. ATP 酶　　C. GTP 酶
D. UTP 酶　　E. dTTP 酶

71. 蛋白激酶的作用是使蛋白质或酶

A. 激活　　B. 脱磷酸　　C. 水解
D. 磷酸化　　E. 氧化

72. $IP_3$ 的作用是

A. 直接激活 PKC　　B. 促进细胞钙库内 $Ca^{2+}$ 的释放
C. 促进 $Ca^{2+}$ 与 CaM 结合　　D. 使细胞膜 $Ca^{2+}$ 通道开放
E. 使细胞液中 $Ca^{2+}$ 减少

73. 通过蛋白激酶 A 通路发挥作用的激素是

A. 生长因子　　B. 心钠素　　C. 胰岛素
D. 肾上腺素　　E. 甲状腺素

74. 通过 $IP_3$/DGA-PKC 通路发挥作用的激素是

A. 生长因子　　B. 心钠素　　C. 胰岛素

D. 肾上腺素　　E. 促甲状腺素释放激素

75. 可被 $Ca^{2+}$ 激活的是

A. PKA　　B. PKG　　C. PKC

D. RTK　　E. G 蛋白

76. 下列哪项不能被 $Ca^{2+}$ 激活

A. PKA　　B. AC　　C. PKC

D. cAMP-PDE　　E. 钙调蛋白

77. 激活的 PKC 能磷酸化的氨基酸残基是

A. 酪氨酸 / 丝氨酸　　B. 酪氨酸 / 苏氨酸　　C. 丝氨酸 / 苏氨酸

D. 丝氨酸 / 组氨酸　　E. 苏氨酸 / 组氨酸

78. 依赖 cAMP 的蛋白激酶是

A. 受体型 TPK　　B. 非受体型 TPK　　C. PKC

D. PKA　　E. PKG

79. 神经递质、激素和细胞因子可通过下列哪条共同途径传递信息

A. 形成动作电位　　B. 使离子通道开放　　C. 与受体结合

D. 通过胞饮进入细胞　　E. 使离子通道关闭

80. 蛋白激酶的作用是使

A. 蛋白质水解　　B. 蛋白质酶磷酸化　　C. 蛋白质酶脱磷酸

D. 酶降解失活　　E. 蛋白质合成

81. 可以激活蛋白激酶 A 的是

A. $IP_3$　　B. DAG　　C. cAMP

D. cADP　　E. $PIP_3$

82. 下列具有受体酪氨酸蛋白激酶活性的是

A. 甲状腺素受体　　B. 雌激素受体　　C. 乙酰胆碱受体

D. 表皮生长因子受体　　E. 肾上腺素受体

83. IL-2 受体 γ 链基因突变的个体可以发生细胞功能缺陷的是

A. NK 细胞　　B. T 淋巴细胞　　C. 树突状细胞

D. 巨噬细胞　　E. 中性粒细胞

84. G 蛋白的特点是

A. 不能与 GTP 结合　　B. 只有一条多肽链

C. 由三个亚基组成　　D. 分布在细胞核

E. 没有活性型与非活性型的互变

85. 通过胞质 / 核内受体发挥作用的物质是

A. 甲状旁腺素　　B. 干扰素　　C. 加压素

D. 维生素 D　　E. 肾上腺素

【A2 型题】

86. 目前的临床资料表明，导致癌症患者死亡最主要的原因是肿瘤的转移。在肿瘤转移的过程中，肿瘤细胞受到远处靶器官（肿瘤转移的目的地）所分泌的炎症因子和细胞因子的作用而发生趋化运动。你认为这种信号分子发挥作用的方式属于

A. 自分泌　　B. 神经分泌　　C. 外分泌

D. 内分泌　　E. 旁分泌

87. 肿瘤细胞的一个重要特征就是众多癌基因异常活化所导致的信号通路异常，目前临床上已开发出多种小分子抑制剂来对此进行干预，其中一类小分子抑制剂的靶标便是肿瘤细胞表面的受体分子，而另一大类靶标则位于肿瘤细胞内部，你认为这一类小分子抑制剂的靶标很可能是

A. 蛋白激酶　　B. 细胞骨架蛋白质　　C. 核糖体

D. RNA　　E. DNA

【B1 型题】

组题：（88~90 题共用备选答案）

A. cAMP　　B. cGMP　　C. $IP_3$

D. DAG　　E. $PIP_2$

88. 激活蛋白激酶 A 需

89. 可促进内质网释放出 $Ca^{2+}$ 的是

90. 可直接激活蛋白激酶 C 的是

二、名词解释

1. 受体

2. G 蛋白偶联受体

3. G 蛋白

4. 第二信使

5. 单次跨膜受体

6. 衔接蛋白

7. 钙调蛋白

## 三、简答题

1. 受体的作用是什么，其与配体相互作用的特点有哪些？
2. 细胞信号转导的共同规律和特征是什么？
3. 列举膜受体的分类及其介导的细胞信号转导的方式。
4. 列举 G 蛋白偶联受体介导的细胞信号转导通路。
5. 请以 EGFR 为例描述单跨膜受体的信号转导方式。
6. 列举第二信使分子的种类及其主要特点。
7. 细胞信号转导异常通常发生在哪些层次上？
8. 如果在实验室培养的肝细胞中加入胰高血糖素，可以通过检测哪个或哪些中间产物来证实调节血糖通路的激活？为什么？

（李　斌）

# 血液的生物化学

## 学习目标

1. 知识目标

（1）掌握：血液的化学成分，血浆蛋白的分类，血红素合成的关键酶，成熟红细胞的代谢特点。

（2）熟悉：血浆蛋白的来源与功能，血红素合成的原料、部位。

（3）了解：血红素合成的调节，白细胞的代谢。

2. 思政目标

强化“四个自信”，帮助学生树立正确的价值观，增强职业荣誉感。学生能关注行业动态，崇尚科学，求真、进取。

## 内容提要

血液由有形的红细胞、白细胞和血小板以及无形的血浆组成。血浆的主要成分是水、无机盐、有机小分子和蛋白质等。

血浆中的蛋白质浓度为70~75g/L，多在肝合成。其中含量最多的是清蛋白，其浓度为38~48g/L，它能结合并转运许多物质，在血浆胶体渗透压形成中起重要作用。血浆中的蛋白质具有多种重要的生理功能。

未成熟红细胞能利用琥珀酰CoA、甘氨酸和$Fe^{2+}$合成血红素。血红素生物合成的关键酶是ALA合酶，受到多种因素的调控。

成熟红细胞代谢的特点是丧失了合成核酸和蛋白质的能力，并不能进行有氧氧化，红细胞功能的正常主要依赖无氧氧化和磷酸戊糖旁路。

## 习　题

### 一、选择题

【A1 型题】

1. 在血浆蛋白电泳中，泳动最慢的蛋白质是

A. β 球蛋白　B. γ 球蛋白　C. $\alpha_2$ 球蛋白
D. $\alpha_1$ 球蛋白　E. 清蛋白

2. 参与血红素合成的酶存在于

A. 内质网　B. 胞质　C. 胞质与线粒体
D. 胞质与内质网　E. 线粒体

3. 与血红素合成有关的氨基酸是

A. 甘氨酸　B. 丙氨酸　C. 精氨酸
D. 亮氨酸　E. 谷氨酸

4. 合成血红素的原料是

A. 琥珀酰 CoA、甘氨酸、$Fe^{2+}$　B. 丙氨酰 CoA、组氨酸、$Fe^{2+}$
C. 琥珀酰 CoA、丙氨酸、$Fe^{2+}$　D. 草酰 CoA、丙氨酸、$Fe^{2+}$
E. 乙酰 CoA、甘氨酸、$Fe^{2+}$

5. 在 pH 8.6 时电泳血浆蛋白，迁移率最快的是

A. 清蛋白　B. β 球蛋白　C. 球蛋白
D. 脂蛋白　E. γ 球蛋白

6. 血浆中含量最多的蛋白质是

A. $\alpha_2$ 球蛋白　B. γ 球蛋白　C. β 球蛋白
D. 清蛋白　E. $\alpha_1$ 球蛋白

7. 白蛋白产生于

A. 纤维母细胞　B. 巨噬细胞　C. 肝细胞
D. 脂肪细胞　E. 浆细胞

8. 血红素合成的终末阶段在

A. 细胞核　B. 微粒体　C. 线粒体
D. 内质网　E. 细胞质

9. 促红细胞生成素（EPO）的产生部位主要是

A. 肾　B. 骨髓　C. 脾
D. 血液　E. 肝

10. 成熟红细胞的能量主要来自

A. 糖原分解　B. 糖酵解　C. 糖异生

D. 脂肪酸氧化　E. 糖有氧氧化

11. 铅中毒可以引起

A. 琥珀酰 CoA 减少　B. 尿卟啉合成增加　C. 血红素合成减少

D. ALA 合成减少　E. 胆素原合成增加

12. 参与合成血红素的金属离子是

A. $Mg^{2+}$　B. $Cu^{2+}$　C. $Fe^{3+}$

D. $Mn^{2+}$　E. $Fe^{2+}$

13. 以血红素为辅基的蛋白质是

A. 铁螯合酶　B. 卟啉还原酶　C. 珠蛋白

D.ALA 合酶　E. 细胞色素

14. 下列有关血红素蛋白合成的叙述，正确的是

A. 只有在成熟红细胞中才能进行　B. 合成全过程仅受 ALA 合酶的调节

C. 与珠蛋白合成无关　D. 受肾分泌的促红细胞生成素调节

E. 以甘氨酸、天冬氨酸为原料

15. 大多数成年人血红蛋白中珠蛋白的组成是

A. $\alpha_2\beta_2$　B. $\alpha_2\gamma_2$　C. $\alpha_2\delta_2$

D. $\alpha_2\psi_2$　E. $\alpha_2\varepsilon_2$

16. 血红素生物合成的关键酶是

A. ALA 脱氢酶　B. ALA 脱水酶　C. ALA 氧化酶

D. ALA 合酶　E. ALA 还原酶

17. 血浆蛋白总浓度为

A. 50~60mg/ml　B. 25~35mg/ml　C. 35~45mg/ml

D. 20~30mg/ml　E. 60~80mg/ml

18. 成熟红细胞的代谢特点是

A. 没有磷酸戊糖途径　B. 2，3-BPG 的功能主要是加强糖酵解

C. 不能合成血红素　D. 可以从头合成脂肪酸

E. 主要由糖有氧氧化获得能量

19. 血红素合成的步骤是

A. 胆素原→ ALA →尿卟啉原Ⅲ→血红素

B. 胆素原→尿卟啉原Ⅲ→琥珀酰 CoA →血红素

C. 胆素原→尿卟啉原图→ ALA →血红素

D. 琥珀酰 CoA →胆素原→尿卟啉原Ⅲ→血红素

E. ALA →胆素原→尿卟啉原Ⅲ→血红素

20. 红细胞中糖的代谢途径主要是

A. 糖有氧氧化　　B. 糖酵解　　C. 糖异生

D. 糖醛酸途径　　E. 磷酸戊糖途径

21. 红细胞中，GSSG 还原为 GSH 时，供氢体来自

A. 糖有氧氧化　　B. 糖异生　　C. 糖原分解

D. 糖酵解　　E. 磷酸戊糖途径

22. 成熟红细胞特有的代谢途径是

A. 糖无氧分解　　B. 三羧酸循环　　C. 糖异生

D. 2，3-BPG 支路　　E. 磷酸戊糖途径

23. 正常血液的 pH 是

A. 7.55~7.65　　B. 7.35~7.45　　C. 7.25~7.35

D. 7.15~7.25　　E. 7.45~7.55

24.ALA 合酶的辅酶含有的维生素是

A. 维生素 $B_2$　　B. 维生素 $B_6$　　C. 维生素 $B_{12}$

D. 维生素 $B_5$　　E. 维生素 $B_1$

25. 非蛋白质氮主要来自

A. 肌酐　　B. 肌酸　　C. 尿素

D. 核酸　　E. 尿酸

26. 能抑制血红素合成的是

A. 睾酮　　B. 谷胱甘肽

C. 促红细胞生成素　　D. 高铁血红素

E. 氨基酸

【A2 型题】

27. 尽管已有许多运动员因使用违禁药品被处罚甚至因为滥用药物而死亡，仍有人为提高运动成绩而使用兴奋剂。挪威前著名自行车运动员斯特芬 · 谢尔高就曾使用人工合成的促红细胞生成素（EPO），EPO 提高运动成绩的机制在于它可以

A. 抑制血红素的合成　　B. 抑制血红素分解

C. 诱导亚铁螯合酶　　D. 诱导 ALA 脱水酶

E. 诱导 ALA 合酶的合成

【B1 型题】

组题：（28~30 题共用备选答案）

A. 维生素 C　　B. 维生素 $B_6$　　C. 维生素 A
D. 维生素 K　　E. 维生素 D

28. 血红素合成需要
29. 防止血红蛋白被氧化需要
30. 血液凝固需要

组题：（31~33 题共用备选答案）

A. 促红细胞生成素（EPO）　　B. ALA 合酶　　C. 亚铁螯合酶
D. ALA 脱水酶　　E. 磷酸吡哆醛

31. 调节红细胞生成的是
32. 血红素合成关键酶的辅酶是
33. 需要有还原剂才能有活性的是

组题：（34~37 题共用备选答案）

A. 尿酸　　B. 胆红素　　C. 血红素
D. 肌酐　　E. 尿素

34. 可用来测定肾功能的是
35. 正常情况下不会出现在尿中的是
36. 析出导致关节障碍的是
37. 血浆中非蛋白质氮的主要来源是

组题：（38~39 题共用备选答案）

A. 清（白）蛋白　　B. 铜蓝蛋白　　C. 脂蛋白
D. 肌红蛋白　　E. 免疫球蛋白

38. 具有氧化酶活性的是
39. 转运游离脂肪酸的是

组题：（40~43 题共用备选答案）

A. 磷酸吡哆醛　　B. ALA 合酶　　C. 血红素
D. 胆红素　　E. 葡萄糖醛酸

40. 血红素生成过程中主要的调节因素是

41.ALA 合酶的辅酶是

42. 参与生物转化中结合反应的是

43. 在血清中与清蛋白结合而运输的是

## 二、名词解释

1. 卟啉症

2. 急性期蛋白

3. 非蛋白质氮

4. 促红细胞生成素

5. 2，3-BPG 支路

## 三、简答题

1. 简述红细胞中 ATP 的主要作用。

2. 简述血红素合成的原料和过程。

3. 简述血浆蛋白的功能。

4. 简述成熟红细胞代谢的特点。

## 四、病例分析

患者申某，女，31 岁，于 2017 年 8 月 8 日以“间断呕吐、腹痛 20 天余”入院。在主诉中，20 天前（2017 年 7 月 13 日）患者进食后有明显的呕吐动机，呕吐物是胃内容物。伴腹胀，无头晕、头痛，无发热、咳嗽，休息后呕吐，四肢冰冷，上腹部疼痛，持久而痛苦，有压痛，没有反弹疼痛。近 1 年出现 4 次类似腹痛发作，性情也发生了改变，少语，有时突然情绪激动，甚至突然攻击人。遂至郑大一附院就诊，予 CT、彩超等辅助检查，后经“晒尿”检查（尿液放置在日光下照射，呈现褐色或者是紫红色）诊断为“卟啉病”，经钠补充后呕吐症状逐渐好转。

查体：体温 37.2 ℃、脉搏 130/min、呼吸 23/min、血压 109/89mmHg（1mmHg=0.133kPa）。贫血面貌，在阳光暴露部位愈合的痂和瘢痕明显；颈项、前臂和手背有皮肤光过敏和痛性水疱。牙齿呈现红棕色，牙龈有腐蚀现象。血常规：WBC 6.85 × $10^9$/L[（4~10）× $10^9$/L]、RBC 3.52 × $10^{12}$/L[（4~5.5）× $10^{12}$/L]、血红蛋白（HGB）88g/L（120~160g/L）。电解质：K 3.5mmol/L（3.5~5.5mmol/L）、Na 124mmol/L（137~147mmol/L）、Cl 84mmol/L（99~110mmol/L）。细胞内锌卟啉：12.8μg/gHb。尿卟啉原：阳性。初步诊断：急性间歇性卟啉病。

问题：请从血红素代谢的特点分析疾病的发病机制，简单说明患者出现面容苍白、光感性皮肤损害和牙齿病变等症状的原因。

（甘建华）

# 肝的生物化学

## 学习目标

1. 知识目标

（1）掌握：生物转化的概念；生物转化反应的主要类型；胆汁酸的分类及代谢特点；胆色素的概念，胆红素的来源和生成；未结合胆红素在血中的运输；肝细胞对胆红素的摄取与转化（结合）、结合和胆红素的排泄；胆红素在肠道中的转化与排泄；胆素原的肠肝循环；尿胆素原的排泄等胆色素代谢过程。

（2）熟悉：肝在糖、脂类、蛋白质、维生素、激素代谢中的作用；非营养物质的分类；胆汁酸的主要生理功能，胆汁酸的代谢过程；两类胆红素的比较；血清胆红素、高胆红素血症及黄疸的概念；引发高胆红素血症的三种原因及三种黄疸的胆色素代谢异常的特点。

（3）了解：生物转化的影响因素，胆汁的分类。

2. 思政目标

（1）培养学生建立哲学辩证分析理论体系，辩证分析肝功能生化检查结果和肝脏疾病病程发展的关系。

（2）提高学生的医学诊疗水平，提高学生医患沟通的能力。

（3）强化“四个自信”，帮助学生树立正确的价值观，增强职业荣誉感。

（4）学生能关注行业动态，崇尚科学，求真、进取。

## 内容提要

肝是人体最大的腺体，具有多种功能。在多种物质代谢过程中均处于中心地位，如：肝是维持血糖浓度恒定最重要的器官，能生成酮体；解除氨毒、合成尿素；转化胆固醇为胆汁酸最重要的器官等。

肝通过生物转化作用对非营养物质进行改造，降低其毒性，促使其排出体外。肝的生物转化作用分两相反应，第一相反应包括氧化、还原和水解反应；第二相反应是结合反应，主要与葡萄糖醛酸、硫酸和酰基等结合。

胆汁酸在肝细胞内由胆固醇转化而来，是肝清除体内胆固醇的主要形式。胆汁酸包括初级胆汁酸和次级胆汁酸，初级胆汁酸包括胆酸和鹅脱氧胆酸。次级胆汁酸是石胆酸和脱氧胆酸。胆汁酸包括游离胆汁酸和结合胆汁酸，大部分初级胆汁酸与次级胆汁酸经肠肝循环而被再利用，以补充体内合成的不足。

胆色素是铁卟啉化合物在体内的主要分解代谢产物，包括胆红素、胆绿素、胆素原和胆素。胆红素在血液中主要与清蛋白结合而运输。在肝细胞内胆红素主要与Y蛋白和Z蛋白结合并转运到内质网，形成葡萄糖醛酸胆红素，后者经胆管排入小肠。在肠道中被还原成胆素原，其中大部分胆素原在肠道下段被氧化为胆素。

## 习　题

### 一、选择题

【A1型题】

1. 血氨升高的主要原因是

A. 组织蛋白质分解过多　　B. 急性、慢性肾衰竭

C. 便秘使肠道内产氨与吸收氨过多　　D. 体内合成非必需氨基酸过多

E. 肝功能障碍

2. 非营养物质经生物转化后

A. 毒性均降低　　B. 其水溶性及极性都减小

C. 生物活性都增加　　D. 生物活性都降低

E. 其水溶性及极性都增大

3. 经生物转化后可产生致癌性是

A. 胆红素　　B. 苯巴比妥　　C. 黄曲霉素B

D. 乙醇　　E. 苯甲酸

4. 肝糖原贮存量可达肝重的

A. 0.06　　B. 0.11　　C. 0.08

D. 0.1　　E. 0.02

5. 关于肝在脂类代谢中的作用，正确的叙述是

A. 胆固醇的酯化全部在肝　　B. LDL在肝形成

C. 磷脂增加可导致脂肪肝　　D. 氧化酮体的酶系全部存在于肝

E. VLDL在肝形成

6. 正常人血浆 A/G 比值为

A. 2.5~3.5 B. 3.5~4.5 C. 4.5~5.5
D. 1~1.5 E. 1.5~2.5

7. 生物转化最重要的生理意义是

A. 使非营养物质极性增加，利于排泄 B. 使生物活性物质灭活
C. 使有毒物质失去毒性 D. 使药物失效
E. 使毒物的毒性降低

8. 尿胆红素源于血中的

A. 以上都不是 B. 粪胆素原 C. 尿胆素原
D. 间接胆红素 E. 直接胆红素

9. 胆红素在血液中运输的载体主要为

A. 血浆 $\gamma$ - 球蛋白 B. 血浆 $\alpha_1$- 球蛋白 C. 血浆 $\alpha_2$- 球蛋白
D. 血浆 $\beta$ - 球蛋白 E. 血浆白蛋白

10. 完全性阻塞性黄疸时，下列正确的是

A. 尿胆原（-），尿胆红素（+） B. 粪胆素（+）
C. 尿胆原（+），尿胆红素（+） D. 尿胆原（-），尿胆红素（-）
E. 尿胆原（+），尿胆红素（-）

11. 肝细胞对胆红素生物转化的实质是

A. 增强毛细胆管膜上载体转运系统，有利于胆红素排泄
B. 使胆红素与 Z 蛋白结合
C. 破坏胆红素分子内的氢键并进行结合反应，使其极性增加，利于排泄
D. 使胆红素的极性变小
E. 使胆红素与 Y 蛋白结合

12. 只能在肝中进行的反应是

A. 鸟氨酸循环 B. 核蛋白体循环 C. 嘌呤核苷酸循环
D. 三羧酸循环 E. 蛋氨酸循环

13. 尿中可以出现的胆红素是

A. 未结合胆红素 B. 间接反应胆红素
C. 结合胆红素 D. 与清蛋白结合的胆红素
E. 肝前胆红素

14. 胆汁中含量最多的有机成分是

A. 胆色素 B. 胆固醇 C. 黏蛋白

D. 磷脂　　E. 胆汁酸

15. 有黄疸倾向的患者或新生儿，可使用的药物是

A. 抗感染药　　B. 苯巴比妥　　C. 镇痛药

D. 磺胺类药物　　E. 食品添加剂

16. 结合胆红素生成的场所是

A. 肺泡　　B. 肾小球　　C. 网状内皮系统

D. 血液　　E. 肝细胞

17. 肝合成最多的血浆蛋白是

A. 凝血酶原　　B. α 球蛋白　　C. β 球蛋白

D. 纤维蛋白原　　E. 清蛋白

18. 老人服用氨基比林时药效强、副作用大的原因是

A. 将它转变成其他有毒物质　　B. 老人生物转化能力较差

C. 排泄缓慢　　D. 进行肠肝循环重新入血

E. 转变成药效更强的衍生物

19. 属于第一相反应的是

A. 与葡萄糖醛酸结合　　B. 与甲基结合　　C. 与氧结合

D. 与硫酸结合　　E. 与甘氨酸结合

20. 肝糖原能分解成葡萄糖，是因为肝细胞含有

A. 6- 磷酸葡萄糖脱氢酶　　B. 醛缩酶　　C. 磷酸化酶

D. 葡糖激酶　　E. 葡萄糖 -6- 磷酸酶

21. 在正常人血浆中无

A. 间接胆红素　　B. 胆素　　C. 结合胆红素

D. 游离胆红素　　E. 胆素原

22. 肝功能障碍时，对糖代谢的影响下列哪项叙述是错误的

A. 血糖水平难以维持　　B. 进食后可出现一时性低血糖

C. 糖原分解降低　　D. 糖异生作用降低

E. 糖原合成降低

23. 肠道细菌作用的产物是

A. 鹅脱氧胆酸　　B. 胆固醇　　C. 游离胆红素

D. 结合胆红素　　E. 脱氧胆酸

24. 肝性脑病前后，机体各器官有出血倾向，主要是由于

A. 维生素 K 少　　B. 纤维蛋白原多　　C. 凝血酶原少

D. 维生素 A 少　　E. 维生素 C 少

25. 苯巴比妥治疗新生儿高胆红素血症的机制主要是

A. 诱导葡萄糖醛酸转移酶的生成　　B. 使 Z 蛋白合成增加

C. 使 Y 蛋白合成减少　　D. 使肝血流量增加

E. 使 Y 蛋白合成增加

26. 血红素在体内分解代谢的主要产物是

A. $CO_2$ 和 $H_2O$　　B. 胆色素　　C. 尿酸

D. 尿素　　E. 胆固醇

27. 发生在肝脏生物转化第二阶段的是

A. 酯化反应　　B. 氧化反应　　C. 葡萄糖醛酸结合反应

D. 还原反应　　E. 水解反应

28. 生物转化的主要器官是

A. 脾脏　　B. 肺　　C. 心脏

D. 肾脏　　E. 肝脏

29. 与胆色素代谢无关的场所是

A. 肝细胞　　B. 胰腺　　C. 胃及十二指肠

D. 大肠　　E. 血液

30. 急性肝炎时血清中哪一种酶的活性改变最小

A. 醛缩酶　　B. GPT　　C. LDH

D. GOT　　E. CPK

31. 胆固醇转变为胆汁酸的限速酶是

A. 别构酶　　B. 3－α－羟化酶　　C. 7－α－羟化酶

D. 12－α－羟化酶　　E. 1－α－羟化酶

32. 胆红素呈特定的卷曲结构以致难溶于水，是由于分子内部形成了

A. 疏水键　　B. 盐键　　C. 离子键

D. 氢键　　E. 二硫键

33. 核黄疸的主要病因是

A. 未结合胆红素侵犯脑神经核而黄染

B. 结合胆红素与外周神经细胞核结合而黄染

C. 结合胆红素侵犯脑神经核而黄染

D. 结合胆红素侵犯肝细胞核而黄染

E. 未结合胆红素与外周神经细胞核结合而黄染

34. 胆红素主要来源于

A. 肌红蛋白分解　B. 过氧化氢酶分解　C. 过氧化物酶分解

D. 血红蛋白分解　E. 细胞色素分解

35. 结合胆汁酸的成分是

A. 谷胱甘肽　B. 葡萄糖醛酸　C. 甘氨酸

D. 甲基　E. 乙酰基

36. 正常情况下，未结合胆红素主要存在于

A. 大肠　B. 肾脏　C. 网状内皮系统

D. 肝细胞　E. 血液

37. 下列哪一种物质的合成过程仅在肝中进行

A. 胆固醇　B. 血浆蛋白　C. 糖原

D. 脂肪酸　E. 尿素

38. 参加肠道次级结合胆汁酸生成的氨基酸是

A. 精氨酸　B. 甘氨酸　C. 蛋氨酸

D. 瓜氨酸　E. 鸟氨酸

39. 下述涉及生物转化的物质是

A. 脂肪　B. 糖　C. 核酸

D. 激素　E. 蛋白质

40. 肝进行生物转化时的活性硫酸供体是

A. 牛磺酸　B. 亚硫酸　C. 半胱氨酸

D. PAPS　E. $H_2SO_4$

41. 肝功能受损时，血中乳酸含量升高是由于肝内

A. 磷酸戊糖途径减慢　B. 糖酵解增强　C. 糖异生作用增强

D. 糖异生作用减慢　E. 糖有氧氧化减慢

42. 胆汁中出现沉淀往往是由于

A. 胆酸盐过多　B. 胆红素较少　C. 甘油三酯过多

D. 次级胆酸盐过多　E. 胆固醇过多

43. 属于第二相反应的是

A. 乙醇转变为乙醛　B. 乙醛转变为乙酸

C. 乙酰水杨酸转化为水杨酸　D. 胆红素转变为结合胆红素

E. 硝基苯转变为苯胺酸

44. 生物转化中，第二相反应包括

A. 水解反应　　B. 氧化反应　　C. 还原反应

D. 羧化反应　　E. 结合反应

45. 阻塞性黄疸时

A. 粪便颜色变浅　　B. 血清直接胆红素增加　　C. 血清总胆红素增加

D. 尿胆红素阳性　　E. 以上都是

46. 胆汁中含量最多的是

A. 水　　B. 磷脂　　C. 胆汁酸盐

D. 胆色素　　E. 胆固醇

47. 肝功能不良的患者对下列哪种蛋白质的合成影响较小

A. 凝血因子Ⅷ、Ⅸ、Ⅹ　　B. 凝血酶原　　C. 纤维蛋白原

D. 清蛋白　　E. 免疫球蛋白

48. 只在肝脏中进行的是

A. 磷脂合成　　B. 清蛋白合成　　C. 脂肪合成

D. 糖原合成　　E. 胆固醇合成

49. 生物转化中参与氧化反应最重要的酶是

A. 水解酶　　B. 醇脱氢酶　　C. 加单氧酶

D. 胺氧化酶　　E. 加双氧酶

50. 机体可以降低外源性毒物毒性反应的是

A. 三羧酸循环　　B. 肌糖原磷酸化　　C. 肝脏生物转化

D. 鸟氨酸循环　　E. 乳酸循环

51. 肝进行生物转化时葡萄糖醛酸的供体是

A. CDPGA　　B. UDPG　　C. ADPGA

D. UDPGA　　E. GA

52. 下列关于胆汁的描述，正确的是

A. 胆汁中含有脂肪消化酶　　B. 胆盐可促进蛋白质的消化和吸收

C. 胆汁中与消化有关的成分是胆盐　　D. 消化期只有胆囊胆汁排入小肠

E. 非消化期无胆汁分泌

53. 下列哪项血浆清蛋白 / 球蛋白（A/G）比值可提示肝脏严重病变

A. 1.5~2.5　　B. <0.5　　C. <1.0

D. <0.1　　E. <1.5

54. 生物转化是

A. 蛋白质的合成　B. 酮体的生成　C. 甘油磷脂的生成

D. 结合胆红素的生成　E. 糖异生

55. 参与生物转化第一相反应的辅酶是

A. 硫辛酸　B. 维生素 $B_6$　C. 泛酸

D. 维生素 $B_2$　E. $NAD^+$

56. 血中哪一种胆红素增加会在尿中出现胆红素

A. 胆红素 -Y 蛋白　B. 血胆红素　C. 间接胆红素

D. 未结合胆红素　E. 结合胆红素

57. 黄曲霉素亚硝酸铵等致癌作用说明生物转化具有

A. 多样性　B. 特异性　C. 连续性

D. 专一性　E. 双重性

58. 肝清除胆固醇的主要方式是

A. 将其转变为胆固醇酯　B. 转变成维生素 $D_3$　C. 合成极低密度脂蛋白

D. 转变成类固醇激素　E. 将其转变为胆汁酸

59. 肝功能不良时，下列哪种蛋白质的合成受影响较小

A. γ－球蛋白　B. 凝血酶原　C. 清蛋白

D. 凝血因子　E. 纤维蛋白原

60. 肝硬化患者常有蜘蛛痣，这是由于对何种激素的灭活作用降低

A. 雌激素　B. 生长素　C. 肾上腺素

D. 胰岛素　E. 雄激素

61. 不属于初级结合型胆汁酸的是

A. 甘氨鹅脱氧胆酸　B. 牛磺胆酸　C. 牛磺鹅脱氧胆酸

D. 甘氨脱氧胆酸　E. 甘氨胆酸

62. 胆汁酸盐

A. 在胰腺合成　B. 少部分在肝细胞合成　C. 全部在肝细胞合成

D. 在十二指肠合成　E. 大部分在小肠黏膜细胞合成

63. 称为结合胆红素的是

A. 与葡萄糖醛酸结合的胆红素　B. 与 Z 蛋白结合的胆红素

C. 与 Y 蛋白结合的胆红素　D. 与硫酸结合的胆红素

E. 与血浆白蛋白结合的胆红素

64. 短期饥饿时，血糖浓度的维持主要靠

A. 肝糖原合成　B. 糖异生作用

C. 肌糖原分解
D. 组织中葡萄糖利用率降低
E. 肝糖原分解

65. 含有卟啉结构的酶是
A. 单胺氧化酶
B. 乳酸脱氢酶
C. 乙醇脱氢酶
D. 谷丙转氨酶（丙氨酸转氨酶）
E. 过氧化氢酶

66. 胆红素的生成部位是
A. 红细胞
B. 上皮细胞
C. 白细胞
D. 肝细胞
E. 巨噬细胞

67. 胆红素的毒性作用主要表现在
A. 神经系统毒性
B. 肾毒性
C. 胃肠道反应
D. 心毒性
E. 肝毒性

【A2 型题】

68. 一名患者入院时出现巩膜及皮肤黄染，经检查为溶血性黄疸。以下检查结果中，符合溶血性黄疸特点的是
A. 血清直接胆红素增高
B. 血清间接胆红素增高
C. 尿胆素原减少
D. 大便呈陶土色
E. 尿胆红素增高

69. 一名新生儿因为发生新生儿黄疸而住院接受治疗，医生给予苯巴比妥进行治疗。使用该药物的原因是
A. 抑制胆红素的合成
B. 促进胆红素的分解
C. 可诱导 UDP- 葡萄糖醛酸转移酶合成
D. 有镇静催眠作用
E. 影响生物转化第一相反应

70. 52 岁的王女士已明显发福，近日到医院做常规体检，在做超声检查时发现有胆结石。下列哪种情况可促进胆结石的形成
A. 胆囊收缩加快
B. 高纤维饮食
C. 胆汁中胆固醇含量与胆汁酸盐合成比例失调
D. 胆汁中卵磷脂含量增加
E. 胆固醇溶解度降低

71. 长时间以来张先生因为入睡困难而服用苯巴比妥类药物，但是他发现，开始用药时只服半片药就有效果，现在要增加到 2 片才能起效。长期服用苯巴比妥类药物产生耐药的原因可能是
A. 药物在体内蓄积
B. 药物促进肝加单氧酶化学修饰
C. 药物别构激活肝加单氧酶活性
D. 药物抑制肝加单氧酶蛋白降解
E. 药物诱导肝加单氧酶合成增加

72. 一男性患者有巩膜黄染，食欲减退，厌油食等表现；查体右上腹疼痛，上臂可见蜘蛛痣，下肢轻度水肿。实验室检查：血总胆红素增加，尿中胆红素阳性，粪色加深。该患者最有可能的疾病是

A. 先天性溶血　B. 消化性溃疡　C. 蚕豆病
D. 病毒性肝炎　E. 胆结石

【B1 型题】

（73~75 题共用备选答案）

A. 后天性卟啉症　B. 多发性骨髓瘤　C. 肝细胞性黄疸
D. 溶血性黄疸　E. 阻塞性黄疸

73. 铅中毒
74. 结合胆红素与未结合胆红素均增加
75. 尿胆素原增加、尿胆红素阴性

（76~77 题共用备选答案）

A. 7α-羟化酶催化反应　B. 葡萄糖醛酸结合反应
C. 水解反应　D. 还原反应
E. 氧化反应

76. 属于肝生物转化第二相反应的是
77. 属于胆汁酸合成限速酶催化的反应是

（78~81 题共用备选答案）

A. 胆红素-白蛋白　B. 硫酸胆红素
C. 胆红素-配体蛋白　D. 胆素原
E. 胆红素-葡萄糖醛酸复合物

78. 胆红素在血中的运输形式
79. 胆红素在肝细胞内的运输形式
80. 胆红素自肝细胞排出的主要形式
81. 肠道重吸收的胆红素

（82~85 题共用备选答案）

A. 血胆红素　B. 脱氧胆酸　C. 牛磺胆酸
D. 胆色素　E. 肝胆红素

82. 属于初级胆汁酸的是
83. 属于次级胆汁酸的是
84. 属于结合胆红素的是
85. 属于未结合胆红素的是

（86~90 题共用备选答案）

A. 甘氨酸　　B. 7α－羟化酶　　C. UDPGA
D. 单胺氧化酶　　E. 胆红素

86. 在肝中与胆汁酸结合的化合物
87. 葡萄糖醛酸的供体
88. 催化胆固醇转变为胆汁酸的酶
89. 催化胺类氧化脱氨基的酶
90. 黄疸时血液中增高的物质

## 二、名词解释

1. 隐性黄疸
2. 结合胆红素
3. 生物转化作用
4. 胆素原的肠肝循环
5. 胆色素

## 三、简答题

1. 试述结合胆红素与未结合胆红素的区别。
2. 简述三类黄疸（溶血性黄疸、肝细胞性黄疸、阻塞性黄疸）患者血清胆红素及尿三胆的特点。
3. 肝脏发生疾病时，蛋白质代谢会发生什么变化？
4. 何为生物转化作用？其生理意义如何？

## 四、病例分析

病例分析：王某，男，36 岁。发现黄疸到医院检查，结果：总胆红素 430.4μmol/L（4.00~17.39μmol/L），直接胆红素 294.5μmol/L（0.00~6.00μmol/L），间接胆红素 135.9μmol/L（0.00~17.39μmol/L），胆汁酸 244.6μmol/L（0~10μmol/L），ALT 2965U/L（0~40U/L），AST 1862U/L（0~40U/L），乙肝系列检查为 1、4、5 项呈阳性即表面抗原（HBsAg）阳性、表面抗体（抗 –HBc）阴性、e 抗原（HBeAg）阴性、e 抗体（抗 –HBe）阳性、核心抗体（抗 –HBe）阳性。主诉有肝区疼痛感，厌食。

（1）该患者为何种疾病？

（2）如何理解检测结果？

附录　常规生化检验项目及各项指标参考范围

| 检验项目及正常参考值 | 检验项目及正常参考值 |
| --- | --- |
| 谷丙转氨酶（ALT）0~40U/L | 总胆红素（TBI）4.00~17.39μmol/L |
| 谷草转氨酶（AST）0~40I/L | 直接胆红素（DBIL）0.00~6.00μmol/L |
| 转肽酶（GGT）0~40U/L | 游离胆红素（IBIL）0.00~17.39μmol/L |
| 碱性磷酸酶（ALP）30~115U/L | 总蛋白（TP）55.00~85.00g/L |
| 乳酸脱氢酶（LDH）90~245U/L | 白蛋白（ALB）35.00~55.00g/L |
| 羟丁酸脱氢酶（HBDH）90~250U/L | 球蛋白（GLO）15~35g/L |
| 肌酸激酶（CK）30~170U/L | 白 / 球比值（A/G）1.00~2.50 |
| 肌酸激酶同工酶（CK~MB）0~25U/L | 前白蛋白（PAB）170~420mg/L |
| 淀粉酶（AMY）0~220U/L | 糖化血清蛋白（GSP）1.08~2.1mmol/L |
| 胆碱酯酶（CHE）4000~13 000U/L | 血糖（GLU）3.4~6.2mmol/L |
| 磷（P）0.72~1.34mmol/L | 尿素氮（BUN）1.7~8.3mmol/L |
| 钾（K）3.5~5.5mmol/L | 肌酐（CRE）36.00~132μmol/L |
| 钠（Na）135~155mmol/L | 尿酸（URIC）150.00~416.00μmol/L |
| 氯（Cl）95~115mmol/L | 甘油三酯（TG）0.30~1.80mmol/L |
| 钙（Ca）2.25~2.7mmol/L | 胆固醇（TC）3.40~6.5mmol/L |
| 二氧化碳结合力（$CO_2CP$）19~29mmol/L | 高密度脂蛋白（HDL~C）1.00~1.60mmol/L |
| 酮体（D3HB）0.01~0.3mmol/L | 低密度脂蛋白（LDL~C）0~3.36mmol/L |
| 胆汁酸（TBA）<10μmol/L | 脂蛋白（α）Lp（α）0~30mg/L |

（甘建华）

# 第十六章 维生素

## 学习目标

1. 知识目标

（1）掌握：维生素与辅酶的关系。

（2）熟悉：维生素的概念、分类及主要生理功能。

（3）了解：各辅酶在代谢上的功能和相应的缺乏症。

2. 能力目标

能通过维生素缺乏病例，分析维生素缺乏病的类型及其可能的发病机制。

3. 思政目标

（1）通过了解我国在维生素 C 人工合成方面取得的成就，强化“四个自信”，夯实基础知识，增强学生职业荣誉感。

（2）了解行业动态，提高学生科学素养。

## 内容提要

维生素是一类维持生命活动正常进行必不可少的小分子有机化合物。在生物体内的作用是作为辅酶参与物质代谢的调节。维生素在生物体内一般需要量很少，但又必不可少，如果缺少就会影响正常代谢，引起相应的缺乏症。这种由于缺乏某种维生素而引起的代谢障碍疾病叫作营养缺乏症。

维生素的种类很多，约有 30 种。功能各异，从化学结构上看，各维生素之间差异也很大，无法按结构和功能分类，一般按其溶解度来分，可分为水溶性维生素（VitB 族，VitC 族）和脂溶性维生素（VitA，VitD，VitE，VitK）两类。

常见的维生素缺乏主要原因有摄入量不足、吸收障碍、需要量增加但未足够补充以及长期使用某些药物等。正常肠道细菌能合成一部分维生素，如 Vit K，Vit PP，Vit $B_6$ 等。若长期使用抗生素类药物，就使肠道细菌生长受到抑制而引起维生素缺乏。

维生素中毒主要见于脂溶性维生素，因其脂溶性的特点，在体内有蓄积作用。过量摄入脂溶性维生素可导致机体中毒（常见于 VitA 及 VitD），通常见于大量摄入哺乳类动物及鱼类的肝脏，或儿童服用过量的鱼肝油等。水溶性维生素摄入过多，目前没有发现对人体有明显的毒性作用（动物实验未发现毒性损伤），水溶性维生素摄入过多会随汗液及尿液排出体外。

## 习　题

### 一、选择题

【A1 型题】

1. 维生素是一类

A. 高分子有机化合物　B. 低分子有机物　C. 无机物

D. 蛋白质　E. 小分子糖类

2. 构成视紫红质的维生素 A 的活性形式是

A. 11- 顺视黄醛　B. 17- 顺视黄醛　C. 15- 顺视黄醛

D. 9- 顺视黄醛　E. 13- 顺视黄醛

3. 下列有关维生素的叙述错误的是

A. 维持人体正常生命活动所必需　B. 体内需求量少，但必须由食物供给

C. 在许多动物体内不能合成　D. 它们的化学结构各不相同

E. 可以作为供能物质

4. 关于维生素 D 的描述错误的是

A. 1，25- 二羟胆钙化醇活性最强　B. 它可在皮肤中由 7- 脱氢胆固醇合成

C. 促进钙结合蛋白的合成　D. 为防止维生素 D 缺乏须长期大量服用

E. 是一种脂溶性维生素

5. 维生素 $B_1$ 在体内的活性形式是

A. $NADP^+$　B. $NAD^+$　C. FMN

D. TPP　E. FAD

6. 维生素 D 的生物活性最强的形式是

A. 1，25-（OH）$_2$-$D_3$　B. 25-OH-$D_3$　C. 1-OH-$D_3$

D. 24，25-（OH）$_2$-$D_3$　E. 1，24-（OH）$_2$-$D_3$

7. 由胆固醇转变而来并储存于皮下、经紫外线照射转变为维生素 $D_3$ 的是

A. 1，24，25，-（OH）$_3$- 维生素 $D_3$　B. 7- 脱氢胆固醇

C. 1，25-（OH）$_2$- 维生素 $D_3$　D. 麦角固醇

E. 维生素 $D_2$

8. 下列对应关系，正确的是

A. 维生素 $B_1$ → TPP →硫激酶　　B. 维生素 $B_6$ →磷酸吡哆醛→酰基转移酶

C. 泛酸→辅酶 A →转氨酶　　D. 维生素 PP → $NADP^+$ →脱氢酶

E. 维生素 $B_2$ → $NAD^+$ →黄酶

9. 日光或紫外线照射可使 7- 脱氢胆固醇转变成

A. 维生素 $D_3$　　B. 维生素 $D_3$ 前体　　C. 维生素 $D_2$ 前体

D. 维生素 $D_2$　　E. 维生素 $D_1$

10. 维生素 PP 的化学本质是

A. 吡咯衍生物　　B. 吡啶衍生物　　C. 类固醇

D. 嘧啶衍生物　　E. 咪唑衍生物

11. 维生素 E 具有抗氧化作用是由于

A. 使其他物质氧化　　B. 不被其他物质氧化　　C. 易自身氧化

D. 极易被氧化　　E. 极易被还原

12. 维生素 K 参与合成的凝血因子是

A. 凝血因子Ⅱ　　B. 凝血因子Ⅲ　　C. 凝血因子Ⅶ

D. 凝血因子Ⅺ　　E. 凝血因子Ⅻ

13. 琥珀酸转变成延胡索酸时伴有

A. FMN 的还原　　B. 维生素 PP 的还原　　C. FAD 的还原

D. $FADH_2$ 的氧化　　E. $FMNH_2$ 的氧化

14. 维生素 E 不具有的作用

A. 保护红细胞　　B. 促凝血　　C. 保胎

D. 促进血红素的合成　　E. 抗氧化

15. 维生素 E 又称

A. 脂肪酸　　B. 尿嘧啶　　C. 生育酚

D. 甲状腺素　　E. 硫胺素

16. 其辅基含有核黄素的酶是

A. 乳酸脱氢酶　　B. 葡萄糖 -6- 磷酸脱氢酶　　C. β – 羟丁酸脱氢酶

D. 苹果酸脱氢酶　　E. 琥珀酸脱氢酶

17. 叶酸在体内的活性形式是

A. $FH_4$　　B. $FH_2$ 和 $FH_4$　　C. FMN

D. TPP　　E. $NAD^+$

18. 能被维生素 $B_1$ 抑制的酶是

A. 胃蛋白酶　B. 胆碱酯酶　C. 胰蛋白酶
D. 胆碱乙酰化酶　E. 磷酸化酶

19. 泛酸是下列哪种生化反应所需的辅酶成分

A. 乙酰化作用　B. 还原反应　C. 脱氢作用
D. 氧化反应　E. 脱羧作用

20. 能治疗脚气病的维生素是

A. 维生素 C　B. 维生素 D　C. 维生素 $B_1$
D. 维生素 $B_6$　E. 维生素 K

21. 参与甲硫氨酸循环的维生素是

A. 维生素 $B_2$　B. 维生素 $B_{12}$　C. 维生素 C
D. 维生素 $B_1$　E. 维生素 $B_6$

22. 下列辅因子含维生素 $B_2$ 的是

A. $NAD^+$　B. FMN　C. CoQ
D. $NADP^+$　E. $FH_4$

23. 维生素 PP 在体内的活性形式是

A. CoA 和 ACP　B. $NAD^+$ 和 $NADP^+$　C. $FH_2$ 和 $FH_4$
D. TPP　E. FMN 和 FAD

24. 可预防癞皮病的维生素是

A. 硫胺素　B. 尼克酸　C. 泛酸
D. 维生素 $B_{12}$　E. 维生素 $B_1$

25. 辅酶 A 含有下列哪种维生素

A. 生物素　B. 硫胺素　C. 核黄素
D. 泛酸　E. 吡哆醛

26. 长期食用生鸡蛋清会引起哪种维生素缺乏

A. 泛酸　B. 核黄素　C. 生物素
D. 抗坏血酸　E. 硫胺素

27. 生物素的生化作用是

A. 转移质子　B. 转移酰基　C. 转移 CO
D. 转移殖基　E. 转移 $CO_2$

28. 协助维生素 $B_{12}$ 吸收的物质是

A. 内因子　B. 维生素 $B_6$　C. 维生素 C

D. 胆汁酸　　E. 维生素 D

29. 体内唯一含金属元素的维生素是

A. 维生素 $B_{12}$　　B. 维生素 $B_1$　　C. 维生素 $B_6$

D. 维生素 C　　E. 维生素 $B_2$

30. 小儿经常晒太阳可预防哪种维生素缺乏

A. 维生素 $A_1$　　B. 维生素 D　　C. 维生素 E

D. 维生素 K　　E. 维生素 $A_2$

31. 维生素 K 是下列哪种酶的辅酶

A. 丙酮酸羧化酶　　B. 酰乙酸脱羧酶　　C. 天冬氨酸 γ－羧化酶

D. 转氨酶　　E. γ－谷氨酰羧化酶

32. 小儿严重缺乏维生素 D 会引起

A. 夜盲症　　B. 佝偻病　　C. 眼干燥症

D. 骨软化症　　E. 脚气病

33. 参与呼吸链氧化磷酸化的维生素是

A. 钴胺素　　B. 泛酸　　C. 核黄素

D. 生物素　　E. 硫胺素

34. 泛酸的活性形式是

A. $NAD^+$ 和 $NADP^+$　　B. TPP　　C. CoA 和 ACP

D. $FH_2$ 和 $FH_4$　　E. FMN 和 FAD

35. 氧化脱羧作用所需的辅酶是

A. 焦磷酸硫胺素　　B. 磷酸吡哆醛　　C. 5－脱氧腺苷钴胺素

D. 生物素　　E. 抗坏血酸

36. 某男，自诉近期眼睛干涩，每至夜间外出看不见物体，该患者可能是缺乏

A. 维生素 A　　B. 维生素 $B_1$　　C. 维生素 C

D. 维生素 D　　E. 维生素 E

37. 维生素 A 缺乏导致

A. 对颜色的分辨率降低　　B. 对强光敏感性降低

C. 不影响对光的敏感性　　D. 对强光与弱光的敏感性均降低

E. 对弱光敏感性降低

38. 下列哪一种化合物由谷氨酸、对氨基苯甲酸和蝶呤啶组成

A. 维生素 $B_{12}$　　B. 氰钴胺素　　C. 叶酸

D. 生物素　　E. CoA

39. CoA 的生化作用是

A. 脱硫　B. 转移酮基　C. 递电子体　D. 递氢体　E. 转移酰基

40. 在下列哪种化合物是一种维生素 A 原

A. 视黄醛　B. β－胡萝卜素　C. 麦角固醇　D. 萘醌　E. 胆固醇

41. 钴的吸收形式是

A. 维生素 PP　B. 维生素 $B_1$　C. 维生素 $B_2$　D. 维生素 $B_{12}$　E. 维生素 $B_6$

42. 人体缺乏维生素 $B_{12}$ 时易引起

A. 唇裂　B. 脚气病　C. 恶性贫血　D. 坏血病　E. 佝偻病

43. 不含维生素的化合物是

A. CoA–SH　B. FAD　C. UDPG　D. TPP　E. NADP

44. 下列维生素名－化学名－缺乏症组合中，哪个是错误的

A. 维生素 $B_{12}$– 钴胺素－恶性贫血　B. 维生素 $B_2$– 核黄素－口角炎

C. 维生素 C– 抗坏血酸－坏血病　D. 维生素 E– 生育酚－不育症

E. 维生素 A– 亚油酸－脂肪肝

45. 长期食用精米和精面会导致糙皮病，糙皮病发生是因为体内缺乏何种维生素引起的

A. 维生素 $B_2$　B. 叶酸　C. 泛酸　D. 维生素 PP　E. 维生素 $B_1$

46. 转氨酶发挥作用所需的辅因子是

A. TPP　B. 核黄素　C. 磷酸吡哆醛　D. 泛酸　E. 硫胺素

【A2 型题】

47. 维生素 $B_2$ 是一种水溶性维生素，人体无法合成，主要来自食物的消化吸收。维生素 $B_2$ 主要在小肠被吸收，在小肠黏膜黄素激酶的催化下转变为黄素单核苷酸，进一步生成黄素腺嘌呤二核苷酸，参与琥珀酸脱氢酶催化过程。下列陈述正确的是

A. 黄素腺嘌呤二核苷酸是琥珀酸脱氢酶的辅基

B. 核黄素是琥珀酸脱氢酶的辅基

C. 黄素腺嘌呤二核苷酸是小肠黏膜黄素激酶的辅基

D. 琥珀酸脱氢酶是由核黄素转变而来的

E. 核黄素是小肠黏膜黄素激酶的辅基

48. 某患儿，8 个月大，母乳喂养，一直未添加辅食，出现嗜睡、面色黄，临床就医诊断为巨幼细胞贫血，其原因很可能是缺乏

A. 维生素 A　　B. 维生素 $B_{12}$　　C. 维生素 $B_1$

D. 钙　　E. 铁

49. 患者，男性，54 岁，持续数月感到疲劳。血液检查发现：巨幼细胞贫血，Hb 水平降低，同型半胱氨酸水平升高，甲基丙二酸水平正常。该患者最有可能是下述哪种物质缺乏

A. 铁　　B. 叶酸　　C. 维生素 C

D. 核黄素　　E. 叶酸和维生素 $B_{12}$

【B1 型题】

组题：（50~53 题共用备选答案）

A. 坏血病　　B. 佝偻病　　C. 脚气病

D. 糙皮病　　E. 贫血症

50. 人体缺乏维生素 C 时会引起

51. 人体缺乏维生素 D 时会引起

52. 人体缺乏维生素 $B_1$ 时会引起

53. 人体缺乏维生素 PP 时会引起

组题：（54~57 题共用备选答案）

A. 维生素 $B_{12}$　　B. 辅酶 A　　C. 生物素

D. 维生素 $B_1$　　E. 磷酸吡哆胺

54. 参与转移酰基的是

55. 参与 α－酮酸氧化脱羧作用的辅酶中含有

56. 参与转移 $CO_2$ 的是

57. 参与转移氨基的是

组题：（58~61 题共用备选答案）

A. 维生素 $B_1$　　B. 维生素 $B_2$　　C. 维生素 $B_{12}$

D. 泛酸　　E. 维生素 PP

58. FAD 中所含的维生素是
59. $NAD^+$ 中所含的维生素是
60. TPP 中所含的维生素是
61. 辅酶 A 中所含的维生素是

## 二、名词解释

1. 维生素
2. 脂溶性维生素
3. 水溶性维生素
4. 维生素 A 原

## 三、简答题

1. 维生素 A 的生理功能有哪些？
2. 什么情况下容易引起维生素缺乏？
3. 哪两种维生素缺乏可导致巨幼细胞贫血？请简述其分子机制。
4. 高蛋白膳食时何种维生素的需要量增多？为什么？
5. 缺乏维生素 C 为什么会引起坏血病？大航海时代的欧洲的远航水手中患坏血病的比例为什么那么高？而同时代的中国远航水手却几乎没有患坏血病的？

## 四、病例分析

1. 病例：患儿，女，10 个月，因“哭闹、多汗 1 个月，至今不能扶站”入院。入院前 1 个月家长发现患儿经常无诱因地出现哭闹，夜间尤为明显，难以安抚。至今不能扶站。

   体格检查：体温 36.5℃，心率 110/min，呼吸频率 32/min，体重 9kg，身长 70cm。营养发育尚可，前囟 2cm × 1.5cm，枕秃，未出牙，肋缘外翻，右肝肋下 1cm，脾（-），轻度“O”形腿。肌张力正常，神经系统未见异常。辅助检查：血常规示 Hb 115g/L，RBC $4.3 \times 10^{12}$/L，WBC $10 \times 10^9$/L。大便及尿常规未见异常。血清钙、磷正常，血碱性磷酸酶升高。腕部正位片示骨骺段钙化带模糊不清，呈杯口状改变。

   诊断：维生素 D 缺乏性佝偻病。

   请阐述维生素 D 缺乏与佝偻病产生的联系。

2. 患者，女，45 岁，4 年前因胃溃疡合并大出血进行胃大部分切除术，近一个月来出现食欲不振、腹胀、腹泻，体查：舌呈“牛肉舌”状改变，精神忧郁，中度贫血貌，肝、脾无肿大。实验室检查：白细胞（WBC）$3.0 \times 10^9$/L（4~$10 \times 10^9$/L）、红细胞（RBC）$2.0 \times 10^{12}$/L（4~$5.5 \times 10^{12}$/L）、血红蛋白（Hb）82g/L（120~160g/L）、血小板（PLT）$80 \times 10^9$/L（100~$300 \times 10^9$/L），平均红细胞体积（MCV）110fL（82.6~99.1fL）、平

均血红蛋白含量（MCH）35pg（26~31pg）、总胆红素 44μmol/L（4.00~17.39μmol/L），网织红细胞（Ret）百分比 2%（0.5%~1.5%），Ret 绝对值 88 × $10^9$/L（24~84 × $10^9$/L），叶酸 2.8ng/ml（>6.59ng/ml）、Vit$B_{12}$ 86.5pg/ml（180~9145pg/ml）。又经骨髓细胞学检查最后诊断为巨幼红细胞贫血。以叶酸、弥可保、施尔康、维生素 $B_{12}$ 等药治疗 1 个月体重明显上升，食欲明显好转，无腹泻而治愈出院。

（1）请解释为什么胃大切患者容易缺乏维生素 $B_{12}$?

（2）试从叶酸和维生素 $B_{12}$ 缺乏角度阐述红细胞发生巨幼样变的机制。

（黎武略）

# 第十七章

# 癌基因和抑癌基因

## 学习目标

1. 知识目标

（1）掌握：细胞癌基因、病毒癌基因、抑癌基因及细胞凋亡的概念。

（2）熟悉：细胞癌基因的特点、活化机制、抑癌基因作用机制、生长因子的分类及作用机制。

（3）了解：细胞癌基因的分类、功能及生长因子与疾病的关系。

2. 能力目标

能分析部分癌基因的突变位点。

3. 思政目标

（1）了解癌基因正是肿瘤治疗的重要分子靶点，帮助学生树立努力学习，为人民服务的意识。

（2）强化“四个自信”。

（3）帮助学生树立正确的价值观，增强职业荣誉感。

（4）学生能关注行业动态，崇尚科学，求真、进取。

## 内容提要

癌基因是指能导致细胞发生恶性转化和诱发癌症的基因。绝大多数癌基因是由细胞内正常的原癌基因突变或表达水平异常升高转变而来，某些病毒也携带癌基因。原癌基因及其表达产物是细胞正常生理功能的重要组成部分，在正常条件下并不具有致癌活性。但在物理、化学及生物因素的作用下，正常的原癌基因可能脱离正常的信号控制，获得不受控制的异常增殖能力而发生恶性变化，这个过程称为原癌基因的活化。原癌基因活化的机制包括基因突变、基因扩增、染色体易位、获得启动子或增强子等。生长因子是一类由细胞分泌的、类似于激素的信号分子，多数为肽类或蛋白质类物质，具有调节细胞生长和分化的作用，在肿瘤、心血管疾病等多种疾病的发生发展过程中发挥重要作用。不少生长因子已经被应用于临床治疗。原癌基因编码的蛋白质涉及生长因子信号转导的多个环节。抑癌基因也称肿瘤抑制基因，是防止或阻止癌症发生的基因，抑癌基因的部分或全部失活可显著增加癌症的发生风险。抑癌基因对细胞增殖起负性调节作用，其编码产物的功能有抑制细胞增殖、抑制细胞周期进程、调控细胞周期检查点、促进凋亡、参与DNA损伤修复等。抑癌基因失活的常见方式有基因突变、杂合性丢失和启动子区甲基化等。目前普遍认为，肿瘤的发生、发展是多个原癌基因和抑癌基因突变累积的结果，经过起始、启动、促进和癌变几个阶段逐步演化而产生。近年来的研究也发现，一些非编码RNA，如miRNA，在肿瘤的发生过程中也具有重要作用。

## 习　题

### 一、选择题

【A1型题】

1. 下列有关癌基因的论述正确的是
   A. 癌基因只存在病毒中
   B. 细胞癌基因来源于病毒基因
   C. 有癌基因的细胞迟早发生癌变
   D. 癌基因是根据其功能命名的
   E. 细胞癌基因是正常基因的一部分
2. 下列有关癌变的论述正确的是
   A. 有癌基因的细胞便会转变为癌细胞
   B. 一个癌基因的异常激活即可引起癌变
   C. 多个癌基因的激活能引起癌变
   D. 癌基因无突变者不会引起癌变
   E. 癌基因不突变、不扩增、不易位不会癌变
3. 下列哪项是抑癌基因
   A. RAS
   B. SIS
   C. TP53
   D. SRC
   E. MYC
4. 病毒癌基因
   A. 使人体直接产生癌
   B. 遗传信息都储存在DNA上
   C. 以RNA为模板直接合成RNA
   D. 可以将正常细胞转化为癌细胞
   E. 含转化酶
5. 关于细胞癌基因
   A. 只在肿瘤细胞中出现
   B. 在正常细胞中加入化学致癌物后才出现
   C. 正常细胞也能检测到癌基因
   D. 是细胞经过转化才出现的
   E. 是正常人感染了致癌病毒才出现的

6. 癌基因的产物

A. 其功能是调节细胞增殖与分化相关的几类蛋白质

B. 是 cDNA

C. 是逆转录病毒的外壳蛋白质

D. 是逆转录酶

E. 是称为致癌蛋白的几种蛋白质

7. 下列哪种不是癌基因的产物

A. 生长因子类似物　B. 化学致癌物　C. 信息传递蛋白类

D. 结合 DNA 的蛋白质　E. 蛋白激酶

8. 关于癌基因

A. v-onc 是正常细胞中存在的癌基因序列

B. 在正常高等动物细胞中可检测出 c-onc

C. 癌基因产物不是正常细胞中所产生的功能蛋白质

D. 病毒癌基因也称为原癌基因

E. 病毒癌基因激活可导致肿瘤的发生

9. 癌基因的产物有

A. cAMP　B. 含有稀有碱基的核酸　C. 生长因子

D. 化学致癌物　E. p53

10. 癌基因可能在下列哪种情况下激活

A. 受致癌病毒感染　B. 基因发生突变

C. 有化学致癌物存在　D. 以上均可以

E. 以上均不可以

11. 下列哪种是癌基因

A. P53　B. MYC　C. RB

D. P16　E. WT1

12. 癌基因

A. 可用 onc 表示　B. 在体外可以引起细胞转化

C. 在体内可引起肿瘤　D. 是细胞内促进细胞生长的基因

E. 以上表达均正确

13. 原癌基因的激活机制

A. 点突变　B. 启动子插入　C. 增强子插入

D. 染色体易位　E. 以上均是

14. 表达产物为生长因子类的癌基因是
A. SRC　B. LCK　C. SIS
D. RAS　E. MYC

15. 关于细胞癌基因的叙述正确的是
A. 存在于正常的生物基因组中
B. 存在于病毒 DNA 中
C. 存在于 RNA 病毒中
D. 又称病毒癌基因
E. 只要正常细胞中存在即可导致肿瘤的发生

16. 关于癌基因的描述正确的是
A. 具有调控细胞增殖和分化的作用　B. 与癌基因的表达无关
C. 缺失与细胞的增殖分化无关　D. 不存在于人类的正常细胞中
E. 肿瘤细胞出现时才表达

17. 关于 MYC 家族编码产物的作用描述正确的是
A. 生长因子　B. 生长因子受体
C. 蛋白酪氨酸激酶活性　D. 信息传递蛋白类
E. 结合 DNA

18. 关于病毒癌基因的叙述错误的是
A. 存在于 RNA 病毒基因中
B. 在体外能引起细胞转化
C. 感染宿主细胞能随机整合于宿主细胞基因组中
D. 又称为原癌基因
E. 感染宿主细胞能引起恶性转化

19. 关于抑癌基因的描述错误的是
A. 可促进细胞增殖　B. 可诱导细胞程序性死亡
C. 突变时可导致肿瘤的发生　D. 可抑制细胞过度生长
E. 最早发现的是 Rb

20. 关于 SIS 家族编码产物的作用描述正确的是
A. 生长因子　B. 生长因子受体　C. 酪氨酸蛋白激酶活性
D. 结合 GTP　E. 结合 DNA

21. 能编码具有酪氨酸蛋白激酶活性的癌基因是
A. SRC　B. SIS　C. ERB-B

D. RAS　　E. MYC

22. 能编码信息传递蛋白的癌基因是

A. SRC　　B. SIS　　C. ERB-B

D. RAS　　E. MYC

23. 关于 p53 基因的叙述错误的是

A. 基因定位于 17p13　　B. 是一种抑癌基因

C. 突变后具有癌基因的作用　　D. 编码 p21 蛋白

E. 编码产物有转录因子作用

24. 下列哪一种不是癌基因的产物

A. 生长因子类似物　　B. 跨膜生长因子受体　　C. 转录因子 p53

D. 结合 DNA 的蛋白质　　E. G 蛋白

25. 一个外源基因由表达载体携带，转染正常细胞使外源基因在细胞中表达。外源基因的过度表达使该正常细胞转化成癌细胞，把该细胞移植到小鼠皮下可产生肿瘤。这个外源基因属于以下哪类基因

A. 阻遏蛋白基因　　B. 抑癌基因　　C. 操纵基因

D. β－半乳糖苷酶基因　　E. 癌基因

26. 关于病毒癌基因的论述，正确的是

A. 主要存在于阮病毒中

B. 在体外不能引起细胞转化

C. 感染宿主细胞能整合于宿主细胞基因组

D. 又称为原癌基因

E. 可直接合成蛋白质

27. 属于抑制癌基因的是

A. RB　　B. RAS　　C. MYC

D. C-ERBB-2　　E. SIS

28. 下列关于原癌基因的叙述正确的是

A. 只要有就可以引发癌症　　B. 存在于正常细胞中

C. 只对细胞有害，而无正常功能　　D. 不为细胞因子编码

E. 总是处于活化状态

29. 编码蛋白质属于转录因子的癌基因是

A. PTEN　　B. RAS　　C. TP53

D. SRC　　E. MYC

30. 不属于原癌基因活化机制的是

A. 获得启动子或增强子　　B. 染色体易位　　C. 基因突变

D. 启动子区高度甲基化　　E. 基因扩增

31.PTEN 抑癌基因编码的蛋白质具有

A. GTP 酶活性

B. 磷脂酰肌醇 -3，4，5- 三磷酸 -3- 磷酸酶活性

C. 蛋白激酶 A 活性

D. 酪氨酸蛋白激酶活性

E. 腺苷酸环化酶活性

32. 抑癌基因的作用是

A. 抑制细胞的生长和增殖，抑制细胞分化，诱发凋亡

B. 促进细胞的生长和增殖，促进细胞分化，诱发凋亡

C. 抑制细胞的生长和增殖，阻止细胞分化，抵抗凋亡

D. 促进细胞的生长和增殖，阻止细胞分化，抵抗凋亡

E. 抑制细胞的生长和增殖，促进细胞分化，诱发凋亡

33. 有致癌能力的急性转化逆转录病毒

A. 通过激活宿主细胞的原癌基因而诱发肿瘤

B. 含有癌基因 E6 和 E7

C. 通过破坏宿主细胞的抑癌基因而诱发肿瘤

D. 通过其基因组中含有的癌基因而诱发肿瘤

E. 属于 DNA 病毒

34. 编码蛋白质具有 GTP 酶活性的癌基因是

A. TP3　　B. PTEN　　C. MYC

D. RAS　　E. SRC

35. RB 蛋白

A. 能与 E2F1 结合并增强 E2FI 的功能　　B. 属于转录因子

C. 能与 EGF 结合并抑制 EGF 的功能　　D. 能与 EGF 结合并增强 EGF 的功能

E. 能与 E2F1 结合并抑制 E2F1 的功能

36. TP53 抑癌基因编码的蛋白质是

A. 定位于胞质中，将接收的生长信号传至核内

B. 跨膜生长因子受体

C. 生长因子

D. 转录因子

E. 酪氨酸蛋白激酶

37. 原癌基因活化是

A. 病毒基因组中正常的原癌基因转变为具有致癌能力的癌基因的过程

B. 人体细胞内正常的原癌基因转变为具有致癌能力的癌基因的过程

C. 人体细胞内正常的癌基因转变为具有致癌能力的癌基因的过程

D. 病毒基因组中正常的癌基因转变为具有致癌能力的癌基因的过程

E. 属于功能失活突变

38. 属于抑癌基因失活机制的是

A. 获得强启动子　　B. 染色体易位　　C. 获得增强子

D. 杂合性丢失　　E. 基因扩增

39. 原癌基因是

A. 人类基因组中具有致癌功能的基因，基因序列发生了突变

B. 病毒基因组中具有致癌功能的基因，基因序列发生了突变

C. 人类基因组中具有致癌功能的基因，基因序列发生了突变

D. 人类基因组中具有正常功能的基因，基因序列正常

E. 病毒基因组中具有正常功能的基因，基因序列正常

40. SRC 癌基因编码的蛋白是

A. 转录因子

B. 定位于胞质中，将接收的生长信号传至核内

C. 跨膜生长因子受体

D. 酪氨酸蛋白激酶

E. 生长因子

41. 原癌基因的作用是

A. 抑制细胞的生长和增殖，阻止细胞分化，抵抗凋亡

B. 抑制细胞的生长和增殖，促进细胞分化，诱发凋亡

C. 促进细胞的生长和增殖，促进细胞分化，抵抗凋亡

D. 促进细胞的生长和增殖，促进细胞分化，诱发凋亡

E. 促进细胞的生长和增殖，阻止细胞分化，抵抗凋亡

42. RAS 癌基因编码的蛋白是

A. G 蛋白　　B. 酪氨酸蛋白激酶　　C. 转录因子

D. 生长因子　　E. 跨膜生长因子受体

43.MYC 癌基因编码的蛋白质是

A. 转录因子

B. 酪氨酸蛋白激酶

C. 定位于胞质中，将接收的生长信号传至核内

D. 跨膜生长因子受体

E. 生长因子

44. 编码蛋白质属于转录因子的抑癌基因是

A. PTEN　　B. TP53　　C. RAS

D. MYC　　E. RB

【A2 型题】

45. 患者，女性，55 岁，乏力、头晕半年，查体发现脾大，外周血象检查提示贫血，白细胞为 $45 \times 10^9$/L，血和骨髓涂片检查可见大量中幼、晚幼粒细胞，费城染色体（Ph）呈阳性，诊断为慢性粒细胞白血病。该患者的原癌基因活化机制是

A. 启动子获得　　B. 启动子甲基化　　C. 染色体易位

D. 增强子获得　　E. 基因扩增

46. 患者，女性，66 岁，不吸烟，因“反复咳嗽伴痰中带血 2 个月，头晕 1 周余”入院体检。胸部 CT 示：右上肺前段占位，约 3cm × 3cm，提示肺恶性病变可能，累及纵隔胸膜，两肺多发小病灶，胸椎 3，5 椎体破坏，提示骨转移可能，纵隔内多发小淋巴结。头颅 MRI：颅内三个占位，最大病灶位于顶叶，2cm × 2cm，周围见明显水肿带。腹部 B 超检测未见异常。骨扫描见胸椎 3，5 椎体放射性浓聚。CT 引导下行右肺肿块穿刺活检，肺部穿刺病理示，肺腺癌。病理检测结果显示，抑癌基因 TP53 表达阳性。抑癌基因 TP53 在各种癌症中最常见的失活机制是

A. 基因突变　　B. 启动子甲基化　　C. 染色体易位

D. 启动子获得　　E. 基因扩增

二、名词解释

1. 癌基因

2. 生长因子

3. 抑癌基因

4. 原癌基因活化

三、简答题

1. 原癌基因活化的机制是什么？

2. 抑癌基因失活的机制有哪些？

（姚裕群）

# 参考答案

## 第一章　蛋白质的结构与功能

### 一、选择题

【A1 型题】

1. C　2. A　3. D　4. E　5. C　6. A　7. B　8. C　9. A　10. E　11. B　12. B　13. D　14. C　15. A　16. B　17. D　18. A　19. E　20. E　21. E　22. B　22. B　25. A　25. D　26. B　27. A　28. E　29. D　30. B　31. B　32. E　33. C　34. B　35. A　36. E　37. D　38. B　39. A　40. B　41. A　42. B　43. A　44. B　45. D　46. B　47. E　48. C　49. D　50. B　51. E　52. D　53. C　54. D　55. D　56. B　57. A　58. C　59. A　60. E　61.E　62. B　63. A　64. D　65. C　66. D　67. B　68. B　69. C　70. B　71. B　72. D　73. C　74. B　75. D　76. D　77. D　78. C　79. B　80. C　81. A　82. D　83. B　84. B　85. B　86. B　87. E　88. D　89. B　90. B　91. A　92. C　93. B　94. E　95. E　96. A　97. D　98. A　99. D　100. A　101. B　102. B　103. A　104. B　105. A　106. A　107. A　108. A　109. C　110. A　111. B　112. D　113. C　114. D　115. D　116. A　117. D　118. C　119. C　120. E　121. A　122. B　123. D　124. B　125. C　126. A　127. C　128. D

【A2 型题】

129. B　130. A　131. A　132. D　133. B　134. B　135. C　136. C　137. D　138. E

【B1 型题】

139. A　140. E　141. C　142. D　143. D　144. C　145. B　146. E　147. A　148. D　149. D　150. A　151. E　152. A　153. E　154. B　155. D　156. B　157. C　158. D　159. C　160. B　161. A　162. E　163. C　164. A

### 二、名词解释

1. 结构模体：几个二级结构及其连接部分形成的特别稳定的折叠模式，又称为折叠或者超二级结构。发挥特殊功能。
2. 结构域：在二级结构或超二级结构的基础上，多肽链可形成在三级结构层次上的局部折叠区域，结构域是球状蛋白质分子中独立折叠的三维空间结构单位，呈珠（或球）状，结构紧密，并各行其功能。

3. 亚基：在四级结构的蛋白质中，每条具有完整独立三级结构的多肽链称为蛋白质的亚基。
4. 同二聚体和异二聚体：由2个亚基组成的蛋白质四级结构中，若亚基分子结构相同，称为同二聚体，若亚基分子结构不同，则称为异二聚体。含有四级结构的蛋白质，单独的亚基一般没有生物学功能，只有完整的四级结构寡聚体才有生物学功能。
5. 分子病：因蛋白质一级结构发生变异所导致的疾病，病因为基因突变。如镰状细胞贫血。
6. 分子伴侣：除一级结构为决定因素外，蛋白质空间构象的正确形成还需要分子伴侣的参与，包括热激蛋白和伴侣蛋白等。分子伴侣通过封闭待折叠肽链暴露的疏水区段并提供一个保护环境从而加速蛋白质折叠成天然构象或形成四级结构。
7. 协同效应：寡聚体蛋白中一个亚基与其配体结合后，能影响此寡聚体中其他亚基与配体的结合能力。如果是促进作用则称为正协同效应；反之则称为负协同效应。
8. 蛋白质构象病：若蛋白质的折叠发生错误，尽管其一级结构不变，但蛋白质的构象发生改变，仍可影响功能，严重时可导致疾病发生。
9. 蛋白质等电点：蛋白质分子两端的氨基与羧基以及氨基酸残基侧链中某些基团，在一定的溶液pH条件下都可解离成带负电荷或正电荷的基团。当蛋白质溶液处于某一pH时，蛋白质解离成正、负离子的趋势相等，即成为兼性离子，净电荷为零，此时溶液的pH称为蛋白质的等电点。蛋白质溶液的pH大于等电点时，该蛋白质颗粒带负电荷，反之则带正电荷。
10. 蛋白质变性：在某些理化因素作用下，蛋白质特定的空间构象被破坏，即有序的空间结构变为无序的空间结构，从而导致其理化性质的改变和生物活性的丧失，称为蛋白质的变性。变性只是蛋白质次级键的破坏，不涉及一级结构中氨基酸序列的改变。
11. 蛋白质复性：若蛋白质变性程度较轻，去除变性因素后，有些蛋白质仍可恢复或部分恢复其原有的构象和功能，称为蛋白质复性。

三、简答题

1. 体内存在哪几种重要的生物活性肽？请举例说明。

答：体内重要的生物活性肽：

（1）体内含有由三个氨基酸组成的谷胱甘肽，即 $\gamma$－谷氨酰半胱氨酰甘氨酸，是体内重要的还原剂。分子中半胱氨酸的巯基是该化合物的主要功能基团，常用缩写

GSH 表示还原型谷胱甘肽。GSH 的巯基具有还原性，可作为体内重要的还原剂保护蛋白质或酶分子中的巯基免遭氧化，使蛋白质或酶处于活性状态。在谷胱甘肽过氧化物酶的催化下，GSH 可还原细胞内产生的 $H_2O_2$，使其转变成 $H_2O$，与此同时，GSH 被氧化成氧化型谷胱甘肽（GSSG），后者在谷胱甘肽还原酶的催化下，再生成 GSH。

GSH 的巯基还有嗜核特性，能与外源的嗜电子毒物如致癌剂或药物等结合，从而阻断这些化合物与 DNA、RNA 或蛋白质结合，以保护机体免遭毒物损害。

（2）体内有许多激素属寡肽或多肽，如催产素（9 肽）加压素（9 肽）、促肾上腺皮质激素（39 肽）、促甲状腺素释放激素（3 肽）等。促甲状腺素释放激素是一个结构特殊的三肽，其 N- 末端的谷氨酸环化成为焦谷氨酸，C- 末端的脯氨酸残基酰胺化成为脯氨酰胺，它由下丘脑分泌，可促进腺垂体分泌促甲状腺素，此外，还可影响催乳激素的分泌和抑制胰高血糖素的分泌。

（3）神经肽是脑内一类重要的肽，在神经传导过程中发挥重要作用的肽类被称为神经肽，有脑啡肽（5 肽）、β－内啡肽（31 肽）和强啡肽（17 肽）等。与中枢神经系统产生痛觉抑制有密切关系。很早被用于临床的镇痛治疗。除此以外，神经肽还包括 P 物质（10 肽）、神经肽 Y 家族等。

（4）抗生素肽，是一类能抑制或杀死细菌的多肽，如短杆菌肽 A、短杆菌素 S、缬氨霉素和博来霉素等。重组 DNA 技术获得的多肽类药物、肽类疫苗等越来越多，应用也越来越广泛。

2. 请用蛋白质结构和功能的知识分别说明镰状细胞贫血与疯牛病（牛海绵状脑病）的发病机制的不同。

答：镰状细胞贫血与疯牛病（牛海绵状脑病）的发病机制不同。

（1）正常的血红蛋白（HbA）中，其 β 亚基的第 6 位氨基酸是谷氨酸，镰状细胞贫血患者的血红蛋白（HbS）中，谷氨酸变异成缬氨酸，即酸性氨基酸被中性氨基酸替代。这一取代导致 β 亚基的表面产生了一个疏水的“黏性位点”。黏性位点使得脱氧 HbS 之间发生不正常的聚集，形成纤维样沉淀，扭曲并刺破红细胞，引起溶血和多种继发症状。这种因蛋白质一级结构发生变异所导致的疾病，称为分子病，其病因为基因突变。

（2）疯牛病（牛海绵状脑病）是由朊蛋白（PrP）引起的一组人和动物神经退行性病变，PrP 与其他致病物最大的不同在于它不含核酸。PrP 是染色体基因编码的蛋白质，有两种构象：正常动物和人的 PrP 称为正常型 PrPC（细胞型），其水溶性强、对蛋白酶敏感、二级结构为多个 α－螺旋；致病的 PrP 蛋白称为致病型 PrPSc（瘙痒型），与正常型 PrP 的一级结构完全相同，但其构象为全 β－折叠，是 PrPC 的构象异构体。外源或新生的 PrPSc 可以作为模板，通过复杂的机制使富含 α－螺旋的 PrPC 重新折叠成为富含 β－折叠的 PrPSe，这种类似多米诺的效应使体内 PrPS 积累。由于 PrPSc 对蛋白酶不敏感，水溶性差，而且对热稳定，可以相互聚集，最终形成淀粉样纤维沉淀而致病。此类疾病称为蛋白质构象病。

3. 什么是蛋白质的二级结构？常见的二级结构有哪些？二级结构对蛋白质的空间结构有什么影响？

答：（1）蛋白质的二级结构的概念：指组成蛋白质肽链的主链的局部空间构象，即肽链主链骨架原子的相对空间位置，不涉及氨基酸残基侧链的构象。

（2）蛋白质的二级结构形式：包括 α－螺旋、β－折叠、β 转角和 Ω－环。维系这些二级结构构象的稳定主要靠肽链内部和肽链间的氢键。

（3）常见的蛋白质二级结构及对蛋白质空间结构的影响：① α－螺旋：是蛋白质二级结构的主要形式之一。为右手螺旋，α－螺旋的每个肽键的 N—H 与氨基端的第 4 个肽键的羰基氧形成氢键，氢键的方向与螺旋长轴基本平行。α－螺旋中的全部肽键都可形成氢键，以稳固 α－螺旋结构。② β－折叠：多肽链充分伸展，每个肽单元以 Cα 为旋转点，依次折叠成锯齿状结构，氨基酸残基侧链交替位于锯齿状结构的上下方。两条以上肽链或一条肽链内的若干肽段的锯齿状结构可平行排列，走向可相同，也可相反，并通过肽链间的氢键稳固 β－折叠结构。许多蛋白质既有 α－螺旋又有 β－折叠，而蚕丝蛋白几乎都是 β－折叠结构。③ β－转角：常发生于肽链进行 180° 反转回折时的转角上。β－转角通常由 4 个氨基酸残基组成，其第一个残基的羰基氧（O）与第四个残基的氨基氢（H）形成氢键，使之成为稳定的结构。β－转角的第二个残基常为脯氨酸。④ Ω 环：是存在于球状蛋白质中的一种二级结构。这类肽段形状像希腊字母 Ω，所以称为 Ω 环。Ω 环的这种结构总是出现在蛋白质分子的表面，而且以亲水残基为主，在分子识别中可能起重要作用。

4. 试举例说明蛋白质的别构效应作用。

答：脱氧 Hb 的 $\alpha_1/\beta_1$ 和 $\alpha_2/\beta_2$ 呈对角排列，结构较为紧密，称为紧张态，T 态 Hb 与 $O_2$ 的亲和力小，随着 $O_2$ 的结合，4 个亚基羧基末端之间的盐键断裂，其空间结构也发生变化，使 $\alpha_1/\beta_1$ 和 $\alpha_2/\beta_2$ 的长轴形成 15° 的夹角，结构显得相对松弛，称为松弛态。

一个氧分子与 Hb 的一个亚基结合后，引起 Hb 其他亚基发生构象变化并提高其对氧的亲和力，称为别构效应。小分子 $O_2$ 称为别构效应剂，Hb 则被称为别构蛋白。Hb 发生别构效应的机制是：脱氧 Hb 中 $Fe^{2+}$ 半径比卟啉环中间的孔大，因此 $Fe^{2+}$ 高出卟啉环平面，而靠近F8位组氨酸残基。当第1个$O_2$与血红素$Fe^{2+}$结合后，使$Fe^{2+}$的半径变小，进入卟啉环中间的小孔中，引起F肽段等一系列微小的移动，同时影响附近肽段的构象，造成两个α亚基间盐键断裂，使亚基间结合松弛，可促进第二个亚基与$O_2$结合，依此方式可影响第三、四个亚基与$O_2$结合，最后使4个亚基全处于R态。

5. 哪些方法可以用于测定蛋白质的浓度？请简述其原理。

答：①蛋白质经水解后可产生茚三铜反应；②肽链中的肽键可与双缩脲试剂反应；③酚试剂呈色反应；④考马斯亮蓝呈色反应；⑤利用蛋白质紫外吸收性质。

6. 何谓蛋白质变性？影响蛋白质变性的因素有哪些？

答：在某些理化因素的作用下，蛋白质分子内部的非共价键断裂，天然构象被破坏，从而引起理化性质改变，生物活性丧失，这种现象称为蛋白质变性。蛋白质变性的实质是维系蛋白质分子空间结构的次级键断开，使其空间结构松解，但肽键并未断裂。引起蛋白质变性的因素有两方面：物理因素如高温、紫外线、X线、超声波、剧烈振荡等；化学因素如强酸强碱、尿素去污剂<重金属有机溶剂等。

7. 何谓蛋白质的两性解离？利用此性质分离纯化蛋白质常用的方法有哪些？

答：蛋白质的两性解离：蛋白质分子中带有可解离的氨基和羧基等基团，这些基团在不同的pH溶液中可解离成正离子或负离子，因此蛋白质分子既可带正电荷又可带负电荷，这种性质称为蛋白质的两性解离。根据蛋白质的两性解离性质，可采用电泳法和离子交换层析法等分离纯化蛋白质。

8. 血浆蛋白的主要组分是什么？有什么生物学功能？

答：血浆蛋白的主要组分及其生物学功能：利用醋酸纤维素薄膜电泳，可将血浆蛋白分为5个组分：清蛋白、$\alpha_1$、$\alpha_2$、β和γ球蛋白，其中清蛋白是血浆蛋白的主要成分。清蛋白是血浆中含量最多的蛋白质，其分子量小、电负性高，在维持血浆胶体渗透压方面具有重要作用，同时可结合各种配体分子，对铜的运输也起重要作用。很多血浆蛋白具有特殊的结合功能：如前清蛋白运输视黄醇、运铁蛋白转运铁、甲状腺素结合球蛋白运输甲状腺素、结合珠蛋白－血红蛋白复合物可防止血红蛋白在肾小管沉积、血浆铜蓝蛋白可结合铜、免疫球蛋白结合特异性抗原而发挥防御作用等。

9. 试举例说明蛋白质结构与功能的关系。

答：蛋白质结构与功能的关系是：①蛋白质的一级结构是空间结构的基础。②一级结构相似的蛋白质，其基本构象及功能也相似。③在蛋白质的一级结构中，参与功能活性部位的残基或处于特定构象关键部位的残基，如果发生突变，那么该蛋白质的功能也会受到明显的影响。④蛋白质的空间结构决定了蛋白质的生物学功能，构象发生了变化，其功能活性也随之改变。

## 第二章 核酸的结构与功能

### 一、选择题

【A1 型题】

1. A 2. D 3. E 4. E 5. C 6. E 7. D 8. E 9. B 10. A 11. B 12. A 13. E 14. E 15. B 16. A 17. A 18. A 19. E 20. C 21. A 22. D 23. E 24. E 25. A 26. B 27. A 28. E 29. A 30. D 31. E 32. E 33. A 34. C 35. A 36. E 37. D 38. D 39. E 40. A 41. C 42. D 43. E 44. E 45. B 46. A 47. D 48. B 49. D 50. C 51. C 52. C 53. D 54. B 55. D 56. D 57. D 58. D 59. D 60. E 61. A 62. C 63. A 64. D 65. E 66. A 67. C 68. A 69. C 70. A 71. A 72. B 73. A 74. D 75. E 76. C 77. B 78. C 79. D 80. D 81. E 82. E 83. D 84. A 85. D 86. A 87. D 88. E 89. C 90. D 91. B

【B1 型题】

92. A 93. E 94. A 95. B 96. D

### 二、名词解释

1. DNA 变性：在某些物理因素（温度、pH、离子强度等）或化学因素（尿素）的影响下，DNA 分子失去生物活性。此时，DNA 分子不再具有致密的、双链的螺旋结构。
2. 熔解温度：DNA 热变性过程中，溶液的紫外吸光度 A260 的增加量达最大增量一半时的温度被定义为熔解温度（melting temperature，$T_m$），亦称解链温度。此时 50% 的 DNA 双链解开形成单链。$T_m$ 值与 DNA 长度、GC 含量和离子强度呈正相关。
3. DNA 复性：除去变性因素，DNA 解离的两条单链重新互补配对，恢复原来的双螺旋结构，这一现象称为 DNA 复性。
4. 退火：热变性的 DNA 经缓慢冷却后，两条单链 DNA 结合形成双链的过程。
5. 核酸分子杂交：在复性过程中，不同来源的 DNA 或 RNA 互补区可结合形成 DNA-DNA、RNA-RNA 或 DNA-RNA 杂化双链，这一过程称核酸分子杂交。
6. 核小体：是由一段双链 DNA 和 4 种碱性的组蛋白（histone，H）共同构成的。8 个组蛋白分子（H2A × 2，H2B × 2，H3 × 2 和 H4 × 2）共同形成了一个八聚体的核心组蛋白，长度约 146bp 的 DNA 双链在核心组蛋白上盘绕 1.75 圈，形成核小体的核心颗粒。连接相邻核小体之间的一段 DNA 称为连接段 DNA，其长度在 0 ~ 50bp 不等，是非组蛋白结合的区域。组蛋白 HI 结合在盘绕在核心组蛋白上的 DNA 双链的进出口处，发挥稳定核小体结构的作用。核小体是染色质的基本组成单位。

7. DNA 的一级结构：指从 DNA5′ 端到 3′ 端的核苷酸排列顺序，即核苷酸序列。通常以碱基序列表示，储存遗传信息。

8. 双螺旋结构： 通常指美国科学家 Watson 和英国科学家 Crick 于 1953 年提出的 DNA 结构。DNA 由两条反向平行的多聚核苷酸链以右手螺旋方式围绕同一轴心缠绕成为双螺旋结构。其中脱氧核糖和磷酸组成的骨架位于双螺旋的外侧，嘌呤和嘧啶则位于双螺旋的内侧，两条多聚核苷酸链的碱基之间形成了特定的碱基互补配对关系。RNA 中也存在局部的双螺旋结构。

## 三、简答题

1. 简述 tRNA 的结构特点。

答：①含有多种稀有碱基，如 DHU、m′G、m′A 等；② TψC 环、DHU 环和反密码环使 tRNA 的二级结构形似三叶草，三级结构呈现相似的倒 L 形；③ tRNA 的 5′ 端的 7 个核苷酸与 3′ 端共同形成氨基酸接纳茎，3′ 端的 CCA 是氨基酸连接位点；④ tRNA 的反密码子与 mRNA 密码子互补。

2. 真核生物成熟 mRNA 的结构有哪些特点？

答：真核生物成熟的 mRNA 有决定蛋白质氨基酸序列的编码区和两端的非编码区。5′ 端有以 7- 甲基鸟嘌呤 - 三磷酸核苷为起始，称为帽子结构。3′ 端有多聚 A 尾。帽尾结构和蛋白质结合，与 mRNA 从核内向胞质的转位、mRNA 的稳定性维持以及翻译起始的调控有关。

3. 在电镜下观察，真核细胞核内的染色质串珠样结构被称为什么？是怎样构成的？

答：真核细胞核内的染色质串珠样结构称为核小体。核小体的核心颗粒是由约 200bp 的 DNA 区段和多个组蛋白组成的复合体，是染色质的基本组成单位。其中 146bp 的 DNA 区段与八聚体（H2A、H2B、H3 和 H4 各两分子）的组蛋白组成核小体核心颗粒，核心颗粒之间通过一个组蛋白 H1 分子以及 0~50bp 的 DNA 连接区彼此相连，构成真核染色质的一种重复的串珠状结构。

4. 简述核苷酸的化学组成。

答：核苷酸包括脱氧核糖核苷酸和核糖核苷酸，均由碱基、戊糖和磷酸基团组成。碱基是含氮的杂环化合物，分为嘌呤和嘧啶两类。戊糖可以是 β-D-2′ 斜脱氧核糖或 β-D- 核糖。戊糖的 C-1′ 与嘌呤的 N-9 或嘧啶的 N-1 通过 β-N- 糖苷键连接形成核苷。核苷的 C-5′ 通过酯键连接磷酸基团，构成核苷酸。

5. 什么是 Chargaff 规则？

答：①不同生物个体的DNA，其碱基组成不同；②同一个体不同器官或不同组织的DNA具有相同的碱基组成；③对于一个特定组织的DNA，其碱基组分不随其年龄、营养状态和环境而变化；④腺嘌呤A与胸腺嘧啶T的摩尔数相等，鸟嘌呤G与胞嘧啶C的摩尔数相等。

## 第三章　酶与酶促反应

### 一、选择题

【A1 型题】

1. E　2. A　3. A　4. C　5. C　6. D　7. E　8. E　9. B　10. E　11. A　12. A　13. D
14. E　15. C　16. E　17. A　18. E　19. E　20. D　21. D　22. A　23. A　24. E　25. B
26. C　27. C　28. D　29. C　30. D　31. E　32. C　33. A　34. D　35. A　36. C　37. B
38. E　39. A　40. B　41. B　42. D　43. C　44. C　45. E　46. E　47. E　48. E　49. C
50. D　51. D　52. E　53. B　54. C　55. E　56. C　57. B　58. A　59. B　60. A　61. C
62. B　63. C　64. B　65. C　66. A　67. D　68. D　69. E　70. E　71. D　72. A　73. D
74. A　75. C　76. B　77. E　78. C　79. E　80. C　81. A　82. B　83. A　84. B　85. C
86. A　87. E　88. E

【A2 型题】

89. C　90. A　91. A　92. A

【B1 型题】

93. D　94. A　95. C　96. A　97. B　98. E　99. A　100. D　101. C　102. B　103. C
104. B　105. D　106. E　107. A　108. E　109. A　110. D　111. A　112. D　113. B
114. C　115. B　116. A　117. D　118. D　119. A　120. E　121. B　122. C　123. D
124. E　125. B

### 二、名词解释

1. 酶的活性中心：酶分子中能与底物特异地结合并催化底物转变为产物的具有特定三维结构的区域。
2. 酶原: 有些酶在细胞内合成或初级释放时只是酶的无活性前体,必须在一定的条件下,这些酶的前体水解开一个或几个特定的肽键，致使构象发生改变，表现出酶的活性。这种无活性酶的前体称作酶原。
3. 酶：由活细胞产生的、对其底物具有高度催化效能和高度特异性的一类蛋白质，是生物体内最重要的一类生物催化剂。

4. 缀合酶：由蛋白质部分和非蛋白质部分共同组成的酶，其中蛋白质部分称为酶蛋白，决定酶促反应的特异性和催化机制；非蛋白质部分称为辅因子，包括小分子有机化合物和金属离子，决定反应的类型和性质。
5. 同工酶：同工酶是指催化相同的化学反应，但其蛋白质分子结构、理化性质和免疫性能等方面都存在明显差异的一组酶。
6. 酶的共价修饰：一些酶分子中的某些基团可在其他酶的催化下，共价结合某些化学基团，同时又可在另一种酶的催化下，将结合的化学基团去除，从而影响酶的活性，这种调节方式称为酶的共价修饰。
7. 酶的抑制剂：是指特异性作用于酶的某些基团，降低酶的活性甚至使酶完全丧失活性而又不使酶蛋白变性的物质。
8. 酶的最适 pH：酶促反应速率最大时反应系统的 pH 称酶的最适 pH。
9. 酶的最适温度：酶促反应速率最大时反应系统的温度称为酶的最适温度。
10. 酶的比活性：指每毫克蛋白质所含酶的活性单位数。比活性越高，表示酶的纯度也越高。

三、简答题

1. 当底物浓度远远超过酶的浓度，酶浓度增加一倍时，酶促反应速率和 $K_m$ 会发生哪些改变？

   答：①当底物浓度远远超过酶的浓度，使酶被底物饱和的情况下，反应速率与酶的浓度成正比，以酶促反应速率对酶浓度作图，呈直线关系，故酶的浓度增加一倍，酶促反应速率也增加一倍；②因为 $K_m$ 值与酶的浓度无关，所以 $K_m$ 值不变。

2. 什么是酶的竞争性抑制？利用竞争性抑制作用的原理阐明碳胺类药物的抑菌作用机制。

   答：酶的竞争性抑制是指抑制剂与底物结构相似，竞争结合酶的活性中心而阻碍酶与底物的结合，使酶的活性降低。磺胺类药物的抑菌作用是由于碳胺类药物与对氨基苯甲酸具有类似结构。对氨基苯甲酸是某些细菌合成二氢叶酸的原料，后者进一步转变成四氢叶酸，而四氢叶酸是合成核苷酸不可缺少的辅酶。由于碳胺类药物能与对氨基苯甲酸竞争结合二氢蝶酸合酶的活性中心，使二氢叶酸合成受抑制，导致细菌核酸合成障碍而抑制细菌增殖。

3. 影响酶促反应速率的因素有哪些？这些因素分别是如何发挥作用的？

   答：影响酶促反应速率的因素包括：底物浓度、酶浓度、温度、pH、激活剂、抑制剂等。

   （1）底物对酶促反应的影响：在酶浓度不变时，不同的底物浓度与反应速率的关系呈矩形双曲线。

   （2）酶浓度对酶促反应的影响：当反应系统中底物的浓度足够大时，酶促反应速率与酶浓度成正比。

（3）温度对酶促反应的影响：具有双重性。

（4）pH 对酶促反应的影响：酶催化活性最高时溶液的 pH 称为酶的最适 pH。

（5）抑制剂对酶促反应的影响：凡是能降低酶促反应速率，但不引起酶分子变性失活的物质统称为酶的抑制剂。

（6）激活剂对酶促反应的影响：能够促使酶促反应速率加快的物质称为酶的激活剂。

4. 什么是全酶？在酶促反应中，酶蛋白与辅因子分别起什么作用？

答：全酶是由酶蛋白与相应辅因子结合形成的复合物。酶蛋白主要决定酶促反应的特异性及其催化机制。辅因子决定反应的类型与性质。

5. 简述 $K_m$ 及 $V_{max}$ 的意义。

答：（1）$K_m$：$K_m$ 等于酶促反应速率为最大速率一半时的底物浓度。是酶的特征性常数，与酶的结构、底物结构以及反应环境的温度、pH 和离子强度有关，而与酶浓度无关。不同的酶 $K_m$ 值不同，同一种酶与不同底物反应 $K_m$ 值也不同，$K_m$ 值在一定条件下可表示酶对底物的亲和力大小：$K_m$ 值越大，亲和力越小；$K_m$ 值越小，亲和力越大。

（2）$V_{max}$：酶完全被底物饱和时的反应速率。当酶的总浓度和最大速率已知时，$V_{max}$ 可用于酶的转换数的计算：即单位时间内每个酶分子催化底物转变为产物的分子数。酶的转换数可用来表示酶的催化效率。

6. 什么是酶的别构调节？举例说明别构调节的作用机制。

答：小分子代谢物（称为别构效应剂）与一些酶的活性中心以外的某一部位可逆结合，引起酶分子构象变化，从而改变酶的活性，这种调节即为酶的别构调节。

作用机制：别构效应剂通过非共价键与酶分子的调节部位结合，引起酶的构象改变，从而影响酶与底物的结合，使酶的活性受到抑制或激活。例如，柠檬酸与乙酰 CoA 羧化酶结合后使之构象发生改变，由无活性的单体聚合成有活性的多聚体而促进脂肪酸的合成。

7. 试述酶的共价修饰调节的特点。

答：①被修饰的酶存在有（高）活性和无（低）活性两种形式。共价修饰的结果是由其中一种形式转变为另一种形式。磷酸化和脱磷酸化是最常见的修饰方式。②酶的磷酸化共价修饰可多级联合进行，具有级联放大效应。③磷酸化作用需要消耗 ATP，但这比合成酶蛋白需要的 ATP 少得多，因而磷酸化是酶活性调节的经济、有效的方式。

8. 什么是酶原和酶原激活？说明酶原激活的生理意义。

答：有些酶在细胞内合成或初分泌时处于无活性状态，称为酶原。在一定条件下，酶原被水解开一个或几个特定的肽键，使构象发生改变而表现出酶活性。这种由无活性酶原转变为有活性酶的过程称酶原激活。

生理意义：消化系统的蛋白酶以酶原的形式分泌，一方面可保护合成酶的细胞本身不受酶的水解破坏，另一方面保证酶在特定部位与环境发挥催化作用。此外，酶原还可被视为酶的贮存形式。如凝血和纤溶酶类以酶原的形式在血液循环中运行，一旦需要则转化为有活性的酶，发挥其对机体的保护作用。

9. 什么是同工酶？其检测有何临床意义？

答：同工酶是指催化相同化学反应而酶蛋白的分子结构、理化性质、免疫学性质不同的一组酶。在机体中，一种酶的同工酶在各组织器官中的分布和含量各异，形成各组织特异的同工酶谱。同工酶谱的改变有助于对疾病的诊断。当某组织发生疾病时，可能释放出某种特殊的同工酶。如心肌病变时，乳酸脱氢酶的同工酶谱中LDH1显著增加，而肝脏受损时，显著增高的是LDH5。

四、病例分析

1.（1）正常情况下，胰液中某些酶，如胰蛋白酶以酶原形式经胰腺合成并分泌，通过胰管进入小肠被激活后才具有催化活性，进而消化食物。该患者有胆道结石病史，本次发病主要是由于胆总管和胰管共同通道远端即肝胰壶腹受结石阻塞，加之胆囊收缩，胆管内压力升高，胆汁通过共同通道反流入胰管，从而导致胰蛋白酶原被异常激活为有催化活性的胰蛋白酶并对胰腺自身及其周围组织产生消化作用引起炎症。

（2）血清淀粉酶是急性胰腺炎诊断的重要指标之一。当胰腺发生炎症反应时，由于胰腺细胞损伤使得淀粉酶进入血液，可使血液和尿液中淀粉酶浓度升高。

2.（1）有机磷农药敌百虫通过共价键特异地与胆碱酯酶活性中心丝氨酸残基的羟基结合，不可逆地抑制了胆碱酯酶使其失活。

（2）有机磷农药进入机体后，会特异地与血液中的胆碱酯酶结合，使胆碱酯酶失活，胆碱酯酶的作用是分解乙酰胆碱，胆碱酯酶的失活影响了乙酰胆碱的正常分解，从而导致乙酰胆碱堆积，引起胆碱能神经异常兴奋，患者出现恶心、呕吐、多汗、肌肉震颤、瞳孔缩小、惊厥等一系列症状。

3. ①肌酸激酶（creatine kinase，CK）是由M型和B型亚基组成的二聚体酶，有三种同工酶，为CK1（BB）、CK2（MB）和CK3（MM），分别存在于脑、心肌和骨骼肌中。心肌梗死3~6h后，血清中CK2活性升高，24h达到高峰，3天才恢复至正常水平。所以，血清肌酸激酶同工酶谱分析是早期诊断急性心肌梗死的可靠生化指标。

②心肌也富含 LDH，LDH 有五种同工酶，分别是 LDH1、LDH2、LDH3、LDH4 和 LDH5，其中 LDH1 主要存在于心肌，当心肌细胞损伤后，血清中 LDH 也升高。但其指标变化比较迟缓，急性心肌梗死或心肌细胞损伤 24h 后，才发现血清 LDH1 活性增高并达到峰值，所以其诊断敏感性不如 CK-MB，但其酶活性增高在血清中维持时间较长。

③人体各组织中转氨酶的含量差别很大。AST 主要分布于心肌细胞内，正常人血清中含量甚微。但急性心肌梗死造成组织细胞破损或细胞膜通透性有所改变，心肌细胞中的 AST 将释放到血液中，导致血清转氨酶的活性异常升高。这种改变常被作为急性心肌梗死诊断和预后的指标之一。

## 第四章　糖代谢

### 一、选择题

【A1 型题】

1. A　2. E　3. C　4. B　5. D　6. C　7. D　8. B　9. C　10. E　11. D　12. B　13. E
14. E　15. C　16. D　17. E　18. D　19. C　20. B　21. D　22. B　23. E　24. C　25. E
26. E　27. D　28. B　29. D　30. A　31. C　32. A　33. E　34. C　35. B　36. D　37. D
38. A　39. C　40. B　41. E　42. E　43. B　44. D　45. A　46. E　47. A　48. D　49. A
50. A　51. E　52. B　53. A　54. C　55. C　56. D　57. B　58. D　59. C　60. C　61. C
62. B　63. A　64. B　65. E　66. A　67. C　68. B　69. D　70. C　71. B　72. C　73. C
74. E　75. E　76. C　77. D　78. D　79. B　80. B　81. A　82. D　83. E　84. B　85. B
86. A　87. D　88. B　89. B　90. A　91. E　92. A　93. A　94. A　95. C　96. A　97. E
98. C　99. A　100. E　101. B　102. D　103. C　104. B　105. E　106. E　107. C
108. B　109. E　110. A　111. B　112. A　113. A　114. C　115. D　116. C　117. D
118. E　119. C　120. C　121. C　122. D　123. D　124. B　125. E　126. C　127. A
128. B　129. B　130. B　131. A　132. B　133. E　134. E　135. A　136. D　137. C
138. A　139. C　140. C　141. D　142. C　143. E　144. D　145. A　146. B　147. D
148. D　149. E　150. E　151. E

【B1 型题】

152. B　153. C　154. E　155. B　156. A　157. D　158. A　159. D　160. B　161. C
162. E　163. A　164. C　165. B　166. A

## 二、名词解释

1. 糖原：是动物体内糖的储存形式。
2. 糖的无氧氧化：不利用氧时，1 分子葡萄糖先经糖酵解生成 2 分子丙酮酸，然后在细胞质中还原成 2 分子乳酸，这一过程净生成 2 分子 ATP，可为机体快速供能。
3. 糖的有氧氧化：在氧供应充足时，糖酵解产生的丙酮酸进入线粒体中彻底氧化生成 $CO_2$ 和 $H_2O$ 的过程称为糖的有氧氧化。
4. 三羧酸循环：由乙酰 CoA 与草酰乙酸缩合生成含 3 个羧基的柠檬酸开始，再经过 4 次脱氢、2 次脱羧，生成 4 分子还原当量和 2 分子 $CO_2$，重新生成草酰乙酸的这个循环反应过程称为三羧酸循环。
5. 糖酵解：1 分子葡萄糖在细胞质中裂解为 2 分子丙酮酸的过程称为糖酵解，是糖的无氧氧化和有氧氧化的共同起始阶段。
6. 糖异生：由非糖化合物转变为葡萄糖或糖原的过程称为糖异生。
7. 乳酸循环：肌收缩（尤其是氧供应不足时）通过糖无氧氧化生成乳酸。肌内糖异生活性低，所以乳酸通过细胞膜弥散进入血液后，入肝异生为葡萄糖。葡萄糖进入血液后又可被肌摄取，这就构成了一个循环，称为乳酸循环，又称 Cori 循环。
8. 糖原合成：由葡萄糖合成糖原的过程称为糖原合成。
9. 肝糖原分解；肝糖原分解为葡萄糖的过程。
10. 巴斯德效应：有氧氧化抑制生醇发酵（或糖无氧氧化）的现象称为巴斯德效应。
11. 瓦伯格效应：有氧时，葡萄糖不彻底氧化而是分解生成乳酸的现象，有利于增殖活跃的组织细胞进行生物合成。
12. 血糖：血液中的葡萄糖称为血糖。

## 三、简答题

1. 糖的无氧氧化有何生理意义？请用所学生化知识说明剧烈运动后肌肉酸痛的原因。

   答：糖的无氧氧化是机体在缺氧的情况下（包括生理性和病理性缺氧）供能的重要方式，某些组织如视网膜、白细胞等在供氧充足的条件下仍以糖的无氧氧化为供能的主要方式。糖的无氧氧化是红细胞供能的主要方式，可调节红细胞的带氧功能，同时为体内其他物质的合成提供原料。剧烈运动时机体缺氧，糖无氧氧化增强，生成大量乳酸，乳酸未能及时清除，在肌肉堆积引起肌肉酸痛。

2. 三羧酸循环有何生理意义？

   答：三羧酸循环是机体在正常生理状态下获得能量的主要方式，是三大营养素在体内彻底氧化的最终代谢通路；是三大营养素代谢联系和相互转变的枢纽，并为其他物质合成提供小分子前体物质。

3. 为什么缺乏 6- 磷酸葡萄糖脱氢酶会引起蚕豆病？

答：磷酸戊糖途径可提供细胞代谢所需的还原性辅酶Ⅱ（即 NADPH）。NADPH 作为谷胱甘肽（GSH）还原酶的辅酶维持细胞中还原性 GSH 的含量，从而对维持细胞尤其是红细胞膜的完整性有重要作用。当机体缺乏 6- 磷酸葡萄糖脱氢酶时，磷酸戊糖途径发生障碍，机体由于缺少 NADPH 会引发溶血即蚕豆病。

4. 正常人血糖有哪些来源与去路？

答：血糖的来源：①食物中糖的消化吸收；②肝糖原的分解；③肝脏的糖异生作用。血糖的主要去路：①氧化分解供能；②合成糖原；③转变成其他物质。

5. 从反应的条件、终产物、部位、生成能量方面比较糖的无氧氧化与糖的有氧氧化。

答：糖的无氧氧化是葡萄糖或糖原在缺氧情况下进行的，分解终产物是乳酸，反应在细胞液进行，释放少量 ATP；糖的有氧氧化是葡萄糖或糖原在有氧条件下进行的，分解终产物是 $CO_2$ 和 $H_2O$，反应在细胞液和线粒体中进行，释放大量 ATP。

6. 胰岛素是如何调节血糖水平的？

答：胰岛素主要通过增强血糖去路、减弱来源来调节血糖水平。包括促进组织对葡萄糖的摄取；加快糖的有氧氧化；加速糖原合成；抑制糖原分解；抑制肝内糖异生等方面。

7. 人体是如何调节糖原的合成与分解的？

答：糖原的合成与分解通过两条不同的代谢途径，有利于进行精细调节。糖原的合成与分解的关键酶分别是糖原合酶与磷酸化酶。机体的调节方式是通过同一信号，使一个酶呈活性状态，另一个酶则呈非活性状态，可以避免由于糖原分解、合成两个途径同时进行，造成 ATP 的浪费。

### 四、病例分析

①多尿的原因：糖尿病患者胰岛素绝对或相对不足，导致血糖浓度升高。肾小球滤过所有的血糖后，原尿中葡萄糖浓度亦很高，超过肾小管的重吸收能力。尿液中大量的葡萄糖导致尿液渗透压增高，水分被渗透吸入，导致糖尿病患者多尿。②多饮的原因：糖尿病患者血糖升高，大量吸收血管周围组织中的水分，形成细胞脱水，刺激口渴中枢，最终形成多饮。血糖浓度升高，以至于形成渗透压利尿，而由于多尿，导致水分流失过多，进一步刺激机体饮水增多。③多食的原因：糖尿病患者多食的原因主要是糖利用障碍，虽然吃得多，但由于胰岛素绝对或相对不足，血糖不能进入细胞，不能被细胞利用，缺乏能量从而刺激大脑的饥饿中枢而多食，且进食后无饱腹感，造成进食次数和进食量都明显增多。④体重明显下降的原因：由于胰岛素绝对或相对不足，机体不能充分利用葡萄糖，使脂肪和蛋白质分解加速来补充能量

和热量。其结果使体内碳水化合物、脂肪及蛋白质被大量消耗，再加上水分的丢失，患者体重减轻、形体消瘦。

# 第五章 生物氧化

## 一、选择题

【A1 型题】

1. D 2. B 3. B 4. C 5. B 6. E 7. E 8. B 9. C 10. C 11. D 12. E 13. D 14. C 15. B 16. D 17. E 18. B 19. C 20. B 21. B 22. E 23. C 24. C 25. D 26. C 27. C 28. C 29. B 30. B 31. E 32. A 33. B 34. B 35. C 36. B 37. A 38. C 39. A 40. E 41. C 42. B 43. E 44. D 45. B 46. A 47. E 48. C 49. E 50. A 51. A 52. B

【A2 型题】

53. E 54. E 55. D 56. B 57. B

【B1 型题】

58. D 59. A

## 二、名词解释

1. 生物氧化：化学物质在生物体内的氧化分解过程称为生物氧化。
2. 呼吸链：又称电子传递链，指线粒体内膜中按一定顺序排列的一系列具有电子传递功能的酶复合体，形成一个传递电子 / 氢的体系，可通过连续的氧化还原反应将电子最终传递给氧生成水，并释放能量。
3. 氧化磷酸化：物质在体内氧化时释放的能量供给 ADP 与无机磷合成 ATP 的偶联反应，主要在线粒体中进行。代谢物脱氢生成 NADH 和 $FADH_2$，通过线粒体呼吸链逐步失去电子被氧化生成水，电子传递过程伴随着能量的逐步释放，此释放过程伴驱动 ADP 磷酸化生成 ATP，所以 NADH 和 $FADH_2$ 的氧化过程与 ADP 的磷酸化过程相偶联，称之为氧化磷酸化。
4. P/O 比值：在氧化磷酸化过程中，每消耗 1/2mol $O_2$ 所需磷酸的摩尔数，即所能合成 ATP 的摩尔数（或一对电子通过呼吸链传递给氧所生成的 ATP 分子数）。
5. 底物水平磷酸化：ADP 或其他核苷二磷酸的磷酸化作用与高能化合物的高能键水解直接相偶联的反应过程，是生物体内产能的方式之一。

## 三、简答题

1. 简述生物氧化的特点。

答：①生物氧化在体内进行，反应条件温和。②需要有酶催化，分阶段逐步进行。

2. 简述呼吸链抑制剂对氧化磷酸化的影响。

答：呼吸链抑制剂能特异阻断呼吸链中某些部位的电子传递，使呼吸链中断，电子无法传递给氧，可使细胞呼吸停止。

四、病例分析

1. 患者所述症状主要是由甲状腺激素明显增高所导致的。甲状腺激素是调节机体能量代谢的重要激素，机体的甲状腺激素能促进细胞膜上 $Na^+$，$K^+$-ATP 酶的表达，使 ATP 加速分解为 ADP 和 Pi，ADP 浓度增加而促进氧化磷酸化；此外，甲状腺激素 $T_3$ 可诱导解偶联蛋白基因表达，使氧化释能和产热比率均增加，ATP 合成减少，导致机体耗氧量和产热同时增加，所以甲状腺功能亢进症患者基础代谢率增高，出现食欲亢进、怕热多汗、乏力、消瘦等现象。

2. 氰化物（$CN^-$）能够紧密结合线粒体呼吸链复合体Ⅳ中氧化型 $Cyta_3$，阻断电子由 Cyta 到 CuB-$Cyta_3$ 的传递，导致细胞无法有效利用氧来生成 ATP。人体所需的 ATP 主要来自呼吸链磷酸化偶联（氧化磷酸化），当呼吸链被阻断时，机体会因为缺乏能量而发生功能障碍，严重时会导致死亡。

## 第六章　脂质代谢

一、选择题

【A1 型题】

1. B　2. E　3. D　4. B　5. C　6. D　7. E　8. E　9. D　10. D　11. D　12. D　13. A
14. A　15. D　16. B　17. D　18. C　19. C　20. E　21. A　22. B　23. B　24. D　25. E
26. C　27. C　28. C　29. E　30. B　31. A　32. E　33. B　34. B　35. D　36. D　37. C
38. A　39. B　40. E　41. D　42. E　43. B　44. E　45. E　46. A　47. E　48. A　49. B
50. B　51. C　52. E　53. E　54. D　55. C　56. E　57. D　58. E　59. D　60. A　61. D
62. D　63. D　64. D　65. A　66. C　67. A　68. B　69. C　70. B　71. A　72. E　73. D
74. B　75. D　76. E　77. A　78. B　79. A　80. C　81. E　82. D　83. D　84. A　85. B
86. D　87. E　88. A　89. C　90. D

【A2 型题】

91. E　92. D　93. D　94. D　95. E

【B1 型题】

96. C　97. B　98. E　99. A　100. E　101. D　102. B　103. C　104. B　105. D　106. D

107. E　108. A　109. C　110. C　111. B　112. E　113. A　114. C　115. B　116. A
117. E

## 二、名词解释

1. 必需脂肪酸：人体自身不能合成、必须由食物提供的脂肪酸称为必需脂肪酸。包括亚油酸、亚麻酸、花生四烯酸。
2. 脂肪动员：是指储存于脂肪细胞内的脂肪在脂肪酶的作用下，逐步水解，释放出游离脂肪酸和甘油供其他组织氧化利用的过程。
3. 血脂：是血浆所有脂质的统称，包括甘油三酯、磷脂、胆固醇及其酯以及游离脂肪酸等。
4. 柠檬酸－丙酮酸循环：主要介导线粒体内乙酰 CoA 转运至胞质。乙酰 CoA 首先与草酰乙酸缩合为柠檬酸，然后经线粒体内膜上的柠檬酸载体转运至胞质中，在柠檬酸裂解酶的催化下分解为草酰乙酸和乙酰 CoA，后者可用于脂肪酸及胆固醇的合成，而草酰乙酸再转变成丙酮酸，经丙酮酸载体运回线粒体，在丙酮酸羧化酶的作用下重新生成草酰乙酸，完成柠檬酸－丙酮酸循环。
5. 脂肪酸 β－氧化：脂肪酸先活化为脂酰 CoA，然后经肉碱穿梭转运进入线粒体基质，从 β－碳原子开始反复经脱氢、加水、再脱氢和硫解的过程，终产物为乙酰 CoA 及还原性辅酶（$NADH+H^+$ 和 $FADH_2$）。
6. 酮体：是脂肪酸在肝内氧化生成的一种特殊代谢中间物，包括乙酰乙酸、β－羟丁酸和丙酮，它们是肝输出能量的一种方式，在肝外组织被摄取利用。
7. 血浆脂蛋白：是血浆中脂质与载脂蛋白结合形成的球形复合物，主要包括乳糜微粒、VLDL、LDL 和 HDL，它们是血浆脂质的运输和代谢形式。
8. 载脂蛋白：是血浆脂蛋白中的蛋白成分，具有结合并运载脂质的基本功能，另外还参与脂蛋白受体的识别及调节脂蛋白代谢相关酶的活性等。
9. 胆固醇逆向转运：是指 HDL 将外周组织的胆固醇直接或间接转运到肝进行代谢的过程。
10. 高脂蛋白血症：指血浆脂质水平异常升高，超过正常范围的上限称为高脂血症，由于脂质在血浆中均以脂蛋白形式存在，故又体现为高脂蛋白血症，根据升高的脂质或脂蛋白不同可分为多种类型。

## 三、简答题

1. 简述脂类的生理功能。

答：脂类的主要生理功能有：①储能与供能；②维持正常生物膜的结构与功能；③保护内脏和防止体温散失；④转变成多种重要的生理活性物质；⑤必需脂肪酸的来源；⑥磷脂作为第二信使参与代谢调节。

2. 简述脂肪动员的过程和关键酶调节。

答：脂肪动员的过程：储存于脂肪细胞内的脂肪在脂肪酶的作用下，逐步水解，释放出游离脂肪酸和甘油进入血液，供其他组织细胞氧化利用。释放入血的脂肪酸与清蛋白结合运输至机体各组织。

这一过程的关键酶及其活性调节：激素敏感性甘油三酯脂肪酶（HSL），其活性主要受激素调节，脂解激素包括肾上腺素、去甲肾上腺素、胰高血糖素等，它们可通过 PKA 信号途径对 HSL 进行磷酸化修饰激活。而胰岛素、$PGE_2$ 等能对抗脂解激素的作用，降低 HSL 活性。

3. 用超速离心法可将脂蛋白分为几类？简述主要血浆脂蛋白的合成部位及生理功能。

答：用超速离心法可将脂蛋白分为四类，即 CM、VLDL、LDL 和 HDL。合成部位及生理功能如下。

| 分类 | CM | VLDL | LDL | HDL |
|---|---|---|---|---|
| 合成部位 | 小肠黏膜细胞 | 肝细胞 | 血浆 | 肝、肠、血浆 |
| 生理功能 | 转运外源性甘油三酯 | 转运内源性甘油三酯 | 转运肝内胆固醇到肝外组织 | 逆向转运肝外胆固醇到肝 |

4. 简述胆固醇在体内的主要代谢去路。

答：胆固醇在体内的三个代谢去路：①主要去路：在肝转变为胆汁酸并分泌入肠道，帮助食物脂质消化吸收；②在肾皮质、性腺等部位转变为类固醇激素（包括皮质激素和性激素）；③在皮肤转变为维生素 $D_3$。

5. 简述胆固醇合成的关键反应及调节。

答：胆固醇合成的关键反应：HMG-CoA →甲羟戊酸（MVA），反应由 HMG-CoA 还原酶催化。胆固醇合成的调节：① HMG-CoA 还原酶活性昼夜节律性：夜高昼低。② HMG-CoA 还原酶的别构调节、共价修饰和酶量调节：别构抑制剂主要包括甲羟戊酸和终产物胆固醇及氧化衍生物等；共价修饰调节：磷酸化失活，去磷酸化激活；细胞内高浓度游离胆固醇可阻遏 HMG-COA 还原酶基因表达。③餐食状态调节：饥饿或禁食时，胆固醇合成被抑制，而摄取高糖、高饱和脂肪膳食后，胆固醇合成增加。④激素调节：胰岛素和甲状腺素刺激其合成，胰高血糖素抑制其合成。

6. 简述 LDL 和 HDL 与动脉粥样硬化的关系。

答：LDL 增高与动脉粥样硬化的关系最为密切，是动脉粥样硬化的危险因素；HDL 则具有抗动脉粥样硬化的作用。

7. 何谓酮体？简述酮体的生成、分解及生理意义。

答：酮体包括乙酰乙酸、β－羟丁酸和丙酮，是脂肪酸在肝内氧化后生成的特殊中间产物，是肝输出脂类能源的一种形式。酮体在肝内生成，肝外利用。酮体分子量小，易溶于水，便于运输，极易透过血脑屏障和毛细血管被肝外组织如脑和肌肉组织摄取利用，特别是长期饥饿状态下，成为大脑的主要供能物质。酮体代谢障碍，血酮浓度增高，可致酮症酸中毒。

8. 为什么人摄入过量的糖容易导致肥胖？

答：合成脂肪的主要原料是 α－磷酸甘油、乙酰 CoA、ATP 和 NADPH。当机体摄入过量的糖，在满足机体需要的情况下，过量的糖就被转变为上述合成糖的原料。所以合成的脂肪亦增多，把过多的能量以脂肪的形式储存起来。

四、病例分析

1. 脂肪肝是肝细胞内脂肪蓄积过多而导致。肝脏是体内合成脂肪的主要场所，但肝细胞不能储存脂肪，脂肪在肝中合成后，需要与载脂蛋白 B100（Apo B100）、载脂蛋白 E 以及磷脂、胆固醇等组装成极低密度脂蛋白（VLDL）分泌入血运至肝外组织。长期大量饮酒，一方面乙醇在肝内进行生物转化会大量消耗 $NAD^+$，导致肝细胞三羧酸循环（TAC）减弱，脂肪酸氧化减弱，大量脂肪酸在肝内合成脂肪而积存。另一方面乙醇可直接引起肝损伤造成肝细胞 VLDL 生成障碍，导致肝内合成脂肪不能正常运输出肝细胞。

2.（1）酮症酸中毒。

（2）在正常情况下，人体所需要的能量约 60% 由糖提供，约 20% 由脂肪提供，约 20% 由蛋白质提供。严重糖尿病患者胰岛素分泌减少或利用障碍，导致机体细胞不能充分利用葡萄糖供能，促使脂肪动员加强来补充能量。脂肪酸在肝脏氧化分解产生的乙酰 CoA 大部分转变为酮体：乙酰乙酸、β－羟丁酸和丙酮。乙酰乙酸、β－羟丁酸均为酸性物质，含量增多导致代谢性酸中毒（酮症酸中毒）。

## 第七章　蛋白质消化吸收和氨基酸代谢

一、选择题

【A1 型题】

1. C　2. B　3. D　4. A　5. D　6. C　7. C　8. A　9. C　10. D　11. B　12. D　13. B
14. E　15. E　16. A　17. D　18. E　19. A　20. B　21. B　22. A　23. E　24. A　25. B
26. D　27. C　28. B　29. E　30. E　31. E　32. E　33. E　34. E　35. C　36. D　37. D
38. C　39. A　40. C　41. E　42. E　43. E　44. E　45. B　46. E　47. B　48. C　49. A

50. D　51. E　52. B　53. E　54. C　55. D　56. C　57. A　58. C　59. A　60. E　61. B
62. E　63. E　64. A　65. E　66. E　67. E　68. A　69. A　70. B　71. D　72. A　73. A
74. A　75. B　76. A　77. E　78. E　79. D　80. B　81. B　82. A　83. A　84. E　85. B
86. B　87. D　88. C　89. E　90. E　91. E　92. A　93. D　94. B　95. B　96. C　97. D
98. E　99. D　100. E　101. C　102. D　103. C　104. B　105. E　106. A　107. D
108. C　109. C　110. E　111. A　112. B　113. B　114. D　115. D　116. D　117. E
118. A　119. A　120. D　121. C　122. C　123. E　124. E　125. C　126. E　127. D
128. A　129. B　130. C　131. E　132. B　133. E　134. D　135. A　136. A　137. C
138. B　139. B　140. A　141. D　142. E　143. D　144. C　145. D　146. B　147. B
148. D　149. B　150. A　151. B　152. D　153. E　154. B　155. C　156. B

【A2 型题】

157. A　158. C　159. C　160. E　161. B　162. E　163. A　164. C　165. C

【B1 型题】

166. D　167. C　168. B　169. D　170. A　171. E　172. B　173. E　174. B　175. D
176. A　177. A　178. C　179. D　180. B　181. E　182. A　183. B　184. B　185. A
186. D　187. D　188. C　189. B　190. A　191. E　192. D　193. C　194. B　195. E
196. D　197. A　198. C　199. B　200. C　201. D　202. C　203. A　204. A　205. E
206. A　207. D

## 二、名词解释

1. 氨基酸代谢库：食物蛋白质经消化吸收的氨基酸（外源性氨基酸）与体内组织蛋白质降解产生的氨基酸以及体内合成非必需氨基酸（内源性氨基酸）共同分布于体内各处，参与代谢，称为氨基酸代谢库。
2. 氮平衡：是指每日氮的摄入量与排出量之间的关系，可间接了解体内蛋白质合成与分解代谢的状况。
3. 蛋白质的互补作用：营养价值较低的蛋白质混合食用，彼此间营养必需氨基酸可以互相补充，从而提高蛋白质的营养价值，称为食物蛋白质的互补作用。
4. 蛋白质的腐败作用：在消化过程中，有一小部分蛋白质未被消化或虽经消化但未被吸收，肠道细菌对这部分蛋白质及其消化产物的分解，称为腐败作用。
5. 营养必需氨基酸：是指体内需要而又不能自身合成，必须由食物供给的氨基酸。
6. 转氨基作用：是指在转氨酶的作用下，某一氨基酸去掉 α－氨基生成相应的 α－酮酸，而另一种 α－酮酸得到此氨基生成相应的氨基酸的过程。
7. 联合脱氨基作用：转氨基作用和谷氨酸脱氢作用的结合被称为转氨脱氨作用，又称联合脱氨基作用。

8. 生糖氨基酸：在体内可转变成糖的氨基酸。

9. 生酮氨基酸：在体内可转变成酮体的氨基酸。

10. 生糖兼生酮氨基酸：在体内既能转变成糖又能转变成酮体的氨基酸。

11. 高氨血症：当某种原因，例如肝功能严重损伤或尿素合成相关酶的遗传性缺陷时，都可导致尿素合成障碍，使血氨浓度升高，称为高氨血症。

12. 一碳单位：某些氨基酸代谢过程中产生的只含有一个碳原子的基团称为一碳单位。

三、简答题

1. 简述蛋白质消化的生理意义。

答：食物蛋白质的消化、吸收是体内氨基酸的主要来源。同时消化过程还可消除食物蛋白质的种属特异性，避免发生过敏、毒性反应。

2. 简述一碳单位的定义、来源及生理意义。

答：①某些氨基酸代谢过程中产生的只含有一个碳原子的基团称为一碳单位。②一碳单位主要来源于丝氨酸、甘氨酸、组氨酸和色氨酸的分解代谢。③生理意义：一碳单位是合成嘌呤和嘧啶的原料，在核酸生物合成中有重要作用，一碳单位将氨基酸代谢和核酸代谢密切联系起来。

3. 简述“丙氨酸－葡萄糖循环”的生理意义。

答：骨骼肌中氨基酸代谢产生的氨以无毒的丙氨酸形式经血液运送到肝，丙氨酸脱氨并生成丙酮酸，氨用于合成尿素，同时丙酮酸在肝中经糖异生途径生成葡萄糖并提供给骨骼肌。

4. 简述体内氨基酸的来源与去路。

答：体内氨基酸的来源：①食物蛋白质消化吸收；②组织蛋白质分解；③体内合成非必需氨基酸。氨基酸的去路：①合成多肽和蛋白质；②分解代谢（主要是脱氨基作用，其次为脱羧基作用）；③转变成其他含氮化合物，如嘌呤、嘧啶等。

5. 简述高血氨对脑组织毒性的作用机制。

答：高血氨的毒性作用机制尚不完全清楚，一般认为：①当血氨浓度升高，大量氨进入脑组织，脑中的 α－酮戊二酸可与氨结合生成谷氨酸，谷氨酸进一步结合氨生成谷氨酰胺并经血液运送出脑，此过程可使脑细胞中的 α－酮戊二酸减少，导致三羧酸循环减弱，ATP 生成减少，引起大脑功能障碍。②脑星状细胞内谷氨酸、谷氨酰胺增多，渗透压增大引起脑水肿。

6. 谷氨酸经代谢可生成哪些物质？

答：谷氨酸经代谢可生成：①经转氨酶催化合成非必需氨基酸；②经谷氨酸脱氢酶

催化生成 γ－酮戊二酸和游离 $NH_3$；③经谷氨酰胺合成酶催化生成谷氨酰胺；④谷氨酸是编码氨基酸，参与蛋白质合成；⑤谷氨酸可间接提供氨参与尿素合成；⑥经脱羧酶催化生成 γ－氨基丁酸；⑦经糖异生途经生成葡萄糖或糖原。

7. 简述血氨的来源和去路。

答：血氨的来源：①氨基酸脱氨生成的氨；②肠道吸收的氨；③肾小管分泌的氨。血氨的去路：①在肝中合成尿素；②用于合成非必需氨基酸和一些含氮化合物；③生成铵盐随尿排出；④合成谷氨酰胺。

8. 根据你学到的知识，说明 B 族维生素在氨基酸代谢中有哪些重要作用？

答：B 族维生素在氨基酸代谢中的作用：①维生素 $B_6$ 的辅酶形式是磷酸吡哆醛，是转氨酶（ALT、AST）和氨基酸脱羧酶的辅酶；②叶酸的辅酶形式是 $FH_4$，是一碳单位的载体；③维生素 $B_{12}$ 是转甲基酶的辅酶，参与甲硫氨酸循环；④维生素 PP 的辅酶形式有 $NAD^+$ 和 $NADP^+$，是 L－谷氨酸脱氢酶的辅酶，该酶催化氧化脱氨基反应；⑤在氨基酸彻底氧化或异生为葡萄糖时，还需要泛酸、维生素 $B_1$、维生素 $B_2$、维生素 PP、硫辛酸和生物素等。

9. 中国居民膳食指南中提出合理的饮食要注意荤素搭配、粗细搭配，试从蛋白质营养价值角度阐述这样做的好处。

答：食物蛋白质的营养价值高低取决于其所含营养必需氨基酸的种类、数量及比例与人体蛋白质的接近程度。长期食用单一食物营养价值较低，易出现某些必需氨基酸的缺乏。如果将不同的蛋白质混合食用，则彼此间必需氨基酸可相互补充从而提高营养价值，即食物蛋白质的互补作用。饮食中强调荤素搭配、粗细搭配能使食物中的必需氨基酸种类和数量更多样化，达到互补，提高食物的营养价值，有利于身体健康。

四、病例分析

患者肝硬化，实验室检查显示肝功能严重受损，氨通过鸟氨酸循环合成尿素受阻，导致血氨浓度升高，为高血氨症。氨具有毒性，特别是脑组织对氨的作用尤为敏感。一般认为，血氨升高时至少有 3 种机制可能影响大脑功能：①氨进入脑组织会与脑组织中的 α－酮戊二酸结合生成谷氨酸，谷氨酸进一步与氨结合生成谷氨酰胺。此过程大量消耗 α－酮戊二酸，导致三羧酸循环减弱，ATP 生成不足，脑组织缺乏 ATP，于是出现脑功能障碍。②脑星状细胞内谷氨酸、谷氨酰胺增多，渗透压增大，水分渗入细胞，引起脑水肿。③谷氨酸以及由谷氨酸产生的 γ－氨基丁酸都是重要的信号分子。过多谷氨酸用于合成谷氨酰胺，可导致脑内谷氨酸和 γ－氨基丁酸减少，影响脑的功能。因此该患者出现神志不清、呕吐、昏迷等临床症状。

# 第八章　核苷酸代谢

## 一、选择题

【A1 型题】

1. C　2. B　3. B　4. B　5. E　6. E　7. A　8. C　9. B　10. E　11. B　12. D　13. B　14. D　15. B　16. C　17. B　18. C　19. D　20. E　21. E　22. B　23. B　24. C　25. C　26. C　27. B　28. D　29. D　30. C　31. C　32. E　33. B　34. C

【A2 型题】

35. A　36. C　37. E　38. A

【B1 型题】

39. C　40. D　41. A　42. D　43. A　44. B

## 二、名词解释

1. 抗代谢物：是嘌呤、嘧啶、叶酸和某些氨基酸的结构类似物的总称。抗代谢物分子进入机体后，通过竞争性抑制或以假乱真等方式干扰或阻断核苷酸的正常合成代谢，从而起到抑制核酸合成、进而抑制细胞增殖的作用。
2. 核苷酸的从头合成：是以氨基酸、一碳单位和磷酸核糖等为原料，从头合成嘌呤核苷或嘧啶碱，再合成核苷酸的过程。是核苷酸合成的主要途径。

## 三、简答题

1. 在核苷酸合成代谢中，何谓补救合成途径？嘌呤核苷酸和嘧啶核苷酸补救合成途径中有哪些关键酶？补救合成途径的生理意义有哪些？

   答：嘌呤核苷酸补救合成途径的关键酶是次黄嘌呤－鸟嘌呤磷酸核糖转移酶，能催化次黄嘌呤和鸟嘌呤与磷酸核糖焦磷酸反应生成次黄嘌呤核苷酸和鸟嘌呤核苷酸。嘧啶核苷酸补救合成途径中的关键酶，一个是尿苷激酶，能催化尿嘧啶核苷及胞嘧啶核苷生成 UMP 和 CMP；二是脱氧胸苷激酶，能催化脱氧胸苷生成 dTMP。补救合成途径的生理意义是：①节省能量和氨基酸；②对于无从头合成途径酶系的组织器官（如大脑、骨髓、脾等）很重要，这些组织器官只能通过补救合成途径合成核苷酸。
2. 简述嘌呤核苷酸生物合成的原料来源以及特点。

   答：原料来源：$CO_2$、天冬氨酸、甘氨酸、一碳单位、谷氨酰胺、磷酸核糖。特点：①不是先形成游离的嘌呤碱，再与核糖、磷酸生成核苷酸，而是直接形成次黄嘌呤核苷酸，再转变为其他嘌呤核苷酸；②合成首先从 5′－磷酸核糖开始，形成 PRPP；③由 PRPP$C_1$ 原子开始先形成咪唑五元环，再形成六元环，生成 IMP。

3. 进食大量富含核蛋白的食物将促进机体内的核苷酸从头合成，该说法是否正确？为什么？

答：该说法错误。富含核蛋白的食物首先在胃中分解成蛋白质和核酸，随后进入小肠被进一步消化。核酸在小肠中受肠液和胰液中多种水解酶的作用逐步分解，最终消化为戊糖、嘌呤和嘧啶碱。戊糖被吸收并参与体内戊糖代谢，嘌呤和嘧啶则主要被分解并排出体外，不被机体利用，不参与核苷酸的从头合成。消化过程中部分中间产物，如核苷、核苷酸可以参与核酸的补救合成途径。进食大量富含核蛋白的食物能够促进机体内的核苷酸分解，因此题干中的说法是错误的。

四、病例分析

因为嘌呤代谢障碍，导致尿酸升高。尿酸难溶于水，患者血中尿酸含量过高，于是析出结晶沉积于关节、软组织、软骨等处，造成关节骨质破坏，导致关节炎等疾病，所以出现持续肿痛。别嘌呤醇的结构与次黄嘌呤相似，能竞争性抑制黄嘌呤氧化酶，从而抑制尿酸生成，逐步缓解痛风症状。

# 第九章　DNA 的合成

一、选择题

【A1 型题】

1. E　2. A　3. D　4. D　5. B　6. E　7. E　8. A　9. D　10. E　11. A　12. D　13. C　14. A　15. C　16. E　17. D　18. C　19. C　20. D　21. A　22. C　23. E　24. A　25. B　26. E　27. C　28. C　29. C　30. C　31. E　32. E　33. B　34. E　35. D　36. C　37. A　38. C　39. D　40. C　41. E　42. C　43. B　44. C　45. C　46. E　47. A　48. C　49. D　50. B　51. B　52. E　53. D　54. C　55. B　56. C　57. D　58. A　59. E　60. E　61. D　62. C　63. C

【A2 型题】

64. A　65. A　66. D　67. B

二、名词解释

1. 半不连续复制：DNA 复制时一条子代链是连续合成的，而另一条子代链是不连续分段合成的，最后才连接成完整的长链，此即半不连续复制。
2. 冈崎片段：在 DNA 复制中，后随链因为复制方向与解链方向相反，不能连续合成，只能随着模板链的解开，逐段地从 5′ → 3′ 生成引物并复制子链。这些不连续合成的 DNA 片段称为冈崎片段。

3. 引发体：包括 DnaA、DnaB（解旋酶）、DnaC、引物酶和 DNA 的复制起始区域共同形成的一个复合结构。DnaA 蛋白辨认复制起始点，DnaB 蛋白有解螺旋作用，DnaC 蛋白使 DnaB 蛋白组装到复制起始点，引物酶化合成引物。
4. 复制叉：DNA 复制时有固定的起始点。原核细胞内只有一个，真核细胞内有多个复制起始点。复制时首先由拓扑异构酶、解链酶分别对 DNA 复制起始点局部的双链解螺旋、解链，并由 SSB 保护和稳定已打开的 DNA 双链，形成"Y"形结构，称为复制叉。
5. 逆转录酶：全称为依赖 RNA 的 DNA 聚合酶，催化以 RNA 为模板，由 dNTP 聚合成互补的 cDNA 分子的反应。
6. 半保留复制：DNA 生物合成时，母链 DNA 解开为两条单链，各自作为模板按碱基配对的原则合成与模板互补的子链；新形成的子代 DNA 分子中，一条链从亲代完全接受过来，而另一条单链则完全重新合成，DNA 的这种复制方式为半保留复制。

三、简答题

1. 比较真核生物染色体 DNA 的复制与原核生物基因组 DNA 复制的不同。

答：真核生物染色体 DNA 的复制与原核生物基因组 DNA 复制的不同：①复制起点：原核生物 1 个，真核生物多个；②复制叉移动速度：原核生物快（500bp/s），真核生物慢（50bp/s）；③复制方向：双向复制；④ RNA 引物：原核生物长（十几至几十个核苷酸），真核生物短；⑤冈崎片段：原核生物长（1000~2000bp），真核生物短（100~200bp）；⑥连续起始：原核生物可连续复制，真核生物染色体 DNA 在每个细胞周期只能复制一次。

2. 试述参与原核生物 DNA 复制过程所需的物质及其作用。

答：参与原核生物 DNA 复制过程所需的物质及其作用：①双链 DNA：解开成单链的两条链都作为模板指导 DNA 的合成。② dNTP：作为复制的原料。③ DNA 聚合酶：即依赖于 DNA 的 DNA 聚合酶，合成子链；原核生物中 DNA-pol Ⅲ是真正的复制酶，DNA-pol Ⅰ的作用是切除引物、填补空隙和修复。④引物：一小段 RNA，换供游离的 3′-OH。⑤其他的一些酶和蛋白质因子：解链酶，解开 DNA 双链；DNA 拓扑异构酶Ⅰ、Ⅱ，松弛 DNA 超螺旋，理顺打结的 DNA 链；引物酶，合成 RNA 引物；单链 DNA 结合蛋白（SSB），结合并稳定解开的单链；DNA 连接酶，连接随从链中两个相邻的 DNA 片段。

3. 简述真核生物染色体端粒的功能，端粒酶如何催化延长端粒。

答：（1）真核生物染色体端粒的功能：①与细胞衰老相关，端粒长度变短，染色体稳定性下降，引起衰老；②与肿瘤相关，端粒酶活性高，端粒重复序列不断延长，细胞持续分裂，可能导致癌变。

（2）合成过程：端粒酶以自身RNA为模板，通过一种称为爬行模型的机制延伸端粒重复序列。

4. 简述逆转录的基本过程，逆转录现象的发现在生命科学研究中有何重大研究价值。

答：逆转录的基本过程：①以RNA为模板，在逆转录酶（RDDP）催化下合成RNA-DNA杂化双链；②由RNase H水解RNA-DNA杂化双链中的RNA链，合成的DNA称为cDNA；③以新合成的cDNA链为模板，由逆转录酶（RDDP）催化合成cDNA双链。

发现逆转录现象的意义：①补充并完善了中心法则；②逆转录病毒中，有致癌病毒、人类免疫缺陷病毒（HIV）等、其研究关系到严重危害人类健康的某些疾病的发病机制、诊断、治疗；③逆转录病毒是分子生物学研究中的重要工具，广泛应用于真核基因表达、基因转染等重要研究方法中，是基因治疗中一种重要的基因载体；④为遗传物质的起源（是DNA还是RNA）和进化，提供了新的证据。

## 第十章　RNA的合成

### 一、选择题

【A1型题】

1. B　2. B　3. C　4. E　5. E　6. B　7. C　8. A　9. B　10. B　11. A　12. E　13. D
14. B　15. B　16. D　17. A　18. C　19. E　20. A　21. D　22. B　23. D　24. A　25. D
26. D　27. C　28. B　29. D　30. E　31. E

【A2型题】

32. B　33. C　34. D　35. C

### 二、名词解释

1. 不对称转录：在DNA分子双链上，一股链作为模板，按碱基配对规律指导转录生成RNA，另一股链则不转录。
2. pre-RNA：真核生物转录生成的RNA几乎都是前体RNA（pre-RNA），需要经过加工，才能成为具有成熟功能的RNA。
3. σ因子：是原核生物RNA聚合酶的一个亚基，在转录中起到识别起始位点的作用。
4. 反式作用元件：能直接或间接辨认和结合转录上游区段DNA或者增强子，对基因表达发挥不同调节作用的蛋白质分子。
5. 外显子：DNA及hnRNA中的能转录又能编码氨基酸的序列。

## 三、简答题

1. 试比较复制与转录的异同。

答：①相同点：以 DNA 为模板，需依赖 DNA 的聚合酶，聚合过程是核苷酸之间形成磷酸二酯键，新链的延长方向是 5′–3′，遵循碱基配对原则。

②不同点：

| | 复制 | 转录 |
|---|---|---|
| 模板 | 两条链 | 模板链 |
| 原料 | dNTP | NTP |
| 酶 | DNA 聚合酶 | RNA 聚合酶 |
| 产物 | 子代双链 DNA | RNA |
| 碱基配对 | A–T C–G | A–U T–A C–G |

2. 简述原核生物转录终止的两种主要机制。

答：①依赖 ρ 因子机制：ρ 因子与转录产物 3′ 端多聚 C 结合后，ρ 因子和 RNA 聚合酶发生构象变化，RNA 聚合酶停顿，DNA 与 RNA 杂化双链拆离，转录产物释放。

②非依赖 ρ 因子机制：转录产物 3′ 端茎环结构及多聚 U 的形成，使 RNA 聚合酶变构不能前进，DNA 双链复合，转录产物脱落。

3. 试比较真核生物 RNA 聚合酶的不同。

答：真核生物 RNA 聚合酶的不同见下表。

| 种类 | Ⅰ | Ⅱ | Ⅲ |
|---|---|---|---|
| 转录产物 | 45SrRNA | pre–mRNA，lncRNA，piRNA，miRNA | 5SrRNA，tRNA，snRNA |
| 对鹅膏蕈碱的反应 | 耐受 | 极敏感 | 中度敏感 |
| 定位 | 核仁 | 核内 | 核内 |

4. 试述 RNA 降解在基因表达调控中的作用。

答：① mRNA 降解是细胞保持其正常的生理状态所必需的。② mRNA 降解包括正常转录物的降解和异常转录物的降解，正常转录物是指细胞产生的有正常功能的 mRNA，异常转录物是细胞产生的一些非正常转录物。在真核细胞中，二者的降解都有多种方式。

5. 试述 RNA 转录后加工的意义。

答：①转录后的 RNA 不能直接用于翻译蛋白，要去掉内含子（真核动物），才能翻译出正确的蛋白。② RNA 在细胞核内完成转录，但需要到细胞质中翻译成为蛋白，经过加工的 RNA 既可以进入细胞质并且不会被细胞质内的酶降解掉（RNA 是非常不稳定的生物大分子，因为RNA酶在生物体内外广泛存在）。③一部分RNA是要有二级结构的，转录后的加工可以使RNA形成正确的二级结构。④RNA经过加工后，会被加上帽子和尾巴结构，这些其实是核糖体识别的“标签”，这样更容易被识别、翻译。

6. 真核生物和原核生物的转录起始、延长和终止有什么不同。

答：① RNA pol种类不同，原核生物只有1种，真核生物至少有3种。② RNA pol结合模板方式不同，原核生物的RNA pol可与DNA模板直接结合，真核生物的RNA pol需与辅因子结合后才与模板结合。③原核生物转录延长与蛋白质翻译同时进行，真核生物的转录延长过程与翻译不同步。④原核生物转录终止分为依赖 ρ 因子和非依赖 ρ 因子两大类，真核生物的转录终止和加尾修饰同时进行。

## 第十一章　蛋白质合成

### 一、选择题

【A1型题】

1. E　2. B　3. B　4. A　5. B　6. A　7. C　8. E　9. D　10. E　11. C　12. E　13. C
14. C　15. B　16. D　17. D　18. A　19. A　20. C　21. D　22. C　23. D　24. D　25. A
26. A　27. C　28. E　29. A　30. A　31. B　32. E　33. D　34. D　35. D　36. B　37. B
38. A　39. E　40. C　41. D　42. A　43. A　44. A　45. B　46. C　47. A　48. A　49. A
50. D　51. B　52. E　53. A　54. B　55. D　56. E　57. B　58. E　59. A　60. B　61. D
62. D　63. D　64. A　65. B　66. D　67. A　68. B　69. D　70. D　71. D　72. D　73. E
74. C　75. C　76. D　77. A

【A2型题】

78. A　79. C　80. B　81. A　82. B　83. C　84. D

### 二、名词解释

1. 起始密码子：在mRNA分子中，密码子AUG除编码甲硫氨酸外，在5′端时还代表启动信号，称为起始密码子。
2. 终止密码子：在mRNA分子中，密码子UAA、UAG和UGA三个密码子不编码任何氨基酸，而代表终止信号，称为终止密码子。
3. 移码：因密码子具有连续性，若可读框中插入或缺失非3的倍数的核苷酸，将会引起mRNA可读框发生移动，称为移码。
4. 密码子的简并性：64个密码子中有61个编码氨基酸，而氨基酸只有20种，因此有的氨基酸可由多个密码子编码，这种现象称为简并性。

5. 密码子的摆动性：密码子第3位碱基与反密码子第1位碱基配对时不一定完全遵循A–T，C–G的配对原则，称为不稳定配对或摆动配对。

6. 氨基酸的活化：氨基酸与特异的tRNA结合形成氨酰–tRNA的过程。

7. 进位：指氨酰–tRNA按照mRNA模板的指令进入核糖体A位的过程，又称注册。

8. 多聚核糖体：多个核糖体结合在1条mRNA链上所形成的聚合物称为多聚核糖体，可以使肽链合成高速度、高效率进行。

9. 分子伴侣：是细胞内一类可以识别肽链的非天然结构，促进各功能域和整体蛋白质正确折叠的保守蛋白质。

10. 蛋白质靶向运输：蛋白质合成后在细胞内被定向输送到其发挥作用部位的过程，也叫蛋白质分拣。

11. SD序列：mRNA分子上起始密码子AUG上游约10个核苷酸处有一段富含嘌呤的序列，可被小亚基中的16S rRNA的3′端有一段富含嘧啶的序列通过碱基互补而精确识别，从而将核糖体小亚基准确定位于mRNA。

12. 信号肽：细胞内分泌蛋白的合成与靶向输送同时发生，其N–端存在由数十个氨基酸残基组成的信号序列，称为信号肽。

三、简答题

1. 简述三种RNA在蛋白质合成中的作用。

答：mRNA是合成蛋白质的模板，tRNA携带转运氨基酸，rRNA与蛋白质结合的核糖体是合成蛋白质的场所。

2. 简述核糖体循环过程。

答：整个核糖体循环过程包括起始、延长和终止3个阶段。在进行蛋白质合成以前，核糖体的大、小亚基是分离的。当进行蛋白质的生物合成时，在起始因子的作用下，在mRNA的起始密码子部位聚合在一起。经过延长阶段的进位、成肽和转位3个步骤，使肽链不断延长，直到读到终止密码子。然后，在释放因子的作用下，多肽链被水解下来。大、小亚基解聚，并在mRNA的起始部位重新聚合，参与另一条多肽链的合成，构成一个循环，称为核糖体循环。

3. 简述肽链合成终止过程。

答：当mRNA分子上的终止密码子出现在核糖体的A位时，终止因子RF–1或RF–2识别并与之结合，使肽链延长终止。同时，转肽酶在RF–3的作用下发生变构。它不再催化成肽反应，而是发挥酯酶活性，催化水解，使tRNA所携带的多肽链从核糖体及tRNA释放。最后，核糖体与mRNA分离，空载的tRNA和RF分别从核糖体P位和A位上脱落，大、小亚基分离。

4. 简述在蛋白质生物合成过程中，如何保证翻译产物的正确性。

答：蛋白质生物合成通过以下几个方面保证翻译产物的正确性：① mRNA分子中的遗传密码决定氨基酸的排列顺序；② tRNA分子中的反密码子按碱基互补配对原则识别特定密码子；③氨酰-tRNA合成酶对氨基酸和tRNA都具有高度的专一性，保证了特定氨基酸的结合。

5. 蛋白质合成的加工修饰有哪些内容？

答：新生肽链不具有生物活性，必须经过一定的加工才能称为有活性的蛋白质，主要包括：①肽链折叠；②水解加工，如新生肽链N-端的甲硫氨酸残基，在肽链离开核糖体后，大部分即由特定的蛋白水解酶切除等；③某些氨基酸残基的化学修饰，如磷酸化、糖基化、羟基化、甲基化、乙酰化等；④形成二硫键、亚基聚合、辅基聚合等。

## 第十二章　基因表达调控

一、选择题

【A1型题】

1. B　2. B　3. E　4. B　5. E　6. D　7. B　8. D　9. D　10. D　11. E　12. A　13. B
14. B　15. B　16. B　17. A　18. A　19. D　20. D　21. E　22. A　23. C　24. C　25. B
26. C　27. B　28. C　29. A　30. D　31. E　32. E　33. C　34. B　35. C　36. B　37. C
38. A　39. D　40. D　41. E　42. E　43. B　44. B　45. A　46. B　47. A　48. A　49. A
50. E　51. B　52. E　53. D　54. E　55. A　56. E　57. C　58. D　59. E　60. B　61. C
62. C　63. D　64. C　65. C　66. A　67. E　68. C　69. E　70. E　71. A　72. D　73. E
74. C　75. E　76. E　77. A　78. B　79. C　80. B　81. D　82. D　83. E　84. D　85. C
86. A　87. C　88. B　89. A　90. D　91. A　92. C　93. D　94. E　95. B　96. A　97. D
98. D　99. C　100. E　101. E

【A2型题】

102. D　103. E　104. C　105. E　106. D　107. D　108. A　109. A　110. C

二、名词解释

1. 基因表达：就是基因转录及翻译的过程，即生成具有生物学功能产物的过程。
2. 操纵子：通常由2个以上的编码序列与启动序列、操纵序列以及其他调节序列在基因组中成簇串联，共同构成一个转录单位。

3. 诱导：是指可诱导基因在特定环境中表达增强的过程。

4. 阻遏：是指阻遏蛋白与 DNA 结合后，RNA 聚合酶仍可与启动子结合，但不能形成开放起始复合物，不能启动转录，这种作用称为阻遏。

5. 多顺反子：是指原核生物的结构基因通常包括数个功能上有关联的基因串联排列，共同构成编码区，因此转录合成的 mRNA 分子携带了几条多肽链的编码信息，可编码几种不同蛋白质，被称为多顺反子 mRNA 。

6. 反义 RNA ：是天然存在的一种小分子 RNA，可与靶 mRNA 部分区段互补结合，若结合调控区则干扰转录，结合至编码区则抑制翻译。

7. 顺式作用元件：指可影响自身基因表达活性的 DNA 序列，可分为启动子、增强子和沉默子等。

8. 增强子：指真核生物远离转录起始点，决定基因的时间、空间特异性表达，增强启动子转录活性的 DNA 序列，其发挥作用的方式通常与方向、距离无关。

9. 转录因子：指绝大多数真核转录调节因子由它的编码基因表达后，通过与特异的顺式作用元件的识别、结合（即 DNA- 蛋白质相互作用），反式激活另一基因的转录，故称反式作用蛋白或反式作用因子。又称反式作用因子。

10. 启动子： 指真核基因 RNA 聚合酶结合位点周围的一组转录控制组件，每一组件含 7~20bp 的 DNA 序列。包括至少一个转录起始点以及一个以上的功能组件。

三、简答题

1. 简述操纵子每个组成部分的作用。

答：启动子——RNA 聚合酶识别结合位点，操纵序列——阻遏蛋白的结合位点；结构基因——携带有编码氨基酸的信息。

2. 概述原核生物基因表达调控的特点。

答：原核生物特异基因的表达受多级调控，但调控的关键机制主要发生在转录起始。概括原核基因转录调节有以下特点：① σ 因子决定 RNA 聚合酶识别特异性：原核生物细胞仅含有一种 RNA 聚合酶，核心酶参与转录延长，全酶司转录起始。在转录起始阶段，σ 亚基（又称 σ 因子）识别特异启动序列；不同的 σ 因子决定特异基因的转录激活，决定 mRNA、rRNA 和 tRNA 基因的转录。②操纵子模型在原核基因表达调控中具有普遍性：除个别基因外，原核生物绝大多数基因按功能相关性成簇地串联、密集于染色体上，共同组成一个转录单位——操纵子。如乳糖操纵子、阿拉伯糖操纵子及色氨酸操纵子等。因此，操纵子机制在原核基因调控中具有较普遍的意义。一个操纵子只含一个启动序列及数个可转录的编码基因。这些编码基因在同一启动序列控制下，可转录出多顺反子 mRNA。原核基因的协调表达就是通过调控单个启动基因的活性来完成的。③原核操纵子受到阻遏蛋白的负性调节：在很多原核操纵子系统，特异的阻遏蛋白是调控原核启动序列活性的重要因素。当阻遏蛋白与操纵序列结合或解聚时，就会发生特异基因的阻遏与去阻遏。原核基因调控普遍涉及特异阻遏蛋白参与的开、关调节机制。

3. 试述乳糖操纵子的结构及调控原理。乳糖操纵子开放转录需要什么条件？

答：（1）乳糖操纵子的结构：含 Z、Y、A3 个结构基因，分别编码乳糖代谢的三个酶；一个操纵序列 O，一个启动子 P，一个 CAP 结合位点共同构成乳糖操纵子的调控区。乳糖操纵子上游还有一个调节基因 I。

（2）阻遏蛋白的负性调节：I 基因的表达产物为一种阻遏蛋白。在没有乳糖存在时，阻遏蛋白与 O 序列结合，阻碍 RNA 聚合酶与 P 序列结合，抑制转录启动，乳糖操纵子处于阻遏状态；当有乳糖存在时，乳糖转变为半乳糖，后者结合阻遏蛋白，使构象变化，阻遏蛋白与 O 序列解离，在 CAP 蛋白协作下发生转录。

（3）CAP 的正性调节：分解代谢物基因激活蛋白（CAP）分子内存在 DNA 和 cAMP 结合位点。当没有葡萄糖时，cAMP 浓度较高，cAMP 与 CAP 结合，cAMP-CAP 结合于 CAP 结合位点，提高 RNA 转录活性；当有葡萄糖时，cAMP 浓度降低，cAMP 与 CAP 结合受阻，乳糖操纵子表达下降。

（4）协调调节：乳糖操纵子阻遏蛋白的负性调节与 CAP 的正性调节机制协调合作，CAP 不能激活被阻遏蛋白封闭基因的表达，但如果没有 CAP 存在来加强转录活性，即使阻遏蛋白从操纵序列上解离仍无转录活性。

因此，乳糖操纵子开放转录需要的条件是：①诱导物——乳糖存在，解除阻遏蛋白的负调节；②葡萄糖缺乏，CAP 蛋白活化，启动正调节。

4. 举例说明基因表达的诱导与阻遏，正调控与负调控。

答：在特定的环境信号刺激下，相应的某因被激活，基因表达产物增加，则这种基因是可诱导的。可诱导基因在特定的环境中表达增强的过程称为诱导。例如有 DNA 损伤时，修复酶基因就会在细菌内被诱导激活，使修复酶的活性增加。相反，如果基因对环境信号应答时被抑制则这种基因是可阻遏的，可阻遏基因表达产物水平降低的过程称为阻遏，例如，当培养液中色氨酸供应充分时，在细菌内编码色氨酸和相关酶的基因表达会被抑制。如果某种基因在没有调节蛋白存在时是表达的，加入某种调节蛋白后基因表达活性便被关闭，这样的控制为负调控。例如，乳糖操纵子。相反，若某种基因在没有调节蛋白存在时是关闭的，加入某种调节蛋白后基因活性就被开启，这种控制称为正调控。例如代谢物阻遏。

5. 试述原核生物和真核生物基因表达调控特点的异同。

答：（1）相同点：转录起始是基因表达调控的关键环节。

（2）不同点：①原核基因表达调控主要包括转录和翻译水平；真核基因表达调控包括染色质活化、转录、转录后加工、翻译、翻译后加工多个层次。②原核基因表达调控主要为负调节；真核基因表达调控主要为正调节。③原核转录起始不需要转录因子，RNA 聚合酶直接结合启动子，由 σ 因子决定基因表达的特异性；真核转录起始需要基础、特异两类转录因子，依赖 DNA- 蛋白质、蛋白质 - 蛋白质相互作用，调控转录激活。④原核基因表达调控主要采用操纵子模型，转录出多顺反子 RNA，实现协调调节；真核基因转录产物为单顺反子 RNA，功能相关蛋白质的协调表达机制更为复杂。

## 第十三章　细胞信号转导的分子机制

### 一、选择题

【A1 型题】

1. E　2. D　3. B　4. D　5. A　6. D　7. D　8. C　9. B　10. D　11. A　12. B　13. C
14. C　15. D　16. B　17. A　18. C　19. B　20. A　21. A　22. B　23. B　24. E　25. C
26. D　27. A　28. C　29. B　30. E　31. A　32. D　33. E　34. D　35. C　36. B　37. B
38. C　39. E　40. C　41. A　42. E　43. C　44. C　45. A　46. C　47. E　48. C　49. D
50. E　51. E　52. E　53. D　54. E　55. C　56. E　57. B　58. D　59. C　60. D　61. B
62. E　63. B　64. B　65. C　66. A　67. B　68. E　69. A　70. C　71. D　72. B　73. D
74. E　75. C　76. A　77. C　78. D　79. C　80. B　81. C　82. D　83. B　84. C　85. D

【A2 型题】

86. D　87. A

【B1 型题】

88. A　89. C　90. D

### 二、名词解释

1. 受体：是位于细胞膜上或细胞内能特异识别配体并与之结合，进而引起生物学效应的特殊蛋白质，个别是糖脂。

2. G 蛋白偶联受体：是指在结构上均为单体，氨基端位于细胞膜外表面，羧基端在细胞膜内侧，完整的肽链反复跨膜 7 次的蛋白质。

3. G 蛋白：是鸟苷酸结合蛋白的简称，可结合 GTP 或 GDP。G 蛋白结合 GDP 时处于无活性状态。GDP 被 GTP 取代时，G 蛋白成为活化形式，能够与下游分子结合，并通过别构效应激活下游分子，使相应信号通路开放。

4. 第二信使：是细胞内负责转导跨膜信号的一类分子，主要指 cAMP、cGMP、$Ca^{2+}$、$IP_3$ 等小分子化合物。这些化合物作为激素等细胞外信号分子的细胞内第二信使，作用于蛋白激酶等下游信号分子，实现细胞外信号对细胞的功能调节，在信息传递过程中产生放大的作用。

5. 单跨膜受体：是指本质属于糖蛋白，只有 1 个跨膜区段，与细胞增殖、分化、分裂及癌变相关的一类受体。主要有蛋白质酪氨酸激酶型受体、蛋白质丝 / 苏氨酸激酶型受体、非酶类受体等。

6. 衔接蛋白：是介导蛋白质信号转导分子之间或蛋白质信号转导分子与脂类分子间相互作用的一类蛋白质。主要由蛋白质相互作用结构域构成，通过识别和结合将不同的信号转导蛋白质分子结合在一起，形成信号转导通路和网络。

7. 钙调蛋白：是一种钙结合蛋白，其分子中含有 4 个结构域，每个结构域可以结合 1 个 $Ca^{2+}$。细胞质中 $Ca^{2+}$ 浓度低时，钙调蛋白不易结合 $Ca^{2+}$；随着细胞质中 $Ca^{2+}$ 浓度增高，钙调蛋白可以结合不同数量的 $Ca^{2+}$，形成不同构象的 $Ca^{2+}$/ 钙调蛋白复合物，调节下游激酶或效应分子的活性。

三、简答题

1. 受体的作用是什么，其与配体相互作用的特点有哪些？

答：受体有两个方面的作用：一是识别外源信号分子并与之结合；二是转换配体信号，使之成为细胞内分子可识别的信号，并传递至其他分子引起细胞应答。受体与配体相互作用的特点：高度专一性、高亲和力、可饱和性和可逆性。

2. 细胞信号转导的共同规律和特征是什么？

答：细胞信号转导的共同规律和特征是：①对于外源信息反应信号的发生和终止十分迅速；②信号转导过程是多级酶反应，因而具有级联放大效应，以保证细胞反应的敏感性；③细胞信号转导系统具有一定的通用性，也称为信号的会聚；④不同信号转导通路之间存在广泛的信号交联互动。

3. 列举膜受体的分类及其介导的细胞信号转导的方式。

答：膜受体可以分为三大类，即离子通道受体、G 蛋白偶联受体（GPCR）和酶偶联受体。离子通道受体如乙酰胆碱受体，乙酰胆碱结合受体并改变其构象，从而控制离子通道的开放。GPCR 受体通过 G 蛋白向下游传递信号，因此称为 G 蛋白偶联受体。信号转导过程主要包括以下几个步骤：①配体结合并激活受体；② G 蛋白激活 / 失活循环；③ G 蛋白激活下游效应分子；④第二信使的产生或分布变化；⑤第二信使激活蛋白激酶；⑥蛋白激酶激活效应蛋白质。酶偶联受体所结合的配体主要是生长因子、细胞因子等蛋白质分子。信号转导过程是：①细胞外信号分子与受体结合；②第一个蛋白激酶被激活；③下游信号分子的序贯激活如通过磷酸化修饰激活代谢途径中的关键酶、转录调节中的反式作用因子等，影响代谢途径、基因表达、细胞运动、细胞增殖等细胞行为。

4. 列举 G 蛋白偶联受体介导的细胞信号转导通路。

答：G 蛋白偶联受体介导的细胞信号转导通路主要有：① cAMP-PKA 通路；② $IP_3$/DAG-PKC 通路；③ $Ca^{2+}$/ 钙调蛋白依赖性蛋白激酶通路。

5. 请以 EGFR 为例描述单跨膜受体的信号转导方式。

答：EGF 受体（EGFR）是种一典型的 RTK，分子质量为 170 000。该受体的信号转导过程如下：①受体形成二聚体改变构象，PTK 活性增强，通过自我磷酸化作用将受体细胞内数个酪氨酸残基磷酸化；②衔接分子 GRB2 结合到酪氨酸磷酸化的受体上；③ GRB2 通过募集 SOS 而激活 RAS ；④活化的 RAS （Ras-GTP）引起 MAPK 级联活化；⑤转录因子磷酸化，进而影响靶基因表达水平，调节细胞对外来信号产生生物学应答。

6. 列举第二信使分子的种类及其主要特点。

答：第二信使分子的种类主要包括环腺苷酸（cAMP）、环鸟苷酸（cGMP）、甘油二酯（DAG）、三磷酸肌醇（IP3）、磷脂酰肌醇—3，4，5—三磷酸（$PIP_3$）、$Ca^{2+}$、NO 等。第二信使分子的主要特点包括：①为细胞内具有信号转导功能的小分子化合物；②在完整细胞中，该分子的浓度或分布在外源信号的作用下发生迅速改变：③该分子类似物可模拟外源信号的作用；④阻断该分子的变化可阻断细胞对外源信号的反应：⑤该分子在细胞内有确定的靶分子；⑥其可作为别位效应剂作用于靶分子；⑦其不应位于能量代谢途径的中心；⑧其在信号转导过程中的主要变化是浓度的变化。

7. 细胞信号转导异常通常发生在哪些层次上？

答：信号转导异常可发生在两个层次上，即受体功能异常和细胞内信号转导分子的功能异常。①受体异常激活和失能：基因突变可导致异常受体的产生，不依赖外源信号的存在而激活细胞内的信号通路。同时受体分子数量、结构或调节功能发生异常变化时，可导致受体异常失能，不能正常传递信号。②信号转导分子的异常激活和失活：细胞内信号转导分子可因各种原因而发生功能的改变。如果其功能异常激活，可持续向下游传递信号，而不依赖外源信号及上游信号转导分子的激活。如果信号转导分子失活，则导致信号传递的中断，使细胞失去对外源信号的反应性。

8. 如果在实验室培养的肝细胞中加入胰高血糖素，可以通过检测哪个或哪些中间产物来证实调节血糖通路的激活？为什么？

答: 检测 cAMP 的产生。激素通过 G 蛋白偶联受体，激活 Gαs 蛋白、AC，cAMP 生成，激活 PKA 产生生物学效应。

# 第十四章　血液的生物化学

## 一、选择题

【A1 型题】

1. B　2. C　3. A　4. A　5. A　6. D　7. C　8. C　9. A　10. B　11. C　12. E　13. E　14. D　15. A　16. D　17. E　18. C　19. E　20. B　21. E　22. D　23. B　24. B　25. C　26. D

【A2 型题】

27. E

【B1 型题】

28. B　29. A　30. D　31. A　32. E　33. C　34. D　35. C　36. A　37. E　38. B　39. A　40. B　41. A　42. E　43. D

## 二、名词解释

1. 卟啉症：是由于血红素合成代谢障碍而导致血红素的前体物——卟啉类化合物在体内堆积、排泄增多的一类疾病，有先天性和后天性两大类。

2. 急性期蛋白：是在急性炎症或某种类型组织损伤等情况下，血浆中水平增高的一些蛋白质。

3. 非蛋白质氮：血液中除蛋白质以外的含氮物质，包括尿素、尿酸、肌酸肌酐、胆红素、氨等。

4. 促红细胞生成素：是由 166 个氨基酸组成的糖蛋白主要在肾脏合成，加速有核红细胞的成熟以及血红素和 Hb 的合成，是红细胞生成的主要调节剂。

5. 2，3-BPG 支路：是红细胞内糖酵解途径的一条重要通路。在糖酵解代谢途径中，中间产物 1，3- 二磷酸甘油酸经变位酶催化生成 2，3- 二磷酸甘油酸形成代谢的分支。然后再由磷酸酶催化生成 3- 磷酸甘油酸，回到糖酵解的途径中。主要调节红细胞的运氧功能。

## 三、简答题

1. 简述红细胞中 ATP 的主要作用。

答：红细胞中 ATP 的主要作用：①维持红细胞膜上钠泵（$Na^+$，$K^+$-ATPase）的运转；②维持红细胞膜上钙泵（$Ca^{2+}$-ATPase）的运转；③维持红细胞膜上脂质与血浆脂蛋白中的脂质进行交换；④少量用于谷胱甘肽 $NAD^+$/$NADP^+$ 的生物合成；⑤用于葡萄糖的活化，启动糖酵解过程。

2. 简述血红素合成的原料和过程。

答：血红素合成的原料：甘氨酸、琥珀酰辅酶A、$Fe^{2+}$。血红素合成的过程：线粒体内，甘氨酸与琥珀酰辅酶A生成ALA；ALA出线粒体，经过一系列反应，最终生成粪卟啉Ⅲ；粪卟啉Ⅲ回到线粒体，最终生成原卟啉Ⅸ；原卟啉Ⅸ与$Fe^{2+}$螯合生成血红素。整个反应的关键酶是ALA合酶。

3. 简述血浆蛋白的功能。

答：血浆蛋白的功能：①维持血浆的胶体渗透压；②维持血浆正常的pH；③运输作用；④免疫作用；⑤催化作用：⑥营养作用；⑦凝血、抗凝血和纤溶作用。

4. 简述成熟红细胞代谢的特点。

答：①成熟红细胞缺乏全部细胞器，不能合成核酸、蛋白质和脂肪酸，不能进行糖的有氧氧化和脂肪酸的β－氧化，只能进行糖酵解和磷酸戊糖途径；②糖酵解是红细胞获得能量的唯一途径；③红细胞的糖酵解存在2,3-二磷酸甘油酸旁路，2,3-BPG是调节血红蛋白（hemoglobin，Hb）运氧的重要因素，可降低Hb与氧的亲和力；④磷酸戊糖途径提供NADPH维持红细胞的完整性。

四、病例分析

答：①机体在血红素合成过程中酶活性发生变化或缺陷（尿卟啉原Ⅲ同合酶缺陷），使尿卟啉Ⅰ和粪卟啉Ⅰ形成过多，其排泄异常并累积于组织、皮肤、血液或出现于尿中，表现出各种临床症状。②绝大多数卟啉症患者面容苍白，这不仅是因为他们通常只能生活在黑暗中，更重要的是，他们身体中的卟啉会影响造血功能，破坏血红素的生成，都伴有严重的贫血症状。③尿卟啉Ⅰ和粪卟啉Ⅰ都是是一种光敏色素，在波长400nm的紫外线照射下发出红色荧光，并且产生破坏性的光化学反应，转化为危险的毒素，腐蚀患者的嘴唇和牙龈，使他们露出尖利的牙齿。同时吞噬人的肌肉和组织。患者的皮肤损害和尿液有粉红色荧光与这种发荧光的卟啉有关。阳光暴露部位的皮肤出现光过敏和痛性水疱，反复感染形成瘢痕引起脸、手指变形。

## 第十五章　肝的生物化学

一、选择题

【A1型题】

1. E　2. E　3. C　4. A　5. E　6. E　7. A　8. E　9. E　10. A　11. C　12. A　13. C
14. E　15. B　16. E　17. E　18. B　19. C　20. E　21. B　22. B　23. E　24. C　25. A

26. B　27. C　28. E　29. B　30. E　31. C　32. D　33. A　34. D　35. C　36. E　37. E
38. B　39. D　40. D　41. D　42. E　43. D　44. E　45. E　46. A　47. E　48. B　49. C
50. C　51. D　52. C　53. C　54. D　55. E　56. E　57. E　58. E　59. A　60. A　61. D
62. C　63. A　64. E　65. E　66. E　67. A

【A2 型题】

68. B　69. C　70. C　71. E　72. D

【B1 型题】

73. A　74. C　75. D　76. B　77. A　78. A　79. C　80. E　81. D　82. C　83. B
84. E　85. A　86. A　87. C　88. B　89. D　90. E

## 二、名词解释

1. 隐性黄疸：当血清胆红素浓度大于 17μmol/L 而小于 34μmol/L，肉眼不易观察到巩膜和皮肤的黄染，称隐性黄疸。
2. 结合胆红素：在肝细胞内，与葡萄糖醛酸结合的胆红素被称为结合胆红素，或称肝胆红素。
3. 生物转化作用：生物转化是指机体将一些内源性或外源性非营养物质经过一系列化学反应，使其极性（水溶性）增加或活性改变，容易随胆汁或尿液排出体外的过程。
4. 胆素原的肠肝循环：在生理情况下，在肠道中形成的有 10%~20% 的胆素原可以被重吸收进入血液，经门静脉进入肝脏，其中大部分胆素原以原形随胆汁排入肠道，形成胆素原的肠肝循环。
5. 胆色素：胆色素是体内含铁卟啉的化合物分解代谢的主要产物，包括胆绿素、胆红素、胆素原和胆素等化合物。

## 三、简答题

1. 试述结合胆红素与未结合胆红素的区别。

答：

| | 结合胆红素 | 未结合胆红素 |
|---|---|---|
| 与葡萄糖醛酸 | 结合 | 未结合 |
| 水溶性 | 大 | 小 |
| 与重氮试剂反应 | 直接反应 | 间接反应 |
| 经肾随尿液排出 | 能 | 不能 |
| 对脑细胞膜的通透性和毒性 | 小 | 大 |

2. 简述三类黄疸（溶血性黄疸、肝细胞性黄疸、阻塞性黄疸）患者血清胆红素及尿三胆的特点。

答：

| 三类黄疸的特点 | | | |
|---|---|---|---|
| 指标 | 溶血性黄疸 | 肝细胞性黄疸 | 阻塞性黄疸 |
| 血清未结合胆红素 | 增加 | 增加 | 不变或微增 |
| 血清结合胆红素 | 不变或微增 | 增加 | 增加 |
| 尿胆红素 | 没有 | 增加 | 增加 |
| 尿胆素原显著 | 增加 | 不一定 | 减少或无 |
| 尿胆素显著 | 增加 | 不一定 | 减少或无 |

3. 肝脏发生疾病时，蛋白质代谢会发生什么变化？

答：肝脏中蛋白质代谢极为活跃，主要表现在合成蛋白质、分解氨基酸和合成尿素等方面。①肝脏有疾病，蛋白质合成有障碍，血清蛋白质浓度会降低出现水肿；凝血因子减少，凝血时间延长。②肝脏有疾病，氨基酸代谢障碍，造成肝性脑病。③肝脏有疾病，尿素合成受阻也是造成肝性脑病的原因。

4. 何为生物转化作用？其生理意义如何？

答：生物转化是指机体将一些内源性或外源性非营养物质经过一系列的化学反应，使其极性增加或活性改变，易于随胆汁或尿液排出体外的过程。其生理意义是清除外来异物，改变药物的毒性或活性，灭活体内的活性物质。

四、病例分析

答：(1)该患者是病毒性肝炎导致的肝细胞性黄疸。(2)患者肝功能2对半检查为1、4、5项呈阳性，感染了肝炎病毒，从而导致肝功能受损，致使肝的摄取、转化及排泄胆红素的能力降低，最终引起肝细胞性急性黄疸。其特点表现为：血清谷丙转氨酶和谷草转氨酶均显著升高，提示肝功能受损严重；肝炎会使肝细胞损害或导致肝内、外阻塞，致胆汁酸代谢出现异常而使总胆汁酸升高；血中直接胆红素和间接胆红素均升高，一方面肝脏不能将正常来源的间接胆红素摄取、转化为直接胆红素，使血中间接胆红素升高，另一方面因肝细胞肿胀，使毛细血管堵塞或破裂后与肝血窦直接连通，直接胆红素反流入血，使直接胆红素升高。

## 第十六章　维生素

一、选择题

【A1 型题】

1. B　2. A　3. E　4. D　5. D　6. A　7. B　8. D　9. A　10. B　11. D　12. C　13. C

14. B　15. C　16. E　17. A　18. B　19. A　20. C　21. B　22. B　23. B　24. B　25. D
26. C　27. E　28. A　29. A　30. B　31. E　32. B　33. C　34. C　35. A　36. A　37. E
38. C　39. E　40. B　41. D　42. C　43. C　44. E　45. D　46. C

【A2 型题】

47. A　48. B　49. B

【B1 型题】

50. A　51. B　52. C　53. D　54. B　55. D　56. C　57. E　58. B　59. E　60. A　61. D

二、名词解释

1. 维生素：是维持机体正常功能所必需的，但在体内不能合成，或合成量很少，必须由食物供给的一组低分子量有机物，它们既不是构成机体组织的成分，也不是体内的供能物质，主要参与物质代谢的调节和维持生理功能。
2. 脂溶性维生素：不溶于水，能溶于脂类及脂肪溶剂，能在体内大量储存的维生素。
3. 水溶性维生素：易溶于水，故易随尿液排出，体内不易储存，必须经常从食物中摄取的维生素。
4. 维生素 A 原：本身不具有维生素 A 活性，但在体内可以转变成维生素 A 的物质。

三、简答题

1. 维生素 A 的生理功能有哪些？

答：维生素 A 的生理功能有：①组成视觉细胞内的感光物质。②维持上皮细胞完整和促进生长发育。③抑制细胞的癌变。④摄入过多可引起中毒。

2. 什么情况下容易引起维生素缺乏？

答：以下情况容易引起维生素缺乏：①摄入量不足。②机体吸收利用率降低。③维生素的需要量相对增高。④长期服用抗生素。⑤日光照射不足。

3. 哪两种维生素缺乏可导致巨幼细胞贫血？请简述其分子机制。

答：体内叶酸和维生素 $B_{12}$ 缺乏均可造成巨幼细胞贫血，四氢叶酸是体内一碳单位的载体，参与核苷酸的合成，缺乏时 DNA 合成减少，细胞的分裂速度降低，细胞体积增大，造成巨幼细胞贫血。维生素 $B_{12}$ 缺乏，$N^5$-$CH_3$-$FH_4$ 的甲基不能转移导致体内游离的 $FH_4$ 减少，进而导致 DNA 合成减少，影响红细胞的分裂，导致巨幼细胞贫血。

4. 高蛋白膳食时何种维生素的需要量增多？为什么？

答：维生素 $B_6$ 的活性形式是磷酸吡哆醛，作为转氨酶、氨基酸脱羧酶等的辅酶参与氨基酸代谢。膳食中的大量蛋白质在体内降解为氨基酸而进入氨基酸代谢池，因此需要更多的维生素 $B_6$ 促进氨基酸的代谢。

5. 缺乏维生素 C 为什么会引起坏血病？大航海时代的欧洲的远航水手中患坏血病的比

例为什么那么高？而同时代的中国远航水手却几乎没有患坏血病的？

答：①维生素C是赖氨酸羟化酶、脯氨酸羟化酶的辅酶，胶原蛋白肽链上的赖氨酸残基和脯氨酸残基必须经过羟化后，胶原蛋白才会具有良好的弹性。血管中含有丰富的胶原蛋白才会有很好的弹性，缺乏维生素C会使血管变硬、变脆、容易破裂。②维生素C存在于新鲜的蔬菜和水果中，大航海时代的欧洲水手在海上航行的时候偏重于肉食。中国人的食物中偏重于植物性食物，新鲜的蔬菜能一直有保障（如豆芽、蒜苗）。

四、病例分析

1. 答：①维生素D在体内的活性形式为1，25-（OH）$_2$VitD$_3$，它在体内的一个重要的生理功能是能促使小肠黏膜上皮细胞合成钙结合蛋白。如果小肠黏膜上皮细胞不能正常地合成钙结合蛋白，则影响食物中钙的吸收，所以通常情况下所说的“补钙”是不正确的，因为食物中很少会缺钙，说“补钙”其实应该是补VitD。②钙是骨盐的主要成分，骨盐是维持骨骼刚性强度的关键。婴幼儿身体生长发育迅速，如果缺乏VitD会导致钙吸收障碍，机体缺乏钙会导致骨骼中骨盐成分的下降，骨骼中骨盐不足会使骨骼的强度不足，在重力及肌肉的收缩力之下骨骼易出现变形，尤其以下肢常见。

2. 答：（1）维生素$B_{12}$广泛存在于动物性食品中，需要与胃黏膜细胞分泌的内因子紧密结合生成复合物才能被回肠吸收。患者胃大切手术后，胃黏膜不能再正常分泌内因子，影响维生素$B_{12}$的消化吸收，造成维生素$B_{12}$缺乏。

（2）叶酸被吸收后在体内生成叶酸的活性型四氢叶酸$FH_4$，$FH_4$是体内一碳单位转移酶的辅酶，分子中$N^5$、$N^{10}$是一碳单位的结合位点，一碳单位在体内参与嘌呤、胸腺嘧啶核苷酸等多种物质的合成；维生素$B_{12}$是$N^5$-$CH_3$-$FH_4$转甲基酶的辅酶，催化同型半胱氨酸甲基化生成甲硫氨酸，维生素$B_{12}$缺乏时，$N^5$-$CH_3$-$FH_4$上的甲基不能转移出去，影响四氢叶酸的再生，组织中游离的四氢叶酸含量减少，一碳单位的代谢受阻，造成核酸合成障碍；机体叶酸和维生素$B_{12}$缺乏时，DNA合成受到抑制，骨髓幼红细胞DNA合成减少，核发育幼稚，但细胞质中物质正常合成，核质比例失衡，造成红细胞发生巨幼样变。

## 第十七章　癌基因和抑癌基因

一、选择题

【A1型题】

1. E　2. C　3. C　4. D　5. C　6. A　7. B　8. B　9. C　10. D　11. B　12. E　13. E
14. C　15. A　16. A　17. E　18. D　19. A　20. A　21. A　22. D　23. D　24. C　25. E

26. C　27. A　28. B　29. E　30. D　31. B　32. E　33. D　34. D　35. E　36. D　37. B
38. D　39. D　40. D　41. E　42. A　43. A　44. B

【A2 型题】

45. C　46. A

二、名词解释

1. 癌基因：能导致细胞发生恶性转化和诱导癌症的基因。绝大多数癌基因是细胞内正常的原癌基因突变或表达水平异常升高转变而来的，某些病毒也携带癌基因。
2. 生长因子：一类由细胞分泌的、类似于激素的信号分子，多数为肽类（含蛋白类）物质，具有调节细胞生长与分化的作用。
3. 抑癌基因：是防止或阻止癌症发生的基因，对细胞增殖起负性调控作用，抑癌基因的部分或全部消失可显著增加癌症发生的风险。
4. 原癌基因活化：从正常的原癌基因转变为具有使细胞发生恶性转化的癌基因的过程。

三、简答题

1. 原癌基因活化的机制是什么？

   答：原癌基因活化的机制主要包括：基因突变导致原癌基因编码的蛋白质活性持续性激活；基因扩增导致原癌基因过量表达；染色体易位导致原癌基因增强或产生新的融合基因；获得启动子或增强子导致原癌基因表达增强或产生新的融合基因等。

2. 抑癌基因失活的机制有哪些？

   答：抑癌基因失活的方式有以下三种：基因突变导致抑癌基因编码的蛋白质功能丧失或降低；杂合性丢失导致抑癌基因彻底失活；启动子区甲基化导致抑癌基因表达抑制。

# 参考文献


[1] 周春燕 . 生物化学与分子生物学 .9 版 . 北京：人民卫生出版社，2019.

[2] 周春燕 . 生物化学与分子生物学学习指导与习题集 . 北京：人民卫生出版社，2019.

[3] 姚裕群 . 生物化学学习与实验指导 . 北京：电子工业出版社，2016.

[4] 钱士匀 . 临床生物化学检验实验指导 .4 版 . 北京：人民卫生出版社，2011.

[5] 吴耀生 . 医学生物化学与分子生物学实验指南 . 北京：人民卫生出版社，2007.

[6] Nelson DL, Cox MM. Lehninger principles of biochemistry. 6th ed. New York：W. H. Freeman and Company，2016.

[7] 冯作化 . 医学分子生物学 . 北京：人民卫生出版社，2005

[8] 董波 . 生物化学 . 天津：天津科学技术出版社，2016.

[9] 赵时梅，韦丽华 . 病理学与病理生理学学习与实验指导 . 北京：电子工业出版社，2017.

[10] 王黎明 . 生理学学习与实验指导 . 北京：电子工业出版社，2016.